生态养殖技术丛书

药用动物 生态养殖技术

● 钟秀会 马爱团 主编

U0391431

中国农业出版社

内 容 简 介

　　本书全面、系统地介绍了药用动物生态养殖的概念、发展概况、发展趋势、动物药材的特点与入药部位、药用动物的资源与开发、药用动物生态养殖的基础，并对牡蛎、乌贼、河蚌、蜗牛、蚯蚓、水蛭、蝎子、蜈蚣、地鳖虫、斑蝥、冬虫夏草、蚂蚁、螳螂、家蚕、蟾蜍、林蛙、蛤蚧、蛇、乌龟、中华鳖、麝、麝鼠、鼯鼠等23种重要药用动物的生物学特性、生态养殖的场地建设、人工繁殖技术、饲养管理技术、常见疾病的防治和药材的采收与加工等方面作了全面的论述。本书侧重于药用动物的生态养殖，从药用价值和实用的角度出发，选择动物种类。对于本书没有介绍的药用动物如乌骨鸡、熊、鹿、牛、驴等的养殖技术，可参考其他相关书籍。本书内容新颖、翔实，通俗易懂，融科学性、先进性和实用性于一体，适于从事药用动物生态养殖人员学习和使用，也可以作为大专院校和各种生态养殖技术培训班的教学参考书。

本书有关用药的声明

兽医科学是一门不断发展的学问。用药安全注意事项必须遵守，但随着最新研究及临床经验的发展，知识也不断更新，因此治疗方法及用药也必须或有必要做相应的调整。建议读者在使用每一种药物之前，要参阅厂家提供的产品说明以确认推荐的药物用量、用药方法、所需用药的时间及禁忌等。医生有责任根据经验和对患病动物的了解决定用药量及选择最佳治疗方案，出版社和作者对任何在治疗中所发生的对患病动物和/或财产所造成的损害不承担任何责任。

中国农业出版社

主　　编　钟秀会（河北农业大学）

　　　　　马爱团（河北农业大学）

副 主 编　史万玉　翟向和

编　　者（按姓名笔画排序）

　　　　　弓素梅　王春光

　　　　　王晓丹　何　欣

　　　　　张庆茹　张建楼

　　　　　赵兴华　宫新城　贾青辉

主　　审　李呈敏

中药来源于植物、动物、矿物三大类，药用动物也是中国医药宝库中的重要组成部分。与药用植物一样，药用动物的应用在我国也有悠久的历史。近年来，随着中医药事业的发展，对药用动物的需求量逐年增加，仅靠天然采收难以满足市场需求。同时，环境的破坏又使药用动物的生存空间逐渐缩小，动物的种类和数量急剧下降，有些种类甚至濒临灭绝，导致野生药用动物资源日益紧缺，价格逐年上涨。因此，广泛开展药用动物的生态养殖，对发展祖国医学、保障人民健康、维持自然生态平衡都具有重要意义。

《药用动物生态养殖》正是为了适应建设低碳型、节约型动物养殖业的需要而编写的一部书。编写人员在搜集、精选大量资料的基础上，总结从事药用动物生态养殖者多年经验，注重内容的科学性、先进性和实用性。内容密切联系实际，反映目前药用动物生态养殖的新知识、新技术、新方法和今后的发展趋势。本书适于从事药用动物生态养殖人员学习和使用，也可以作为大专院校和各种生态养殖技术培训班的教学参考书。

尽管我们精心设计、精心撰写、反复修改，但仍深感水平有限，编写中难免有不少疏漏和谬误，热切希望读者和同行批评指正，以便进一步修改提高。

编　者

2011 年 9 月

目录 ● ● ● ● ●

第一章

绪　论

第一节　药用动物生态养殖的概念

药用动物是指身体的全部或局部可以入药的动物,它们所产生的药物统称为动物药。生态养殖是近年来在我国农村大力提倡的一种模式,其最大的特点就是在有限的空间范围内,最大限度地利用自然资源,减少浪费,降低成本。如充分利用无污染的水域或者运用生态技术措施,改善养殖水质和生态环境,按照特定的养殖模式进行养殖、增殖,投放无公害饲料,合理用药,目标是生产出无公害绿色食品和有机食品。药用动物的养殖也应该符合生态养殖的标准。药用动物的生态养殖是当前动物药可持续发展的重要措施之一。药用动物生态养殖,就是运用生态技术措施,改善养殖生态环境,按照特定的养殖模式对药用动物进行养殖、增殖,同时投放天然饲料,利用中药和生物制剂防治动物疾病,减少化学药物的使用,目标是生产出无公害的药用动物产品,并且在整个生产过程中不损害周围的环境。

第二节　药用动物养殖的发展概况

中药来源于植物、动物、矿物三大类，药用动物也是中国医药宝库中的重要组成部分。与药用植物一样，药用动物的应用在我国也有悠久的历史。早在 3 000 多年前，我国就开始了对蜜蜂的利用，珍珠、牡蛎的养殖也有两千多年的历史。中国古代著作《诗经》一书中，有大量关于鸟、兽、虫、鱼的描述，其中收载各类动物约 160 种，有许多既可食用，也可药用。我国现存最早的中药学著作《神农本草经》中，收载动物药 65 种，其中鹿茸、麝香、牛黄等仍为现今医药学所应用。唐代的《新修本草》收载动物药 128 种。明代李时珍编著的中药学巨著《本草纲目》中，收载动物药 461 种，并将其分为虫、鳞、介、禽、兽、人等各部。清代赵学敏编著的《本草纲目拾遗》记载动物药 128 种。近代发行的《中药大辞典》收载动物药达 740 种。据统计，目前我国可供入药的动物已有 900 余种。一个国家应用如此众多的药用动物来防治疾病，在全世界是少有的，这也是世界医药学中的一个重要宝库。

虽然药用动物的全体或某个部位可以入药，但是初期人们养殖动物的目的主要是解决衣食问题，尚未形成动物养殖行业，动物药的来源，主要依靠对天然药物的采收。近年来，随着中医药事业的发展，对药用动物的需求量逐年增加，仅靠天然采收难以满足市场要求；同时，由于经济利益的驱使，人们疯狂捕捉、杀戮药用动物；而环境的破坏又使药用动物的生存空间逐渐缩小，由此导致野生药用动物资源日益紧缺，价格逐年上涨。至此，药用动物的养殖才引起人们的关注，并逐步形成专门的行业。

目前，我国的药用动物养殖业，正处于方兴未艾之际，除了少数国营与集体性质的大型养蛇和饲养小灵猫的养殖场以外，药用动物主要以养殖户养殖形式为主，并向药用、食用、毛皮等综合利用的多种经营方向发展。如长江中下游的水网地区普遍养蚌育珠，珍珠可供药用，又可做装饰工艺品；养殖毒蛇，既可取蛇毒制药，其肉又可供食用；养殖小灵猫，可从其香腺分泌物中提取药用麝香酮，其皮可以制革，肉可以食用；有的养殖户还灵活地利用食物链，进行良性循环的多种养殖，探索药用动物生态养殖的新模式。

利用动物病理产物入药的品种，如牛黄，依靠自然采集，无法满足现代医药的需求。科技工作者在研究牛黄形成机制的基础上，成功开发培植出人工牛黄，并获得了较大的经济效益。其他的如马宝、狗宝等人工培植也在研究中。

随着现代科学技术的发展，动物药的加工工艺不断得到改进和发展，从原有的汤剂，逐步发展到口服液和注射液，如蛇毒、蚂蚁、蚯蚓新型制剂在治疗顽固性疾病方面起着很大的作用，进一步促进了药用动物养殖业的发展。

由于药用动物的活性成分具有剂量小、活性强、疗效显著而专一等优点，加之其毒副作用低，药物来源及使用广泛，群众对采药、用药有丰富的经验。因此，可以预测，随着对动物药研究的不断深入及药用动物资源的日益短缺，药用动物养殖一定有着广阔的前景。

第三节　动物药材的特点与入药部位

一、动物药材的特点

1. 显效性　动物药在临床应用上剂量小，活性强，药效显著。

2. 广泛性　动物药来源广泛，群众普遍掌握药用动物的采集知识。

3. 丰富性　我国幅员辽阔，地理和气候条件十分复杂，蕴藏着丰富的动物资源。

4. 特需性　目前很多疑难杂症，如癌症等都寄希望于动物药。目前已有 30 多种动物药被列为抗癌药物的筛选研究对象。

5. 应用广　从中医理论分析，动物药的应用与植物药相比，有以下两个特点：一是鸟、兽类动物药材属血肉有情之品，多可补动物的精血；二是其性行走攻窜，可以活血祛淤、舒筋活络、豁痰开窍、以毒攻毒。

二、动物药材的入药部位

1. 全身入药　如全蝎、蜈蚣、海马、地龙、斑蝥、白花蛇等。

2. 器官入药　如熊胆、獭肝、海狗肾、牛脑等。

3. 组织入药　如鸡内金、乌贼骨等。

4. 衍生物入药　如鹿茸、山羊角等。

5. 分泌物入药　如麝香、蜂王浆、蟾酥、蛤士蟆油等。

6. 排泄物入药　如五灵脂、望月砂、夜明砂等。

7. 病理产物入药　如牛黄、珍珠、僵蚕、冬虫夏草、猴枣、马宝、狗宝等。

8. 动物制品入药　如阿胶、鹿角胶、鹿胎膏、血余炭等。

第四节　药用动物生态养殖的发展趋势

随着人民群众保健意识的提高，对天然中药的需求量越来越大，对药品的质量也越来越重视，当前蛤蚧、蝎子、蚂蚁、林蛙、水蛭等动物的养殖规模虽然在逐渐扩大，但是仍然难以满足市场需求，价格不断上涨，养殖效益良好。

全蝎是我国传统中药材，也是出口韩国、日本等国家的土特产品之一。由于野生蝎资源减少，市场需求量大，人工养蝎迅速兴起。一些注重科技的蝎场，探索出了控温、控湿、增光、合理喂食和及时分离子母蝎等一系列养蝎技术，使养蝎效率大大提高。但是，如果仅停留在出售种蝎及药品全蝎的原始生产水平上，一旦发展过快，势必步入低谷，使养蝎者遭受经济损失，因此，应加强蝎产品的市场开拓及深加工产品的研制。

近年来，科技工作者通过对水蛭的研究，发现水蛭对人心脑血管疾病有较好的疗效，开发出了水蛭产品，仅国内每年大约需水蛭干品150吨左右。目前，水田中的自然资源因大量使用农药而急剧减少，在这种情况下，一些地方开始探索人工养殖水蛭。

目前，野生药用动物资源锐减，供需矛盾十分突出，药用动物养殖在全国各地发展迅速，已逐步发展成为一项新兴产业。纵观药用动物养殖的现状和前景，有以下几方面趋势值得关注。

一、变野生为人工饲养

药用动物大多是野生的，因此，重视药用动物生态环境和生物学特征的研究，变野生为家养，是防止野生动物药材减少，扩大动物药材来源的一个重要途径。自1985年我国国务院颁发关于发展中药材生产、要求将野生动物变为家养的指示后，药用动物养殖引起了人们的重视。人工饲养灵猫、蝎子、地鳖虫、蜈蚣、蛤士蟆、白花蛇、鲍鱼、甲鱼、龟，以及人工培植牛黄等方面都有了一定的发展。

二、努力寻找代用品

对于稀缺的动物资源或者经济动物，在研究其有效成分及功效的同时，应努力寻找化学成分、结构类似或功效相似的代用品，以扩大药材范围、节省资源、满足需要。近年来，在药材代用品方面做了很多探索，如用水牛角代替犀牛角，用山羊角或绵羊角代替羚羊角，僵蛹代替僵蚕，珍珠母代替珍珠，猪皮代替驴皮，狗骨代替虎骨等，均取得了一定成果。另外，某些动物药还可以人工合成，如人工牛黄。按照天然牛黄的组成成分，从牛、羊、猪胆汁中取得胆红素、胆酸及胆酸盐，再加适量胆甾醇及无机盐人工制成。寻找动物药材代用品，一般应从同种、同属等亲缘关系较近的动物产品着手，才容易取得成功。

三、综合利用，变废为药

动物入药，常分为皮、肉、骨、血、脂、筋、内脏、腺体、分泌物、毛、角、甲及其衍生物等。为了综合利用动物药材，除了传统的入药部位外，某些非入药部位或者动物的废物经加工提炼，也能发挥一定功效，变废为宝。如以人尿为原料提取的激酶是良好的血栓溶解剂，可用于脑血栓、急性心肌梗塞、肺栓塞等，具有疗效迅速、副作用小的特点。此外，从带鱼的鱼鳞中提取嘌呤用于治疗急性白血病；将普通鱼鳞浓缩成胶，用于治疗肺结核、血小板减少症；用猪胆汁制成猪胆甘油，治疗中耳炎；用牛眼组织液治疗近视眼等，临床都有报道。

四、积极开展海洋动物药研究

我国海域辽阔，海洋生物资源十分丰富，历代本草中都有一定的海洋动物药。许多海洋动物药具有抗病毒、抗菌、驱虫等作用，用于治疗肿瘤、心血管等疾病。近年来，世界各国对海洋资源的开发利用日益重视，对海洋生物作为药物研究也不断加强。

第二章

药用动物的资源与开发

第一节 药用动物的分类及分布

我国土地辽阔，气候多样，药用动物种类繁多，数量居世界首位，有些药用动物为我国所独有的珍稀物种。按照动物的物种划分，已知作为药用动物的物种达 900 余种，跨越了动物界中的 11 个门，122 个目，305 个科。从低等的海绵动物到高等的脊椎动物都有可供药用的动物。从药源分布来看，从东到西、自南向北，从高山到平原、从陆地到海洋，均有分布，特别是我国海岸线长，海洋药用动物种类多，产量高，资源十分丰富。如以地理分布规律来分，我国药用动物可划分为陆地药用动物和水域药用动物，水域药用动物又可分为内陆水域药用动物和海洋药用动物。

我国的陆地药用动物有 567 种，占药用动物总数的 58.1%。在我国陆地动物地理区系划分的 7 个区中，均有分布。从各类群种数量在各区的配置来看，无脊椎药用动物和脊椎药用动物均以华中区最多，该区有无脊椎药用动物 189 种，脊椎药用动物 266 种。其次，无脊椎药用动物以华北区居第 2 位，有 157 种。脊椎药用动物居第 2 位的有西南区和华南区，分别为 224 种和 222

种。无脊椎药用动物种类数量最少的为蒙新区，仅 67 种，脊椎药用动物最少的为东北区，仅为 161 种。

内陆水域药用动物，在我国共有 60 种，占药用动物总种数的 6.1％。从分布类型来看，可分为广布种和狭布种两类。广布种分布于全国各地内陆水域，狭布种仅某条江河或某些省、自治区的水域中。我国药用淡水鱼类大都为广布鱼种，并多为江河平原型，它们在第四纪前广布于我国东部地区。狭布种大都以某条江河为限，这种分布特点与区系历史和地理隔离有关，如鲑科的大马哈鱼等，由于松辽分水岭的崛起而不能向南分布。

海洋药用动物，在我国共有 350 种，占药用动物总数的 35.8％。从区系组成看，南海、东海药用动物种类，多属于印度太平洋区的热带、亚热带成分。黄海、渤海药用动物种类，多属于北太平洋温水和冷水成分。中国海洋药用动物分布规律，基本受海洋的理化性质所制约，包括水温、海水含盐度、海水深度等，海洋的这些基本特性决定了海洋药用动物分布的基本轮廓。

第二节　药用动物的商品生产与市场

药用动物的发展历史，大致和整个动物饲养业的发展是同步的。近年来，由于药用动物的活性成分有作用强、使用量小、疗效显著而专一的优点，尤其可以治疗一些顽疾痼症，临床应用越来越广泛，但天然采收难以满足需求，在这种情况下，人工养殖药用动物逐渐引起人们的关注，并逐步形成专门的行业。

一、药用动物养殖方式

（一）原地复壮

利用国家已建立的保护区来保护和复壮药用动物。众所周知，每种药用动物都有其生长、发育和繁殖的最佳环境，而环境条件对动物的形态结构、生理机能和遗传性状有着深刻的影响。环境变化导致物质变化，物质的改变又必然导致产品性质的改变，所以对药用动物，特别是珍稀物种，保护原种及其生态环境尤为重要。我国目前建立的以保护珍稀动物为主的保护区和动物园等，就起着保护和复壮原物种的作用。

（二）引种放养

引种就是对动物进行人工迁移。在引种之前，必须对放养的环境进行深入的调查，使引入的物种能在新环境中生存并逐步发展壮大成为优势物种，才能达到投资少，见效快、收益大的目的。

（三）变野生为家养

在保护野生动物的基础上，研究其野生的习性，模拟其生活条件，采用人工驯养的方法繁殖和发展药用动物。同时，通过科学的饲养管理，充分发挥其生产性能，增加产品数量，提高产品质量。

二、药用动物养殖市场近况

由于人们对中药知识的普及，中药的应用量在逐渐上升，尤其是动物药的需求量逐年递增。药用动物养殖市场前景广阔，将为养殖户带来丰厚的经济效益，现介绍几种药用动物当前的发展情况。

地鳖虫又叫土鳖虫、土元，为鳖蠊科昆虫中华地鳖和冀地鳖的雌性全虫的干燥体，是常用的大宗动物药材，具有通络化淤的功能。近年药用量不断增加，养殖量难以满足市场需求，价格一直呈现上涨趋势。

水蛭又叫蚂蟥，为水蛭科动物宽边金线蛭、日本医蛭、茶色蛭的干燥体，具有破血逐淤、通经功能。20世纪90年代，以水蛭为原料开发生产出治疗心脑血管疾病的药品，因其疗效显著身价倍增，成为我国市场上的热销动物药材。由于野生水蛭越捕越少，其销价不断升温，价格一直飙升。目前，已有一套较为完善的水蛭养殖技术，各地可因地制宜选择适宜的品种发展养殖，以缓解市场需求。

蝎子又叫全虫、全蝎，为钳蝎科动物东亚钳蝎的干燥体，是常用的动物中药材。具有熄风镇痉、祛风攻毒的功能。目前以捕捉野生和人工养殖两种途径取得货源供应市场。随着我国中医药事业的发展，对全蝎的需求量不断增加，而人工养殖尚难满足市场需求，因此，其价格一直居高不下。目前，人工养殖蝎子的技术已较为成熟，各地可根据需要发展养殖。

蛤蚧为守宫科动物蛤蚧除去内脏的干燥体，是濒危的药用动物，是市场上紧缺的品种，具有补肺滋肾、定喘止咳的功能。人工养殖蛤蚧能够缓解市场药用需求，但是蛤蚧是二级保护动物，发展养殖须向有关部门申请，办齐养殖证、运输证和销售证等相关证件。

第三节　药用动物与野生动物资源的保护

一、我国野生药用动物资源的现状

我国药用动物资源极其丰富，在世界上占有突出的地位，不仅种类多、分布广、数量大，而且有许多种类为我国所独有，但是近百年来由于盲目乱捕滥猎野生动物，乱伐森林、毁林开荒，以及森林火灾等灾难，使大量野生动物资源遭到严重破坏和摧残，不少稀有珍贵的野生药用动物资源几乎濒临灭绝或者已经灭绝。在这之中，以虎骨、麝香等最为典型。

虎骨是指老虎的全身骨架，在我国传统中医药中被认为能祛风镇痛、强筋健骨与镇惊，用于治疗筋骨与腰腿疼痛，尤其是风湿性关节炎。历史上虎在我国分布遍及 30 多个省份的大部分地区，而现今仅残存于黑龙江、吉林、湖南、福建、江西、广东、云南等地的部分林区，数量极其稀少。

麝香是名贵稀有的中药材，我国原是世界上麝资源最丰富的国家，麝香产量曾占全世界总产量的90％。由于麝栖息地的不断破坏以及人们猖獗地偷猎获取，我国现存麝资源仅约为20世纪60年代的1/50～1/40。由此，所有麝类物种的保护地位也在2002年由国家二级保护动物提升到国家一级保护动物。

目前，野生药用动物资源的现状已经引起中央和地方各级政府的关注，保护野生动物成为我国及全球的重大问题。

二、保护濒危药用动物资源，促进传统中医药的发展

从生态学的角度考虑，野生动物种群只要维持一定的数量大小并保障有充足、适宜的栖息环境，就完全能够长期生存下去。也就是说，在一定条件下，野生动物资源是一种可再生、可持续利用的资源。中华民族在长期和野生动物打交道的过程中形成了一套合理利用生物资源的传统。如《孟子·梁惠王上》中有"斧斤不入山林，林木不可胜用"，《荀子·王制》中进一步强调"鼋、龟、鳅孕别之时，罔罟毒药不入泽，不夭其生，不绝其长也"。在合理利用野生动物资源方面，我国古代人民还提出了"生十杀一者，物十重；生一杀十者，物顿空"的重要原则。为协调中医药发展与濒危药用野生动物保护之间的潜在冲突，促进我国传统中医药与野生动物保护事业的健康发展，应做到以下几点：

（1）进一步加强野生动物药材资源保护管理的法制建设，加强普法、执法宣传，改变部分人对药用资源"取之不尽、用之不竭"的固有观念。

（2）认真履行有关国际公约在保护珍稀濒危野生动植物方面所规定的责任和义务，建立严格的涉及濒危物种新药开发、审批及产量限制的制度，严厉打击非法的濒危物种入药的现象。

（3）加强对传统中医药中有关野生动物成分的化学成分、药理药效及毒理学等方面的研究，对无疗效或疗效不甚显著的野生动物中药原料，应尽快取消其用药标准。积极寻找替代产品入药。自新中国成立以来，我国医药学工作者已在这方面取得了许多可喜的成绩，积累了许多宝贵的经验。如用水牛角代替犀牛角、人工合成牛黄和人工合成麝香等。

（4）继续有计划、有步骤地开展濒危药用动物的驯养繁殖研究，努力提高饲养种群的数量以及相应药用部分的产量和质量，减轻对野生种群原材料依赖的压力。

第三章 药用动物生态养殖基础

第一节 动物生态养殖前的准备

把一种野生动物变为人工养殖要花一定的时间，或许要经过多次的失败、摸索才能成功，绝不会一蹴而就。在饲养前，要做好必要的准备工作。如了解饲养对象的食性、生活习性、性别、繁殖季节和方式、亲子关系、幼体的食性等，最好能到药用动物的产地访问，请教生产者，得到第一手资料，才能进行养殖设计，开展人工饲养。

一、习性调查

（一）食性

食性是饲养一种野生动物首先要解决的关键问题。饲养前，对饲养对象的食性特点一定要详细了解，如灵猫以捕食小动物为主，外加植物的果实种子。蚯蚓食腐烂食物，蛤蚧要吃活食，蚕以桑叶为食等。很多动物在不同季节和不同发育阶段食性会随之变化。如蛤士蟆在蝌蚪期以浮游生物和水草为食，到了成蛙阶段，以活的虫类为食。

对食性的调查，最常用的方法是对饲养对象进行解剖，取出其胃内容物，用适量清水泡开，进行观察，从食物的碎屑及未消化部分可以识别它吃的是什么东西。如果是草食性动物，要辨认是草本还是木本茎叶、果实、种子，并识别种类；如果是肉食性动物，胃里兼有动物和植物碎片。对有些鸟类及兽类，在野外观察时，可以收集它们的粪团，用水泡开检查，也能找出食物的种类；当春、夏季鸟类育雏时，也可以借助望远镜观察亲鸟喂给雏鸟的食物。

如果不了解动物的食性和摄食习惯，不食就强行灌食，常常因食物不当，导致消化系统疾病而死亡。或由于水分供应不当，如对喜欢饮水及习惯在潮湿环境生活者供水过少，或对生活于干燥环境的动物给水过多，导致其消化、循环等生理机能失调，从而引起衰弱、疾病、死亡。

（二）生态环境

调查动物在野生状态下的生存环境，这对确定动物的养殖方式、场舍建设、设备供应和经营管理等可提供基本依据。

1. 温度　每种动物都有一定的适温范围。在该范围内生命活动最旺盛，生长繁殖正常进行，超过这一范围则停止繁殖、生长迟缓，甚至死亡。温度对动物的影响，可以分为三个温区：

（1）致死高温区　在该温区内，动物先表现兴奋，继而昏迷，体内酶系统遭到破坏，部分蛋白质凝固，引起动物死亡。

（2）适宜温区　在此区内生命活动正常进行。

（3）致死低温区　在该温区内，动物因体液冻结，原生质受冻而损伤，脱水而失去活性，或因动物生理失调、有毒物质积累而死亡。

动物对温度变化最为敏感，特别是变温动物更为明显。例如蝮蛇、五步蛇在五岭以南就没有分布。蛤蚧在我国主要分布于广东、广西和云南的石灰岩地带。这些都是它们长期以来对环境适应的结果。

2. 湿度　陆生动物从环境中获得水分，湿度可以直接影响动物的生长发育、性成熟和生殖功能。在自然界中温度和湿度总是同时存在，相互影响，综合作用于动物。适宜的温度范围，可因湿度的改变而变化。反之，适宜的湿度范围也因温度的改变而变化。

3. 光照　光照直接影响动物的生长、发育、生殖、活动、取食、迁移等活动。光对动物的影响主要是具有信号作用，尤其在动物生长期，对光的需求比对温度、湿度的要求更为重要。

4. 土壤　土壤是一切陆生动物赖以生存的基质。土壤的颗粒大小、颜色、土壤结构和松硬、坡度及方向、植物覆盖度、酸碱度、含盐量、腐殖质含量等对动物的气息和生存都有影响。土壤干湿度影响昆虫的分布。

5. 水　水是水生动物生活的环境，如鱼类、贝类等。两栖类动物幼体期完全水生，成体可以到陆地，但是仍离不开水体。水的温度、溶氧量、盐度、酸碱度等对水生动物的栖息和生存，都有极大的影响。

（三）生活习性和生活方式

一种动物的生活习性，是对它的生活条件长期适应的结果。因此，要把野生动物变为人工养殖，首先要设法使饲养对象能够适应新的环境。这个新环境还要接近它原来的生活条件或给予必要的生活条件，使它能活下来。这样，就要求我们对养殖对象的生活习性进行较深入的观察和了解。

各种动物有不同的生活习性和生活方式，就同一种动物来说，不同的发育阶段也是有差异的。例如，土鳖生活在阴暗潮湿的地方，晚间才出来活动。斑蝥则喜欢在太阳下活动，它的幼虫则隐居沙土地穴中，窥视捕食别的昆虫。蛇类一般夜间出来，在水边草丛、乱石堆间找寻食物。石龙子、草蜥等午间前后在草地上最为活跃。壁虎在黄昏后才出来活动，捕食细小的蛾类及夜出性昆虫。龟类白天常在鱼塘等水域活动，捕食鱼、虾、水中昆虫，大约每隔 20 分钟便浮出水面，进行呼吸等。

动物取食的习性与方式也多种多样。植物食性的动物要注意它所吃的植物种类和部位（花、果实、种子、叶、嫩叶），动物食性的除注意种类外，还要观察其捕食方式，是吃活的，还是吃死的，或死活都吃。像蛤蚧，当它发现食饵，便迅速接近并注视着目标，静待到食饵稍微一动便迅速捕食，如果食饵不动，则即使等上 10 分钟也不捕食。又如壁虎，当接近猎物一定距离后，稍停一下，像是作好瞄准似的，然后才扑前把食饵咬住。龟类很胆小，对刚投下的食料，并不出来取食，而待环境寂静后，才偷偷地取食。

昆虫类的一生要经历变态，有不同的发育阶段，随之有不同的食性和取食方式。有些动物如昆虫幼虫、蛇类等有蜕皮现象。昆虫蜕皮时不食不动，此时不宜骚扰它；蛇类蜕皮时，要在笼内放些粗糙的砖、石之类，并保持适当的湿度，才有利于它们的蜕皮。不少动物有冬眠习性，冬眠时不要惊动它们，并注意室内温度不宜过高，以免影响其休眠。因过高的室温会导致其过度消耗机体能量，影响出蛰后的体质；或者提早出蛰，影响以后的生长发育。

其他如营树栖、洞穴栖、岩缝栖、水栖、水路两栖等生活的动物，也应在室内考虑相应的措施和条件，同时注意防止动物逃跑。

关于动物繁殖的情况，更应重视。对饲养对象的生殖季节、交配、产卵和卵的大小及数量、卵期、孵化情况、幼体、一年产卵次数、做窝、与子代的关系、卵胎生或胎生、每窝或每胎产仔数等都要了解。

另外，还需了解动物是群居，还是独居，来确定群养，还是分养。独居性的动物未经驯化而强行群养，会导致动物之间殴斗、咬伤甚至死亡。

二、引 种

把外地或野生优良的药用动物种类引进当地，直接推广或作为育种材料的工作叫引种。引种是药用动物养殖的重要环节。捕捉野生动物时，要力求避免对动物机体的损伤。野生动物多胆小易惊，初捕后的护理十分重要。护理原则上：一是要保持安静；二是要精心饲喂。

一些动物，特别是高级脊椎动物如鸟、兽等，当他们被引进笼或圈饲养时，由于环境的改变，经常看到动物受惊或想逃跑而在笼或圈内乱撞乱碰，造成植物性神经机能失调，血液循环系统和呼吸系统的生理障碍，甚至撞死或因受伤感染而死，或因心力衰竭而死。

对新引进的高等脊椎动物要注意以下几个环节：

1. 安静 将动物用单个（鸟类可多个）合适的笼子关牢，然后放在幽静、光线稍暗的房间。鸟笼最好用黑布掩盖，这样经过一段时间，动物一般会安定下来。

2. 给水 待动物安定后，要及时给水。水里放些水解蛋白、白糖和少量食盐等营养物质。鸟、兽经过运输和不断挣扎，需要补充水分，水里放些营养物质可起诱饮和补充体力的作用。

3. 诱食 鸟、兽常因受惊和环境的突然改变出现拒食，因此，在给水的同时，放入它喜欢吃的几种新鲜饲料，当它们安定和饥饿时，大都会自行采食。

4. 填（灌）食 经过1～2天诱食后，若动物仍不进食，或出现精神不振甚至衰弱的病态时，就要强行填食或灌食。食肉的动物可灌食适量的鲜蛋液或填入瘦猪肉或其他动物肉，填肉时最好混入蛋白酶以助消化。吃昆虫的则填食昆虫或蚕蛹，吃植物的可填食煮熟的面粉团（或玉米团、米团），最好能拌一些切碎的鲜菜叶。填食食物的量宜少不宜多，初次以半饱为佳，以后逐渐增加数量，但切忌过饱，以七八成饱为极限，以免引起消化不良。每次填

（灌）食后，用手轻轻地抚摸动物的头或身体，以示亲热，使它有安全感，这样能促使它减少对人的恐惧，从而逐渐建立感情。填食后仍然要投放食物，经过多次填食，动物大多能自己进食。

要根据引种需要考虑雌、雄的年龄比例，保证较高的繁殖率。幼龄动物易驯化和养殖，所以在引种时多以幼龄动物为主。

鉴于自然环境对药用动物有着持久和多方面的影响，因此，在引进动物时必须采取谨慎态度，防止盲目引种。首先，正确选择引入品种，该品种应具有良好的经济价值和育种价值，并有良好的适应性，如抗寒、耐热、耐粗饲、耐粗放及抗病力强等性状。其次，慎重选择个体，在引种时对个体的挑选，要注意品种特性、体质外型、健康与发育等情况。

三、检　疫

在引种前必须进行严格检疫；初捕之后要在原地暂养和观察一段时间，运回后，一般也应与原饲养的动物隔离，防止带进本地原先没有的传染病。很多动物饲养者，由于引种时忽略检疫，常常导致严重后果。

四、运　输

运输时要尽量缩短时间，避免时走时停和中途变换运输方式。雄性动物比雌性动物难运输；独居性的动物比群居性的动物难运输。因此，在运输时应根据动物体型、大小、生理及行为特征，采取相应的措施。

第二节　驯　化

当前人工饲养的药用动物多为野生的和半驯化的动物，不能生搬硬套家畜、家禽等已有很高驯化程度动物的饲养方式和方法。为了获得优质高产的动物药材，必须创造适宜的动物生存环境，并对野生动物或半驯化的动物进行驯化、饲养。

一、驯化的基本概念

驯化是通过人为创造野生动物的生存环境，满足它们必需的生活条件，同时，对动物的行为加以控制和管理，达到人工饲养的目的。由于动物行为与生产性能之间有着密切的联系，掌握动物的行为规律和特点，通过人工定向驯化，可以促使动物按照人类的要求产生特异性的药材。

驯化是为了使动物在其先天本能行为基础上建立起人工条件反射，以适应人工饲养环境。这种人工条件可以不断强化，也可以消退，它标志着驯化程度的加强或减弱。因此，不能把驯化看成一劳永逸，而是需要不断巩固的活动。

二、驯化的方法

（一）发育阶段的驯化

幼龄动物可塑性较大，若从吃初乳开始进行人工驯化，效果较好。

（二）单体驯化与群体驯化

单体驯化是对动物个体的单独驯化。群体驯化是对多个动物在统一的信号指导下，使动物建立起共有的条件反射，产生一致性群体活动的驯化方式。群体驯化能给饲养管理工作带来更大的方便。

（三）性生活期的驯化

性生活期是动物行为活动的特殊时期，此时，由于体内性激素的提高，出现了易惊恐、激怒、求偶、殴斗、食欲降低、群居独走等特点。对此，应进行特别的有针对性驯化。例如，对初次参加配种的动物进行配种训练，防止拒配和咬伤。在配种期间建立新的条件反射，指引动物形成规律性的活动。

三、驯化注意事项

由于药用动物种类繁多，进化水平不一，在变野生为家养的过程中会遇到很多问题，综合各种药用动物人工养殖情况，在野生动物人工驯化过程中应注意以下几个方面：

（一）人工环境的创造

人工环境是在模拟野生环境的基础上，根据生产需要而创造出来的一种环境。由于这种环境气候稳定，食物充足，动物的繁殖成活率明显提高。

（二）食性的训练

动物的食性是在长期系统发育过程中形成的。在不同季节，不同生长发育阶段，动物的食性也有所改变。人工提供的食物既要满足动物的营养需要，又要具有适口性。通过食性训练，可以降低饲养成本。

（三）打破休眠期

很多变温动物具有休眠习性，这是对不利环境条件的保护性适应。在人工饲养条件下，通过对温度的控制，改善食物的供应，不使动物进入休眠而继续生长、发育和繁殖，以达到缩短生产周期、增加产量的目的。如地鳖虫的快速繁殖法就是打破一个世代中的两次休眠而使周期缩短一半，成倍增加产品产量。

（四）克服就巢性

就巢性是鸟类的一种生物学特征。如野生鹌鹑就巢性强，每年仅能产卵 20 枚左右，经过人工驯养克服就巢性，产卵可提高到每年 300 枚以上。乌骨鸡经驯养后就巢期从 20 天缩短到 1～2

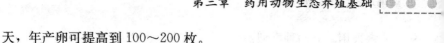

天，年产卵可提高到 $100 \sim 200$ 枚。

（五）群性的形成

在野生条件下，很多药用动物营独居生活。人工饲养实践证明，独居生活的动物也是可以驯化成群居的。如麝獐在野生时是独居的，在人工饲养过程中通过群性驯化，可以做到群居饲养，定点排泄，并可以像鹿一样集群放牧。群性的形成给人工饲养管理带来很多方便。有些动物成体集群较困难，可以在幼体时期饲养。

（六）改变发情、排卵时间和缩短胚胎潜伏期

野生哺乳动物中，很多动物具有刺激发情、排卵和具有胚胎潜伏期的生物学特性，限制了人工授精技术的应用，以至使妊娠期拖延很长。如紫貂的妊娠期为 9 个月左右，而真正的胚胎发育时期仅为 $28 \sim 30$ 天，小灵猫的妊娠期为 $80 \sim 116$ 天。由此常常造成动物不孕、胚胎吸收或早期流产，对繁殖影响较大。随着人工驯化的发展，这些情况会不断得到改善。

第三节　药用动物饲养

一、药用动物饲养的特点

通过对动物食性的研究，不但可以了解各种动物之间的食物关系，而且可以了解各种动物间的行为关系、社会性活动方式及各种动物对环境的适应能力等。这些，对药用动物饲养方式的选择和饲养方法的选用都有很重要的指导作用。

二、药用动物饲养的方式

（一）散放饲养

散放饲养是我国多年来沿用的饲养方式，特别是个体饲养业

多采用。分两种类型：

1. 全散放型　散养区内的地势、气候、植被及动物群落组成条件有利于本种动物发展，没有敌害，并有限制本种动物水平扩散的天然屏障，即把药用动物活动范围局限在一定的区域内。该法投资低。

2. 半散放型　在有限制动物水平扩散的天然屏障的基础上，配合以人工隔离措施，如电围栏、铁丝网、土木结构围墙、水沟等，将动物的活动范围限制在一定的区域内。在动物采食天然食料的基础上适当补充人工食料。在一般情况下只是补充精料、食盐和饮水。有计划地采取措施，保证动物正常的繁殖和生长发育。这种饲养类型较全散放型活动范围要小，养殖密度大，需要适当的投资，单产高。

（二）控制饲养

控制饲养是将动物基本上置于人工环境下，该类型占地面积小，饲养密度较大，单产较高，但投资大。养殖无脊椎动物一般无需分群，主要注意密度问题。养殖高等脊椎动物，特别在刚引进的时候，宜单个笼养，经过一定时间，就可以进行同类群养，在群养时必须按它们的大小强弱分群，因为有些种类如蛇、蛙等常会大吃小，而兽类则往往恃强凌弱。

卵生动物中，除有护卵习性的鸟类及水生动物外，一般在产卵后都应把卵隔离，这样有利于对卵的保护、管理和孵化。因为有些种类有吃卵恶习，在饥饿时更甚。

养殖动物的笼舍及场地一定要满足动物的生活要求。例如，鸟笼应高大，笼内植树，地栖种类设栖架，有能供飞翔的空间，有沙地和水池（供沙浴和水浴），繁殖期要安置巢箱、干草、鸡毛等以便筑巢。兽类一般要有活动场地，对圈养的草食性动物除设防逃设施外，还要搭建遮阳棚（最好利用攀缘植物或在圈舍内植树，对树干要有保护措施），提供晚间睡眠的地方。食肉兽类的笼舍以密封防逃为主，铁丝网眼，铁栏栅距离要合适。对穴居动物，可垒假山洞穴，一般可设卧室和运动场。对树栖药用动物，可以在舍内植树或设枯树以供攀爬。

水生动物可用陆地为屏障，陆生动物可以水为屏障。目前，最难解决的是既能在水中活动，又能在陆地上活动，并能垂直攀附的动物，如蛤蚧。目前，养殖蛤蚧所采用的垒沙法有一定效果，但是饲养成本很高。

（三）冬眠

两栖类与爬行类等变温动物，都有冬眠习惯，能否使它们很好地度过冬眠，也是人工养殖上的一个关键问题。因此，要重视冬眠。

1. 冬眠地点 饲养场地常选择在坐北朝南或朝东南方向、干燥的地方，挖一个凹窝，堆放些砖、石，砌成多个洞穴并垫些土，上堆厚土，在地面留一些出入口，便可作动物的冬眠地点。洞穴离地面30～100厘米，也可视地区不同而异，南方可以浅些，北方应当深些，洞穴大小视动物的大小和数量而定。冬眠地应湿度适中，避免北风吹入，以阳光能照射到的地点为佳，必要时可用土稍把洞口封闭。至于有些蛙、鳖等，则常在水底淤泥中或池边打洞穴越冬。

在室内养殖则较易处理，关闭门窗，在圈内堆放碎土、干草之类或木板、砖等做成缝隙洞穴即可。南方室温稍高于入眠的温度，故导致动物冬眠不深，甚至有时出穴活动。遇到这种情况，则要设法降温使之深眠不醒才好。冬眠不深的动物，出外活动消耗能量但又不进食，导致体质变弱，到春天出蛰时常因过度衰弱而死。

2. 冬眠前的处理 临近冬眠时，动物积极进食以积蓄能量，因此，该时期应投喂足够的饲料，以保证达到最佳状态进入冬眠。在快要进入冬眠前，做一次个体检查，把受伤的、染病的、瘦弱的淘汰。

3. 出蛰前后　惊蛰前后，气温回升，冬眠的动物开始出蛰，这时要及时把填塞的洞穴扒开。蛙类注意修整蛙池，更新池水，准备饲料。蛇场要注意检查防逃设备是否完善，四周墙角是否有洞穴，出水口栅栏是否牢固。如果养殖银环蛇，则要看小鼠、泥鳅、黄鳝是否准备好。

刚出蛰的动物身体较虚弱，要及时投放饲料，但是这时它们食欲不大，所以饵料可以少些。

毒蛇出蛰时，毒液所含毒素较浓，因此，操作时要加倍小心，应做好防咬的保护措施。

惊蛰前后的气温温差较大，当气温突降时，动物又钻回洞里蛰伏，因此，这时要注意天气的变化。当天气晴朗、温度上升，动物出来活动或晒太阳时，投喂饲料效果较好；遇到阴雨刮风天气，就可以不再投喂饲料，待气温稳定上升，动物活动正常后，才开始定时、定量地投放饲料。无脊椎动物大都可以照此处理。

（四）清洁卫生

清洁卫生工作非常重要，关系到养殖的成功与否，简单概述如下：

1. 笼舍　笼、舍、圈的内外要经常保持清洁，每天至少打扫一次，及时清除粪便，同时注意观察粪便是否正常，能水洗的地面要用水冲洗。

2. 饲料　投放的饲料必须新鲜、洁净，绝不能用变质的食物，剩余的食物要及时清除。

3. 给水　给水要清洁、无异味，舍、池内的水要保持清洁。

4. 消毒　养殖场所要定期消毒。进入养殖场的工作人员或参观人员要换鞋子，防止外来病原微生物的侵入。

5. 隔离　要严格划分场区，合理布局。平日注意检查，发现个别有病动物，应立即将其和群体分开。普通病动物可隔离饲养，以待痊愈。诊断确诊为传染病的，均应立即焚烧，或远距离深埋。

6.接种疫苗 预防接种是防止传染病发生的有效措施。不同种类的药用动物应用不同的疫苗预防，接种方法很多，如注射法、口服法、喷雾法等，要根据实际情况，正确选择应用。

三、饲 料

饲料的作用在于维持生命、供给能量、调节生理机能、促进动物机体的生长发育和繁殖。

各种动物都有它的特殊食性，在食物范围上有广食性、狭食性之分；在食物性质上有肉食性、草食性和杂食性之分。动物的食性不是一成不变的，很多动物在野生状态下表现出与家养状态下不同的食性。另外，动物在不同生长发育阶段也有不同的食性要求。

根据野生动物在食性上的特异性和相对性，在养殖时应综合考虑其饲料的组成、配比和饲喂方式。

（一）营养物质及其功能

植物的主要组成元素是碳、氢、氧、氮，约占 50%；动物体以碳、氢、氮为主，约占 90%。此外，还有硫、磷、铁、钾、钙、镁、氟、碘、钠、氯、锰等元素。饲料和动物体内的各种元素是以互相结合成复杂的无机或有机化合物的形式而存在。按化学性质与生物学作用，可将营养物质分为水分、蛋白质、脂肪、碳水化合物、矿物质、维生素六大类。

1.水分 水是动物体内最重要的溶剂，各种营养物质必须溶于水后，才能运送到体内各个器官，代谢产物也必须溶于水后才能排出体外。水对调节体温也具有重要作用。

当动物饮水不足时，表现为食欲减退，消化功能紊乱。长期饥渴时，血液会变得浓稠。动物饥饿时可以消耗体内的全部脂肪和一半以上蛋白质而生存，但如体内的水分损失达 20% 以上时，就会引起死亡。

各种饲料都含有水分，但含量差异很大，一种饲料由于收割时期不同，水分含量也不一样。如植物幼嫩时含水分较多，随着植物的生长成熟，含水量逐渐下降。

动物体内水分的来源主要是饮水。此外，通过采食饲料也可以取得部分水分。各种有机养分在体内代谢过程中也产生少量水分。

2. 蛋白质　蛋白质是一切生命活动的物质基础，是所有生活细胞的基本组成成分，主要由碳、氢、氧、氮四种元素组成。

动物体内各种器官组织，如肌肉、神经、骨骼、表皮、血液等都是以蛋白质为主要成分。动物体表组织，如毛、角、鳞片等，也是由蛋白质（角质蛋白）构成。蛋白质还是组成各种生命活动所必需的酶、激素、抗体等的原料，动物体正常生理机能均受各种各样蛋白质的调节。

饲料中蛋白质供给不足，动物体就会动用储备的蛋白质，使体内出现氮的负平衡。此时，首先消耗肝脏中的蛋白质，其次动用血液蛋白质，最后消耗肌肉及组织中的蛋白质。长期缺乏蛋白质，动物会发生血浆蛋白过低和血红蛋白减少的贫血症，抗病力减弱。同时，体内某些内分泌腺、激素和重要酶的合成受阻，从而引起生理功能的紊乱。幼小动物会出现生长发育迟缓、水肿、消瘦；成年雄性动物精液品质下降；雌性动物性周期失常，胎儿发育不良，产卵率下降。反之，过多地供给蛋白质对动物是不必要的，甚至是有害的。因蛋白质过多会加重肝、肾的负担，易发生酸中毒，并因扰乱磷、钙代谢而导致软骨病。

各种饲料中粗蛋白质的含量如下：

动物性饲料 60%～80%；多汁饲料 1%～3%；油饼类

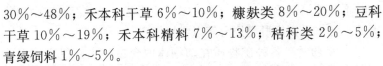

30%～48%；禾本科干草 6%～10%；糠麸类 8%～20%；豆科干草 10%～19%；禾本科精料 7%～13%；秸秆类 2%～5%；青绿饲料 1%～5%。

蛋白质是由若干氨基酸构成的复杂的含氮有机化合物。在自然界，一种蛋白质或饲料中所含氨基酸的种类和数量不可能完全平衡，单独存在的亦少，故多种蛋白质混合喂饲可以互相补充其不足，使蛋白质的效价提高。

3. 脂肪 饲料中能溶解于脂溶剂（如苯、汽油、醚等）的物质称粗脂肪，包括真脂肪和类脂质（如固醇、磷脂、蜡等）两类。

脂肪是动物机体细胞的一个重要组成部分。磷脂、固醇是原生质的主要组成成分。动物体为了生长新组织和修复旧组织，必须通过饲料获取脂肪或形成脂肪的原料。

脂肪是脂溶性维生素的溶剂。脂溶性维生素 A、维生素 D、维生素 E、维生素 K 及胡萝卜素，需要依靠脂肪在体内输送。饲料中缺乏脂肪时，会影响这类维生素的吸收利用。例如，母鸡的饲料内含 4% 脂肪时，能吸收 60% 胡萝卜素，而当脂肪量仅 0.07% 时，胡萝卜素只能吸收 20%。脂肪是动物体制造维生素和激素的原料，并供给必需脂肪酸。

动物皮下脂肪起保温的作用。

4. 碳水化合物 碳水化合物是一类有机化合物的总称。碳水化合物是植物性饲料最重要的组成部分，约占干物质总重量的 3/4，而在动物体内则含量少。一般可将碳水化合物分为粗纤维和无氮浸出物两部分。粗纤维是饲料中难以消化的物质，饲料中粗纤维含量越高，其营养价值就越低。无氮浸出物又称为可溶性碳水化合物，包括单糖、双糖及多糖（淀粉）等易消化的营养物质。

碳水化合物是供给能量的主要来源，饲料经消化吸收后主要是以葡萄糖的形式进入血液，在肝脏和肌肉中合成糖原，肌肉活动时不断地消耗糖原，再由血液中的葡萄糖合成，而血液中葡萄糖的正常水平则靠肝糖原分解以维持恒定。

5. 矿物质 各种矿物质在动物体内含量很少，仅为体重的3‰～4‰。矿物质主要参与机体内各种生命活动，如参与多种酶的组成，参与碳水化合物、脂肪、蛋白质的代谢，调节血液和其他体液的酸碱度、渗透压，参与神经、肌肉活动的调节等。矿物质也是构成骨骼的重要组成部分，是动物生长、发育和繁殖不可缺少的营养物质。

通常按矿物质在体内的含量分为常量元素和微量元素两大类。常量元素主要包括钙、磷、钠、氯、钾、硫和锰微量元素主要有铁、铜、钴、碘、锰、锌、硒、钼、氟等。

目前，微量元素对动物体的作用已经引起广泛重视，在生产实践中如发现疑似缺乏微量元素的症状，应先从土壤、水源、饲料及环境等方面进行调查与分析。

6. 维生素 维生素是维持动物体正常生理机能所必需的一类具有高度生物活性的有机化合物，也是维持生命的要素。

缺乏不同的维生素可以引起不同的症状，但一般多表现为消瘦，生长停滞，胃肠和呼吸道疾病增多，生产力下降，母兽不孕及流产。在生产实践中往往发生的是多种维生素不足，或同时存在矿物质和蛋白质营养不足。因此，必须经常注意供给动物一定量的维生素。

维生素可分为脂溶性维生素（维生素 A、维生素 D、维生素 E、维生素 K）和水溶性维生素（B 族维生素、维生素 C）两大类。脂溶性维生素可在动物体内贮存，不必每日饲料中供给；水溶性的维生素是由植物、酵母及各种微生物（包括消化道细菌）所合成。

维生素 A 对视力、生长、上皮组织及骨骼的发育、精子的生成和胎儿的生长发育都是必需的，β-胡萝卜素能在体内转变成维生素 A。动物性饲料如全乳、蛋黄中含维生素 A 丰富。胡萝卜素主要存在于植物性饲料中，以多叶幼嫩的青绿饲料和胡萝卜含量最多，南瓜中较多，优质的干草、青贮饲料中也含有。

维生素 D 能增强动物对蛋白质的利用，与钙、磷的吸收和代谢有关，能维持血液中一定的钙、磷水平。一般，维生素 D 在动物体大量贮存，不会缺乏（缺乏仅见于繁殖、泌乳的动物）。维生素 D 缺乏时，成年动物发生骨质疏松症，表现为骨质不坚，幼体动物生长迟缓，严重时发生软骨病。维生素 D 以鱼肝油和动物肝脏中最丰富。动物最主要的维生素 D 获得方式是经常接受阳光照射。

维生素 E 是一组具有生物学活性的化合物，与动物正常的生殖机能及神经、肌肉组织的代谢有关。缺乏维生素 E 时，动物主要表现为肌肉营养不良，主要是骨骼肌，其次是心肌。大部分植物性饲料中都含有维生素 E，以禾谷类子实饲料胚中最多，青绿饲料和优良干草含量也很丰富。动物性饲料和植物性蛋白质饲料中较少。

维生素 K 又叫凝血维生素，是维持血液正常凝固所必需的。维生素 K 缺乏常发生于笼饲家禽，其体躯不同部位出现紫色斑。维生素 K 在植物饲料中广泛存在。

B 族维生素包括十余种生化性质各不相同的维生素，都属于水溶性，其中较重要的是硫胺素、核黄素、尼克酸和维生素 B_{12} 等。

硫胺素（维生素 B_1）是许多细胞酶的辅酶。缺乏硫胺素会影响动物体内糖类的正常代谢。硫胺素在植物性饲料中分布很广，以禾谷类子实的种皮内含量最多，酵母、青草和优质干草中也较多。

核黄素（维生素 B_2）是动物体内正常能量转变过程中所必需的辅酶，与蛋白质、脂肪和糖类的代谢密切相关。核黄素缺乏时，动物表现为食欲不振、生长迟缓等。青绿饲料，特别是豆科植物中含量丰富，油饼中含量也多。动物性饲料，如鱼粉含量较多，啤酒酵母中也含有丰富的核黄素。

尼克酸是动物体内酶和辅酶的组成成分，参与细胞的呼吸和代谢，协助机体组织的脱氢和氧化作用。尼克酸在饲料中广为分布，青绿饲料、花生饼、酵母等含量丰富；动物性饲料中，如骨肉粉、鱼粉中较多。

维生素 B_{12} 是含有钴元素的维生素。在动物体内参与核酸的合成，参与蛋白质、脂肪、糖类及丙酸的代谢，可以提高机体对植物性蛋白的利用率。缺乏维生素 B_{12} 时动物发生恶性贫血。维生素 B_{12} 存在于动物性饲料中。

维生素 C，又称抗坏血酸，大多数动物能在肝脏或肾脏中利用单糖合成维生素 C，维生素 C 参与体内一系列代谢过程。缺乏维生素 C 时，动物出现周身出血、牙齿松动、骨骼脆弱和创伤难愈等症状。青饲料中含有维生素 C，在一般情况下不必另外补饲。但对早期断奶的幼小动物，在夏季高温情况下，可适当补饲维生素 C。

（二）饲料种类

饲料的种类很多，按其来源、性质和营养特性可分为：植物性饲料、动物性饲料、矿物性饲料、添加饲料等几个大类。

1. 植物性饲料

（1）青绿多汁饲料　这类饲料是草食性动物重要的优质饲料，由于含水分较多（70%～95%），营养成分含量相对较少。青绿多汁饲料，可分为三大类：一是以新鲜茎叶为主的青绿饲料，二是利用块根、块茎或果实调配的多汁饲料，三是由青绿饲料调制而成的青贮饲料。

（2）粗饲料　这类饲料的共同特点是体积大，粗纤维含量高，营养价值低。干草、茎秆、秕壳都属于粗饲料。粗饲料在饲喂前应切碎，用水泡使之软化，或经发酵等加工处理，并尽量与其他营养价值较高的饲料搭配饲喂。

（3）精饲料 这类饲料多指粮油加工副产品及某些食粮。精饲料含有较高的能量，国外常按蛋白质含量的高低将其分为两类，蛋白质含量低于 18％的称为能量精料，如玉米、大麦、米糠、麸皮；高于 18％的称为蛋白质精料，如大豆、豆饼、花生饼、棉子饼、菜子饼等。

2. 动物性饲料 动物性饲料蛋白质含量较多，其中必需氨基酸含量丰富。动物性饲料含钙、磷充足，比例合适，利用率高，也是维生素 B_{12}、维生素 D 的重要来源。这类饲料包括肉类、鱼类加工副产品及其他动物性饲料。

（1）肉类加工副产品 主要有肉粉、鱼粉等，是屠宰场利用不能供人食用的家畜内脏、肉屑残渣等制成。肉类加工副产品含蛋白质丰富，钙和磷的含量较多。

（2）鱼类加工副产品 主要是鱼粉，利用全鱼或其加工副产品如头、鳍、骨、尾、内脏等经脱脂、干燥而成。鱼粉含蛋白质约 65％，含有特别丰富的赖氨酸、蛋氨酸，含丰富的钙、磷，也是维生素 B_{12}的主要来源。

（3）其他动物性饲料 乳制品、缫丝业副产品蚕蛹、河蚌肉、蚯蚓、蜗牛、家禽羽毛等。

3. 矿物性饲料 矿物性饲料通常有食盐、石粉、贝壳粉、骨粉、沉淀硫酸钙等。矿物性饲料具有促进唾液分泌、增强食欲及补充钙、磷等作用。

4. 添加饲料 这类饲料包括营养物质添加剂和生长促进剂。

（1）营养物质添加剂 有维生素添加剂、微量元素添加剂和氨基酸添加剂。

（2）生长促进剂 具有刺激动物生长、提高饲料利用率和增进动物健康的功用。包括抗生素、激素、酶制剂及中药添加剂等。

第四节 繁　殖

一、影响动物繁殖的因素

动物繁殖有明显的季节性。除了与内分泌机制、营养状况和新陈代谢等内部因素有关外，还受到外界环境条件的直接影响。在影响动物繁殖的外界环境条件中，光照、温度和食物是三个最为重要的因素。

（一）光照

光照与动物的各种生理活动，尤其是季节性的生殖周期活动密切相关。春、夏配种的动物，是由于日照的延长刺激了生殖机能所致，鸟类、食虫兽类和食肉兽类以及一部分草食兽类属于这种类型。秋、冬配种的动物，是由于日照缩短促进其生殖机能活动所致，如麝等野生反刍兽类属于这种类型。一般完全变态的昆虫，它们的生活史经过卵—幼虫—蛹—成虫四个发育阶段，其中蛹羽化情况随着纬度改变而不同。因此，处于不同纬度地带的同一种动物，其周期也有不同。

日照长短，影响生殖周期的机理可简单地表示如下：日照→眼睛→下丘脑→脑垂体→生殖激素→生殖腺发育。即光照引起神经冲动，传到大脑皮层的视觉中枢，刺激丘脑下部，分泌释放因子，释放因子作用于垂体前叶，引起促性腺激素的分泌。光照还能通过垂体促进甲状腺的活动，而甲状腺的活动与精液质量、受精卵的发育及其他代谢功能有关。另外，光照也可以通过头盖直接作用于丘脑下部而发挥作用；对皮肤裸露的动物，也可以因皮肤对光的感受作用而刺激雄激素的产生。

（二）温度

温度的季节性变化也影响到动物的生殖活动，如昆虫的交配、产卵、卵的发育都需要一定的温度。鸟类和哺乳类动物的繁殖也需要适宜的温度条件，如果温度范围不合适，动物的繁殖能力就会下降，甚至停止繁殖。春季繁殖的动物是由于气温的逐步升高，刺激生殖腺的发育成熟；秋季繁殖的动物是由于环境温度的降低而促进性腺成熟。精液质量的季节性变化主要受气温的影响，光照是辅助因素。哺乳动物的阴囊，一般较体温低 $4\sim7℃$，有特殊的热调节能力，这有利于精子的生成和活力的保持。隐睾的动物由于睾丸处于体腔，温度较高，影响精子的生成，导致配种能力下降。生产实践也证明了温度过高，雌性动物的繁殖能力也会受到影响。另外，环境温度过低，时间过长，超过动物代偿产热的最高限度，可引起动物体温持续下降，代谢率降低，也会导致繁殖能力下降。

（三）食物

不论肉食性、草食性，还是杂食性动物，其繁殖时期都是在每年食物条件最优越的时期。在这个时期内不但气候条件适宜，食物也最丰富。在温带地区，动物多在春、秋季两次繁殖。这是因为春季各种植物萌发生长，小动物出蛰活动，食物丰富而营养价值高；秋季植物果实丰富，动物觅食活动增加，食物来源广泛。在热带地区，有"旱季"和"雨季"之分，旱季由于干旱和缺少食物，动物繁殖活动处于低潮；而雨季是生命活动的高潮，大多数动物种类都是在雨季进行繁殖。

二、药用动物繁殖期的异常表现

在繁殖季节到来时，动物由于体内性激素水平的上升，在许多方面出现异常表现。

（一）行为变化

即所谓"性激动"，特别是雄性动物在求偶过程中与同性相遇，多因争偶而激烈争斗。有的雌性动物由于性腺发育不成熟而拒配，对追逐的雄性也进行殴斗，有时会造成伤残。很多动物平时表现很温驯，如麝在泌香期，但进入繁殖期则一反常态，连饲养员也很难接近。

（二）食性变化

处于性活动期的动物，食欲普遍下降，主要依靠消耗体内贮存的物质。有很多动物在此期间出现食性变化，如有的草食性有蹄类动物可能捕食地上的啮齿类小动物，食植物的鸟类在性活动期有时也食虫类。很多肉食性动物在性活动期也采食部分植物性食物，补充体内的维生素不足，这些食性的变化是与繁殖机能密切相关的。由于动物在繁殖期内生理和行为上的特殊性，饲养管理工作也必须相应地进行改变。

1. *配种前期*　此时期的动物食欲旺盛，体质健壮。在饲养管理上要求使动物保持良好的配种能力，在饲料中应增加蛋白质成分，补充各种维生素。为使性腺细胞能充分发育，植物食性动物在这个时期可给予一定量的动物性食物，肉食性动物在这一时期可补充一些植物性食物。

2. *配种期*　此时期的动物性腺发育已经成熟，体内性激素水平已达高潮，极易受外界刺激而产生性冲动。此时动物食欲普遍降低，多喜欢水和洗浴。动物发情和交配活动对体质有很大的消耗，易产生疾病、创伤和死亡。因此，加强这时期的饲养管理尤其重要。

在饲料质量上要少而精，对配种能力较差的动物给予一定量的催情饲料。要密切观察动物的发情表现，进行适时放对配种。

3. *配种后期*　此期为动物怀孕、产仔和哺乳时期，各种动物在这个阶段的活动差异很大，不易统一概述。在此段时期，雄性动物处于恢复体质期，雌性动物处于妊娠期，无论是在生理上，还是在行为上都与配种前期明显不同。通过雌、雄分群管理，要特别加强对雌性动物的管理工作，争取较高的产仔率和成活率。如果管理不当，则有可能出现停育、胚胎吸收、流产或产仔数减少等情况，造成生产损失。

三、提高药用动物繁殖成活率的措施

提高药用动物成活率是药用动物饲养的主要指标。如果饲养管理不当，不但不能提高成活率，可能比野生环境下还低，这是由于动物不适应人工环境而导致内分泌机能失调所致。要想解决这个问题，达到增产的目的，除了要加强饲养管理和提高繁殖技术之外，还可以采取以下措施：

（一）驯化

通过驯化，能够使动物逐步适应人工环境，改善动物的行为表现，通过神经、内分泌系统的调节作用改善动物的生殖功能，使动物恢复正常的繁殖机能，这在许多野生动物的驯养中已经得到证实。如野生鹌鹑有抱窝习性，每年约产 20 枚卵，但经过长期的人工驯化，鹌鹑克服了抱窝习性，产卵率提高了十几倍。另外，通过群体驯养，还可以使动物集中发情，缩短配种和产仔的时间，从而降低生产现场的劳动管理强度。许多野生动物具有诱导发情和刺激排卵的特性，当环境不安定时，雌雄虽然交配，但刺激程度较低，不能诱发排卵，受精率低，也会导致空怀，或产仔数减少。现在有许多野生动物饲养场研究繁殖期动物的驯化，已初见成效。繁殖期的驯化，是一种意义深远的工作，它将为推广新繁殖技术的应用创造条件。

（二）补充生活条件

野生动物在饲养条件下不能正常繁殖，说明该生活条件未达到其基本要求。但通过人工补充的方法可提高其繁殖能力，如水貂在交配前后增加光照，配种期内提高温度，可以使妊娠期缩

短。通过控制光照，能够使水貂由一年一胎达到两年三胎。又如通过人工控制温度、湿度和改善营养条件，打破了地鳖虫的冬眠习性，使之不停地生长发育，使生长周期由 23～33 个月缩短为 11 个月左右。做到了人工快速繁殖，大幅度提高产量，这对于各种有休眠习性的药用动物，在人工养殖上都可以研究借鉴。

（三）补充外源性激素

补充外源性激素可以提高动物的内分泌机能，从而提高繁殖力。如通过注射垂体激素，促进种鱼的性腺发育而提前产卵。通过注射雄性激素能够使母鸡醒巢和提高产卵量，如乌鸡具有很强的就巢性，每年产卵仅 50 枚左右，通过人工注射丙酸睾丸素，可以很快结束乌鸡的就巢性，使之恢复产卵，从而使年产卵量提高到 200 枚以上。又如通过注射黄体释放激素，能够提高紫貂和水貂的繁殖力。现在，人们广泛应用外源激素，促使动物周期发情排卵或超数排卵，促进胚胎着床，防止胚胎吸收和流产的发生。

（四）人工授精

人工授精是利用器械，以人工的方法，将采集的精液输入到雌性动物生殖器官内，使其受精。该法配种受孕率高，能迅速地提高动物的质量，改良和培育新的品种。人工授精包括采精、精液的检查与稀释、精液的保存、输精等步骤。

目前，有许多药用动物的人工养殖遇到困难，因此，应加强新的养殖与繁殖技术的研究。例如，对虎、豹等濒危动物，能否借助人工授精、精子超低温冻存等技术解决种兽来源、人工饲养、繁殖等瓶颈问题，值得研究。又如蛤蚧和白花蛇，产卵很少，影响其药材生产，能否借助超数排卵技术来提高产量，值得探索。很多产量低的全体入药或局部入药的药用动物，要想从根本上提高动物产量，利用先进的繁殖技术实行快速育种，是十分重要的内容。

第五节 药用动物疾病的防治

一、疾病的概念

疾病，简单地说就是动物机体与内外环境的动态平衡遭到破坏，表现为结构机能的异常。也就是说，在动物机体的生命活动过程中，经常要与外界环境中的各种各样的因素接触，如果在接触过程中，因机体对外界环境因素不适应，机体抵抗力减弱，或因外界环境中的作用力过大或毒力过强，则往往会对机体造成机能、代谢和形态结构的破坏，从而导致机体内部各种固有的动态平衡失调，甚至难以维持正常的生命活动，这样一个过程的发生就是疾病。

二、疾病的类型

药用动物的疾病繁多，到目前为止，尚无一个完整统一的分类方法，现将常用的分类方法介绍如下：

按疾病的发生原因，可以将疾病分为传染性疾病、非传染性疾病和寄生虫病三大类。

（一）传染病

传染病指致病微生物（细菌、真菌、放线菌、螺旋体、支原体及病毒）侵入机体，并进行繁殖所引起的疾病。

（二）非传染性疾病

非传染性疾病指一般性致病刺激物的影响或某些营养缺乏所引起的疾病。

按主要发病系统分类，可将疾病分为消化系统疾病、呼吸系统疾病、内分泌系统疾病、泌尿系统疾病、生殖系统疾病、神经系统疾病等，此种分类方法对临床疾病诊断和防治比较方便。

（三）寄生虫病

寄生虫病指寄生虫在动物体表及体内寄生，和动物机体争夺营养，危害动物比较严重的疾病。

三、致病原因

致病原因分为体内因素和体外因素两类。体内因素主要指动物机体的抗病能力，它是决定疾病是否发生的关键。致病因素侵入体内，若机体抵抗力较强，就不易发病；反之，则发病。同时，疾病发生与以下几方面因素有关：

1. 物理因素　温度、湿度等因素的变化是发病的原因之一。

2. 化学因素　空气中的有害气体浓度过高，也可引起动物发病。

3. 机械因素　动物因相互争斗、追逐受到损伤，体型相对较大的动物发生较多。

4. 营养物质及微量元素缺乏　饲料中糖类、蛋白质、脂肪、微量元素以及维生素的不足，以及内分泌功能障碍，影响动物机体的生长及发育。

5. 外界刺激　过度惊吓、粗暴的饲养管理引起动物高级神经中枢的功能紊乱。

6. 病原微生物　细菌、病毒、真菌等各种病原微生物是危害药用动物养殖的最主要因素，它可引起动物大批死亡，甚至全部死亡。

7. 寄生虫　体内、体外多种寄生虫也是危害药用动物养殖的主要因素之一，它可使动物质量下降，甚至引起动物大批死亡。

四、传染病的预防

传染病在动物群中发生、传播和终止的过程称为传染病的流行过程。流行过程是由传染源、传染途径和易感动物群三个基本环节组成的，缺少任何一个环节，传染病的流行即终止。

（一）传染过程中的三个基本环节

1. **传染源**　传染源是指机体内有病原体生存、繁殖并不断向外界排出病原体的动物，也就是正在患传染病或者是隐性感染以及带菌的动物。

2. **传染途径**　病原体由传染源排出，经过一定的方式，再侵入其他易感动物所经过的途径称为传染途径，通常分为直接接触传染和间接接触传染两大类。

（1）直接接触传染　指没有任何外界因素的参与，易感动物与传染源直接接触而引起的传染。

（2）间接接触传染　指病原体从传染者排出后，通过外界环境，在外界因素作用下，间接引起疾病的传播。传播媒介可以是无生命的物体，如饲料、水、土壤、空气、用具及其他被污染的物质，也可以是活体。

3. **易感动物群**　在药用动物群中，如果有一定数量的对某种疾病极具感受性的动物，这种动物群称为易感动物群。

药用动物的易感性与药用动物群中具有易感动物的数量成正比，而每个动物的易感性又取决于它的饲养条件，良好的饲养管理可增强动物的抗病力，降低易感性。反之，若饲养管理条件不好，则动物的抗病力低，易感性高。

总之，当传染源、传染途径、易感动物群三个环节同时存在并互相连续时，传染病才会发生和流行。这三个环节的联结或中断，都与一定的自然条件和社会条件密切相关，而社会条件比自然条件更为重要，社会条件对传染病流行过程的影响，决定于社会制度和科学技术的水平。

（二）传染病的流行形式

传染病的流行形式，根据在一定时间的发病率的高低和传播范围的大小，可以分为四种形式：

1. **散发性** 发病数目不多，并在较长时间内都是以零星病例的形式出现。

2. **局部性** 发病数目多，但传播范围不广，常限于局部地区，通常是由于该地区存在某些利于疾病发生的条件。例如，饲养管理条件不良，土壤和水源有病原体污染，以及有带菌动物和活的传染媒介存在等。

3. **流行性** 发病数目多或者很多，并且在较短的时间内传播到较广范围。这类疾病的传染性很强，并且常呈急性经过。

4. **季节性** 某些传染病经常在一定的季节发生，或在一定的季节出现发病率显著上升。

（三）综合性防治措施

为了预防和扑灭传染病，应采取综合性防治措施，主要包括下列三个方面：查明和消灭传染源，切断病原体的传染途径，提高动物对疫病的抵抗力。

1. **消灭传染源** 制订科学的饲养管理操作规程和严格的饲养管理制度，对于引进的或外购的动物，要严格进行检疫，以便查明和消灭传染源。

2. **切断传染途径** 坚持兽医消毒防疫制度和杀虫灭鼠工作，切断传染途径。兽医消毒防疫制度包括定期消毒和临时消毒。定期消毒包括按季度、月、周等对动物圈舍、笼具、垫料等进行消毒。临时消毒是指为了扑灭和控制疾病的传播所采取的不定期的临时措施。

3. **提高动物抗病力** 加强饲养管理，配制合理的饲料，创造适宜的环境条件，提高动物抗病力。

传染病发生后的扑灭措施包括：迅速报告疫情，尽快作出确切诊断，封锁疫区；淘汰发病动物，焚烧尸体及其垫料；对圈舍、笼具、饲养用具、饲养场所等彻底消毒。

（四）消毒

消毒是预防和扑灭传染病的重要措施之一，消毒的目的是杀灭外界环境中的病原或使之变为无害。

1. **机械消毒法** 机械消毒法是一种常用的消毒方法。如圈舍的清扫、洗刷，笼具、食具的洗刷，粪便、垫草、饲料残渣的清除等。机械消毒法能够清除大量的病原微生物，但是达不到彻底消毒的目的，必须配合其他消毒方法共同使用。

2. **物理消毒法** 物理消毒法是一种常用的消毒方法。包括日光暴晒、紫外灯照射、干热、焚烧、煮沸、高压蒸汽消毒等。

患严重传染病动物的尸体，常用焚烧的方法杀死病原体。疑似被病原体污染的粪便、锯末、垫草也可焚烧处理。对于饲养动物笼架及没有高压消毒条件的铁质笼具可用火焰喷灯消毒。煮沸消毒是一种经济、简便、效果可靠的消毒方法，在 60~80℃ 的热水中 30 分钟，能够杀死大部分生长期的病原微生物，如果煮沸 1 小时，可消灭一切传染病的病原体及传染媒介——昆虫和寄生虫。饲养人员所使用的衣服、器械等物品均可使用煮沸消毒。日光暴晒及紫外灯照射也具有良好的消毒作用。

3. **化学消毒法** 使用化学药物喷洒、浸泡、熏蒸等达到消毒灭菌的目的。

常用的化学消毒药物及使用浓度：0.2%~5% 福尔马林、0.2%~5% 过氧乙酸、3%~5% 石炭酸、3%~5% 来苏儿、10%~20% 漂白粉。

使用化学消毒药物的注意事项：①消毒药物一定要搅拌均匀，使之充分溶解，保持一定浓度，过高或过低都达不到消毒目的。②对饲养动物的圈舍、笼具，一定要先清扫，刷洗干净，再使用药物消毒，这样效果更好。③有些化学消毒药物，可经呼吸道、伤口等引起人或动物中毒，使用时一定根据药物特性采取有效的防护措施。

（五）健康检查

经常进行药用动物的健康检查是做好动物疾病防治工作的一项重要措施。在大群动物中进行健康检查，主要是观察外表形态，可以从下列几方面加以区别：

1. 食欲　正常的动物食欲旺盛。如发现动物不吃、吃得很少或想吃又吃不进去，或见饲料就走开，这些都是有病的表现。

2. 粪便　正常的动物粪便都有一定的颜色和形状，如粪便异常、粪量显著减少或无粪都是有病的表现。

3. 精神　正常的动物对外来刺激反应敏捷、行动活泼、眼睛明亮有神。如果发现动物对外来反应迟钝，蜷缩角落，不爱活动，眼睛红肿、流泪、有眼眵，则为病态。

4. 被毛营养状态　健康的动物被毛紧密且有光泽，肌肉丰满。如果发现被毛蓬乱粗糙，肢体消瘦以及某部位肿胀溃烂等，则为病态。

只有经常对药用动物进行健康检查，才能及早发现疾病，并根据不同情况，采取有效的防治措施，保障药用动物健康和正常的生长发育。

第四章 药用动物生态养殖各论

第一节 牡 蛎

　　牡蛎为软体动物门、瓣鳃纲、牡蛎科的动物。主要有近江牡蛎、褶牡蛎、太平洋牡蛎（长牡蛎）及大连湾牡蛎等，全世界有100多种，我国沿海有20多种。近江牡蛎、长牡蛎在我国沿海均有分布，大连湾牡蛎主要分布于我国北方沿海。牡蛎的药用部位主要是壳和肉，牡蛎壳入药称为牡蛎。在每年的5～6月，当牡蛎生殖腺高度发达而又未进行繁殖，软体部最肥时进行采集，采收时将牡蛎捞起，开壳取肉，将壳洗净，晒干。

　　牡蛎，性凉味咸，生用敛阴潜阳、软坚散结，用于惊悸失眠、瘰疬痞块；牡蛎煅后能够收敛固涩，用于自汗盗汗、遗精崩带、胃痛吞酸等症。现代医学证实，牡蛎具有降血脂、抑制血小板聚集、改善高血糖症状、提高人体免疫力、促进新陈代谢等功能。牡蛎用于动脉硬化、冠心病、心绞痛、高血脂、心律不齐、糖尿病、慢性肝炎及免疫力下降等疾病的治疗，都有较好的疗效。

　　牡蛎肉，性平味甘咸，功能滋阴养血。牡蛎肉含有丰富的蛋白质、维生素、比例合适的微量元素和牛磺酸，而且还含有海洋生物所特有的多种营养成分。牡蛎肉除食用外，作为治病强身的海洋药物正日益受到人们的重视。

牡蛎是一种重要的经济贝类，肉肥爽滑，味道鲜美，营养丰富，素有"海底牛奶"之美称，是沿海出口创汇的产品之一。

一、牡蛎的生物学特性

（一）形态特征

牡蛎的贝壳坚厚，外形很不规则，由左、右两壳组成。右壳又称上壳，小而扁平，形似盖状，贝壳表面生有鳞片。左壳又称下壳，大而凹，以此壳固着在礁或其他固有形物上。贝壳的形状不仅因种而异，而且受环境影响，如附着物的形状、风浪冲击及其他生物在贝壳表面附着等因素，均能导致贝壳外形发生变化。

1. 近江牡蛎　呈圆形、卵圆形或三角形等。左壳凹陷，大而厚。右壳平坦，稍小，右壳外表面稍不平，有灰色、紫色、棕色、黄色等颜色。内表面白色，边缘有时淡紫色，质硬，断面层明显，厚2~10毫米。

2. 褶牡蛎　贝壳小而薄，呈三角形或长条形。右壳平如盖，壳面有数层同心环状的鳞片，颜色多为淡黄色。左壳表面凸出，顶部固着面较大，具有粗壮放射肋，鳞片较少。壳内面灰白色，呈锐角三角形。

3. 长牡蛎　呈长片状，右壳较小，鳞片坚厚，层状或层纹状排列，淡紫色或黄褐色，内表面瓷白色，壳顶两侧无小齿，左壳凹下很深，鳞片较右壳粗大。

4. 大连湾牡蛎　类三角形，背腹缘呈八字形。右壳外面淡黄色，具同心鳞片，内面白色。左壳同心鳞片坚厚，中央凹下呈盒状。

（二）生活习性

牡蛎终生以左壳营固着生活，一旦固着后则终生不能脱离固着物而自行移动，只能通过右贝壳的运动进行呼吸、摄食、生殖、排泄和御敌等活动。它的一生只有开壳和闭壳运动。运动时只限于右壳作上下移动。

不同种类的牡蛎，对外界环境，特别是对温度和盐度的适应能力是不同的。褶牡蛎的适应能力强，生长区域从热带气候的印度洋到亚寒带气候的日本海北部，且多生活在盐度多变的潮间带。近江牡蛎，我国沿海均有分布，仅栖息在河口附近盐度较低的内湾。大连湾牡蛎对温度和盐度的适应范围较窄，只分布于黄渤海一带远离河口的高盐度海区。

牡蛎的饵料种类主要是单细胞浮游生物和有机碎屑。牡蛎摄食无特殊规律性，一般水温在 $10\sim25℃$ 时摄食旺盛，在繁殖期摄食强度减弱。

（三）繁殖习性

牡蛎有雌雄同体和雌雄异体两种状态，它们之间还经常发生性别转换。同一个个体在不同年份或季节，其性别也不同。胃周围是生殖腺的主要分布区。雌、雄性腺均为乳白色，外表很难分辨。性腺发育过程分为 5 期：休止期、形成期、增殖期、成熟期和排放期。

成熟的卵子呈圆球形，未成熟的卵子一般呈梨形或多边形。精子分头尾两部分，头部一般圆球形，尾部较长。牡蛎固着一年后即达性成熟，开始繁殖。繁殖方式有卵生型和幼生型两种。

牡蛎的繁殖期随种类的不同而有差异。即使同一种牡蛎，由于生活海区不同，繁殖期也不同。就是同一海区，由于海况条件的变化，不同年份，繁殖期也有先后。牡蛎的繁殖期，大都在海区水温较高、盐度较低的几个月。

牡蛎排精与产卵开始于个别亲体，由此产生连锁反应，互相诱导。在水温20~23℃条件下，受精卵经20~23小时孵化形成D型幼虫（壳长75微米左右），经过18~20天的培育，幼虫壳长达280~300微米时出现黑色眼点，称为眼点幼虫。这时棒状足逐渐发达，遇到适宜的附着物，棒状足伸出壳外匍匐其上，找到合适位置由足丝腺分泌黏胶物质固着其上，进入固着生活。

二、牡蛎生态养殖的场地建设

养殖场可以建在天然牡蛎生长的海区，投放附苗器采苗，直接养成。也可以选择适宜牡蛎生长的场所建场，人工育苗后放养。场地一般在袋形或漏斗形的内湾海区内，最好背风靠山，潮流畅通，没有工业污水注入。底质根据养殖方式及采苗器种类而定。投石养殖时，多采用底质较硬的泥底或砂底；采用水泥棒、石柱和栅架式养殖时，多选用含泥沙较多的底质。采用筏下养殖时，对底质要求不严格。

海水盐度与水温的要求根据牡蛎的种类而定，如近江牡蛎和长牡蛎属于低盐度种类，主要分布在盐度为10~30（密度1.006~1.022）的河口和内湾。温度平均为24.5~29.8℃，最高31℃，冬季平均在18℃左右，最低不低于13.4℃。水深应保持在低潮线以上1.5~3.5米，近江牡蛎一般保持在干潮线附近至低潮线下10米左右。海水的透明度通常在30~50厘米，最低不少于25厘米。褶牡蛎分布在环境多变的潮间带，对盐度的适应能力倾向于近江牡蛎。大连湾牡蛎一般生活在低潮线以下，所处的盐度环境比较窄，适应范围为27~34（密度1.020~1.025）。

场内设施根据养殖方式建造，如投石式养殖，向场内投放坚硬白色花岗岩和麻石，密集排列成长条状，或每3~4块一组排成梅花式。水泥棒和石柱养殖，一般投放在低潮线上下，或投放在大潮期间不露空、水深1米左右的浅水场地。在场内打桩，行距70厘米，株距30厘米。栅架式养殖，用竹木器材、条石制件和钢筋水泥制件搭制栅架。筏下养殖，用毛竹扎成筏架，适用于风浪小、干潮水深在3～4米的海区。

三、牡蛎的人工繁殖技术

（一）亲贝的选择

8月中旬从养殖场选择个体大、生长正常、无病害的亲贝专池蓄养，亲贝蓄养方式可采用浮动网箱或网笼式吊养，每立方米水体可蓄养50～60个；牡蛎雌、雄外形或性腺颜色均难分辨，只好混合蓄养。要控制水质，日换水量10%～30%，保持温度、盐度、pH在适宜的范围。

（二）采卵

多采用诱导排卵和解剖取卵法。

1. 诱导排卵　可采用阴干、变温、流水刺激法等。采卵操作流程为：选用性腺基本成熟的亲贝，阴干6～10小时，期间阳光暴晒4～6小时（高温期间可短些）；将阴干后的亲贝放入淡水并用浓度为5毫克/升的高锰酸钾溶液浸泡消毒5～10分钟，冲洗干净后移入池内平铺，再加入温度高3～5℃的新鲜海水，温差过大易造成胚胎发育畸形。夏季可用降温法和流水刺激法，流速15厘米/秒，1～2小时后停水停气，观察排放情况，及时拣去雄贝或不成熟雌贝；掌握排放高潮及终止时间，及时注入新水，以利受精卵孵化；注意勤捞泡沫、勤搅拌。如果排放效果不理想，每隔半个小时停止充气和流水，每次约5分钟，反复3次。

2. 解剖取卵　解剖法：用开壳刀打开经清洗干净的亲贝，辨别雌、雄，取出性腺，将成熟的卵子和精子分别挤入盛有清洁海水的容器中。待获得一定数量的精卵后，在预先准备好的容器内，按 3 : 1 的雌、雄比例混合，进行人工授精，静置半小时后洗卵，然后将受精卵移入孵化池中孵化。

（三）孵化

受精卵在 25.0℃ 左右条件下孵化，孵化时持续充气，并捞净因精子过量产生的泡沫及污物。经 20～24 小时孵化，大部分受精卵已发育为 D 型幼虫，用 400～500 目筛绢网排水收集，移入已准备好的育苗池进行幼虫培育。

（四）幼虫培育

1. 环境条件控制　水温 23.0～29.0℃，密度 1.014～1.019，pH8.2～8.4，光照 200～600 勒克斯（附苗时用遮阳网遮光，光照强度在 100 勒克斯以下）。

2. 培育密度　幼虫培育前期（规格 180 微米以下时）密度为 10 个/毫升，后期（规格 180 微米以上时）5 个/毫升。

3. 饵料投喂　投喂饵料的种类、投喂量、投喂次数要视幼虫大小及生长情况而定。一般前期以金藻为主，日投 2 次，日投喂量（1～4）×10⁴ 细胞/毫升。中后期可增投角毛藻、扁藻，日投 2～3 次，日投喂量（5～10）×10⁴ 细胞/毫升。

4. 日常管理　幼虫培育过程中，每日换水 2 次，上、下午各 1 次，总换水量由开始时的 30% 逐渐递增到 100%。管理人员要勤观察，掌握幼虫生长和水质变化情况，根据实际情况采取分池、移池、流水和投药等措施。

（五）变态附着

一般选用牡蛎壳、扇贝壳作为附着器，贝壳经海水充分浸泡后洗刷干净，贝壳中间打孔穿成串，每串 100 片。当 50% 以上幼虫出现眼点时，用 80 目筛绢网进行筛苗，选取网上眼点幼虫，并移入事先挂放好附着器的水泥池中附苗。依附苗要求（20～30个/片），计算所需幼虫量。以所需幼虫量的 1.5～2 倍幼虫量入池附苗。附苗期间，附苗池用遮阳网遮光，控制光照强度在 100 勒克斯以下。当附着池内贝壳平均附苗量达到养殖生产要求（20～30 个/片）时，将幼虫用筛绢网箱移入另一附苗池，这样既有利于管理，又有利于浮游幼虫的生长及变态附着。附苗后附着基每隔 3～5 天用水泵冲洗 1 次，防止因脏物淤积而造成脱苗。当附苗壳长达 1 毫米左右时，即可出池。

（六）多倍体育苗技术

贝类多倍体育种技术是目前贝类遗传育种中最活跃和最具有应用价值的一个领域。多倍体育种是通过增加染色体组的方法来改变生物的遗传基础，从而培育出经济价值较高的优良品种。目前，牡蛎多倍体的研究主要集中在三倍体和四倍体。三倍体贝类具有生长快、个体大、肉质好等特点，且由于三倍体具有三套染色体组，减数分裂过程中染色体的联会不平衡导致三倍体的高度不育性，能形成繁殖隔离，不会对养殖环境造成品种污染。四倍体贝类具有正常繁育的可能，与二倍体杂交可产生 100% 的三倍体，能够克服物理或化学方法诱导三倍体的缺点，更加安全、简便、高效地获得三倍体。

目前，牡蛎三倍体育苗方法主要有两种：一是化学方法，二是利用四倍体和二倍体杂交获得，其中以化学方法较为常用。化学方法主要是利用能够抑制细胞分裂的化学物质来干预细胞分裂的过程而培育三倍体。常用药物有细胞松弛素 B、6-二甲氨基嘌呤、咖啡因等。工艺流程为：亲贝准备→亲贝精养→性细胞获得→受精、洗卵→诱导→D 型幼虫选优→幼虫培育→附苗→稚贝培育。

利用三倍体牡蛎产生的卵子与二倍体牡蛎精子受精后抑制第一极体即可培育四倍体。

四、牡蛎饲养管理技术

牡蛎养殖方式很多，包括直接养殖、桩式吊养、垂下式养殖、单体笼养、滩涂播养、立体生态养殖等方式。

（一）直接养殖

直接养殖包括投石养殖、桥石养殖、立桩养殖、插竹养殖等，是我国传统的牡蛎养殖方式，这些养殖方式的采苗器兼作养成器，固着的牡蛎在采苗器上原地生长直至收获。这些传统养殖方式的养殖密度难以进行人为控制，养殖产量低而不稳，而且养殖地点都是在潮间带滩涂，不能充分利用浅海水域，敌害生物难以清除，影响牡蛎的生长。目前已逐渐被淘汰。

（二）深水桩式吊养

深水桩式吊养，一般选择风浪较小、水流畅通、有淡水注入、饵料生物丰富的内湾海区，海水密度在 1.008～1.020，水深经常保持在 4～8 米，海底应以泥沙质或泥质为好。木桩可用桉树木，桩长 2.0 米，尾径 4～6 厘米。先将经过滩涂养殖的牡蛎脱离水泥棒，此时壳长 8～10 厘米，用电钻在每个牡蛎壳顶钻孔，孔径 6 毫米，再用单股白胶丝（3 毫米）将牡蛎串起来，每串重约 15 千克。最后，将牡蛎缠绕在木桩上，绕桩长度约 1.2 米。配以铁钉及铁线固定，做好牡蛎木桩后，成批装船运到海边。用高压水枪喷水撞桩脚滩地，木桩就慢慢插入，木桩插入泥沙 50～60 厘米深，可以抗拒海浪的冲击，防止倾斜或倒下。木桩行距与桩距相等，均为 100 厘米，插桩 600～700 支/公顷。收获方法是退潮时用高压水枪喷水撞桩脚的泥沙，木桩即可拔出，集中装船运到岸上采集。深水桩式吊养的牡蛎生长快，肉质肥满鲜美，出肉率高。牡蛎深水桩式吊养是一种新兴养殖方法，经济效益可观。

（三）垂下式养殖

垂下式养殖的单位面积产量显著增加，海水交流良好，不露空，摄食时间长，生长率比过去提高2倍，养殖周期可缩短6个月以上。垂下式养殖不受海底形状、底质、水深的限制，可在水质无污染的外海进行养殖，容易生产合乎卫生标准的牡蛎。同时避免受到匍匐性敌害生物的危害，是我国牡蛎养殖业的发展方向。

垂下式养殖根据养殖设施结构的不同，可分为3种类型：内湾沿海风浪大，以延绳式为主；风浪小，以浮筏式为主；垦区内大水面，以棚架式或延绳式为主。

棚架式养殖适用于滩涂坡度小，小潮时水深能保持在2～3米，底质为泥或泥沙底，风浪小，较平静的内湾深水区。其结构是在养殖区内每隔2～3米的距离打一桩头，桩头入土约1米，前后两排的桩距为2.5～3米，桩的上部用毛竹连绑，牡蛎苗就可吊挂在棚架上养殖。

浮筏式养殖分为一年养殖和两年养殖两种方式。一年养殖是6～7月采的稚贝到9月达10毫米时进行浮筏式养殖，年末壳高达4～5厘米，养到翌年5月收获。两年养殖是7～9月采苗，翌年5～6月移入筏架，养到10月或第三年3月壳高达9～12厘米时收获。目前，一般为两年养殖，适用于干潮水深5米以上、风浪小、较平静的内湾，最适于在虾池进行。用直径15厘米的毛竹三层纵、横排列，底层6根，长10厘米纵向排列；中层20根，长8米，横向等距离排列，一般间距40厘米；上层4根，长10米，再纵向排列。毛竹重叠处用铁线扎绑牢固。每台筏架6～8个浮球，置于筏架的底部，将筏架四角用2 500丝聚乙烯缆绳系在桩头上，定置于海区。这种面积的筏架，每台可挂苗400串。

延绳式养殖是根据浮筏式改进的，具抗风力强的特点，适用于风浪较大的海区进行牡蛎养殖，台架多设在水深5米以上的海区。其基本结构是用二条70厘米、直径为2厘米的聚乙烯缆绳作浮绳，每隔5米用一毛竹连接两条浮绳，每台用1～20个浮球，顺流设架，浮绳的两端用2 500丝聚乙烯绳锚缆，固定于桩头，定置于海区，每架可挂苗50串。

（四）单体笼养

单体笼养是指将人工培育的牡蛎苗，从附着基上剥离，单体装网笼内进行筏式养殖的技术。单体牡蛎即游离的无附着基的牡蛎，其生长不受空间限制，可充分发挥个体的生长潜力，壳形规则美观、大小均匀，易于运输、放养、收获和加工，便于筏式笼养，能提高抗风浪能力和单位水体产量，商品价值较高。

传统剥离苗种的方法是将牡蛎苗从附着基上刮下，这种方法费时费力，从20世纪70年代以来，国外使用特殊附着基和药品处理方法获得单体牡蛎的研究取得了很大进展。目前，应用较广的是采用肾上腺素诱导眼点幼虫产生单体牡蛎，幼虫必须经过筛选，能诱导变态的幼虫必须是眼点明显、足部发达的幼虫。经筛选后诱导的幼虫不附着变态率达80%。

单体牡蛎在国外有底播、网笼和网箱等养殖方法，效果都很好。单体笼养牡蛎稚贝在6月上中旬时出库，规格为400～500微米，在这期间，牡蛎苗剥离方便，附着基采用塑料帘或塑料盘。牡蛎苗3～4厘米时即可分苗进养成笼。经8个月养殖，牡蛎体长达10.4厘米，平均个体重88克，成活率90%以上，每公顷产量约75吨。单体笼养简单易行，不需特殊器材，不存在牡蛎脱落掉苗的现象，而且牡蛎体表干净，附着物少，胃内泥沙含量极低，不影响出口。

（五）滩涂播养

牡蛎滩涂播养，就是不使用任河附着基和养殖材料，而将牡蛎苗种直接播撒在滩涂上进行养殖。这种方法具有投资少、见效快、简便易行、生产成本低、劳动强度小、管理方便等优点，适合于个体养殖户和乡镇企业。其基本方法是：

1. 选择养殖区　养殖区应选在水流畅通、风浪较小且滩面稳定的海湾低潮区附近的滩涂，以底质肥沃的泥滩最为理想。

2. 采集苗种　半人工苗、全人工苗和自然苗均可使用。

3. 播苗时间　播苗应在生长之前进行，一般是 3 月中旬到 4 月初，最迟不能超过 5 月。

4. 播苗密度　播苗密度小，苗种易因泥沙淤积而窒息死亡；苗种密度过大又影响其生长。因此，应根据当地的水流、底质等具体情况确定合适的播苗密度。一般每公顷播苗量不低于 30 吨，以 45～60 吨为宜，可获得 105～150 吨的产量。

5. 播苗方法　播苗前，要先将选择好的滩面整理成与潮流方向一致、宽 1～2 米的长条状畦，畦间留出 50 厘米宽的水道，以便于潮流的畅通和进行人工管理。播苗方法有水播和干播两种。水播是预先在养殖区做好标记，以便在涨潮时易于辨认，潮水上涨后用船运苗进行播撒。干播是退潮后在畦面上边倒退行走边播撒苗种，同时，用拖板将滩面整平，不留脚窝即可。播苗要把握一个"匀"字。从效果来看，干播效果更好一些，其优点是不受水流影响，而且撒播相对均匀。

6. 管理和收获　播苗后要经常检查生长情况，搞好日常管理。做好防风防盗工作。养成期应注意畦间水流通畅，保证潮水流畅无阻。滩涂播养的牡蛎，当年播苗可当年收获，当壳长达到 7 厘米以上时即可收获上市或进行加工，时间一般在 10 月下旬到 12 月中旬。结冰的滩涂必须在结冰前收完，以免牡蛎受损。

（六）立体生态养殖

近年来，为使养殖过程中出现的自身环境污染得以恢复，净化海水养殖环境，充分发挥各种养殖生物饵料资源的作用，牡蛎

与对虾混养、虾—鱼—贝—藻混养等生态养殖模式的应用越来越
广泛。下面以虾—鱼—贝—藻多池循环水生态养殖为例介绍其养
殖技术。

在封闭的循环水养殖系统内设置 4 个养殖区，即对虾养殖
区、鱼类养殖区、贝类养殖区和大型海藻栽培区（统称综合生态
养殖区），以及 1 个水处理区、1 个应急排水系统。养殖前于高
潮期由外海自然纳水进入缓冲池，经沙滤井进入水处理区（蓄水
沉淀池），蓄水沉淀池的水经再次沙滤后分别注入对虾养殖区、
鱼类养殖区、贝类养殖区和大型海藻栽培区。各养殖区及水处理
区用水一次性注足。

对虾放养 15～20 天后，根据虾池水色、悬浮物数量、透明
度以及底层水中氨态氮、亚硝酸盐累积情况，使养殖用水在对虾
养殖区、鱼类养殖区、贝类养殖区、大型海藻栽培区及水处理区
间循环。养殖用水每周循环交换 1～3 次，每次交换量控制在
10%～35%。基本原则是养殖前期交换量较小，养殖中后期水循
环交换次数逐渐增多。

养殖用水经沉淀、曝气、沙滤进一步净化后，用动力提水经
进水渠注入对虾养殖区，虾池水经池塘中间的底部排水口，直接
排入池底位置较低的鱼类养殖区，鱼类养殖区下游的水通过涵洞
自然进入贝类养殖区，贝类养殖区的水直接进入大型海藻栽培
区，大型海藻栽培区的水通过地下涵洞进入蓄水沉淀池。

对虾养殖区进行对虾集约化养殖，作为养殖系统的主体，投
放规格为 0.8～1.0 厘米的凡纳对虾，放养密度为 120 万尾/公
顷。鱼类养殖区投放规格为 4～6 厘米的奥利亚罗非鱼与尼罗罗
非鱼杂交的后代奥尼罗非鱼，密度为 1.8 万尾/公顷，经海水逐
步咸化后放入鱼类养殖区，不投饵。贝类养殖区，放养规格 3～
4 厘米的太平洋牡蛎，放养量 50 万只/公顷，筏式吊绳养殖。大
型海藻栽培区，投放细基江蓠，投放种苗数量 2 500 千克/公顷，
2 个月以后逐步收获，养殖期间每半个月采捞一次，采捞时留

3 000千克/公顷作为藻种，让其继续生长。前期施肥以满足海藻的营养需求。

该养殖模式是将环境与饵料资源上互补的经济动植物，以适宜的比例养殖于同一循环体系的不同池塘中，建立动植物复合养殖系统，实施养殖系统的生物调控与自我修复，使养殖过程引起的自身环境污染得以恢复，净化海水养殖环境。该养殖模式一方面充分发挥各种养殖生物饵料资源互补的积极作用；另一方面避免同池混养的多种养殖生物在饵料资源、生存空间和溶解氧上的直接竞争，以及自身代谢废物造成的相互危害。

五、牡蛎常见疾病的防治

（一）病毒性疾病

1. 牡蛎面盘病毒病（OVVD，缘膜病）

（1）病原　牡蛎面盘病毒病由虹彩病毒引起，为20面体的DNA病毒。

（2）流行情况　1985年曾在美国华盛顿州的 Willepa 湾和 Puget 海峡发现此病。本病传播途径是由携带虹彩病毒的亲体向幼体作纵向感染，亲体是转移宿主或储存宿主，主要患病群是育苗场中的幼体，每年的 3～6 月幼体牡蛎育苗损失可达 50％。

（3）症状及病理变化　患病幼虫活力减退，沉于养殖容器底部，不活动，内脏团缩入壳内。面盘活动不正常，面盘上皮组织细胞失去鞭毛，并有些细胞分离开来，在面盘、口部和食道上皮细胞中有浓密的圆球形细胞质包涵体，受感染的细胞扩大、分离。分开的细胞中含有完整的病毒颗粒。

（4）防治方法　目前，主要是加强管理，建立正确的诊断方法。一旦发现患病牡蛎，彻底消除。彻底消毒幼体牡蛎群及相关设施。建立无病牡蛎群并保证不被污染。

2. 牡蛎疱疹病毒病

（1）病原 本病由疱疹病毒引起。疱疹病毒粒子六角形，直径 70～90 纳米，具单层外膜。有的病毒粒子具有浓密的类核。此病毒储存液存于－20℃，几个月后仍具有感染性。

（2）流行情况 牡蛎发病记录始于 1992 年（Farley 等）。1992、1993 年 2 个夏季在法国西岸进一步暴发。染病牡蛎群体死亡率达 80%～90%。暴发后 1～4 个月内，法国两处养殖场所剩无几。本病常发生于发电站排出的热水中养殖的牡蛎，发病水温为 28～30℃。水温下降后，本病随之消失，发病与水温密切相关。

（3）症状及病理变化 病毒主要发现于牡蛎卵及幼体中。幼体的面盘、外套膜、鳃组织及围绕消化管的结缔组织均见病灶。感染牡蛎消化腺苍灰色。群体出现散发性死亡。电镜下可见胞内和胞质内有病毒样颗粒，核含球形或多边形颗粒。

（4）防治方法 发现该病后，将牡蛎转移至温度低的天然海水中，可阻止继续感染和死亡。

（二）细菌性疾病

1. 幼体牡蛎溃疡病

（1）病原 可能为鳗弧菌、溶藻弧菌以及气单胞杆菌和假单胞菌。

（2）流行情况 感染牡蛎主要为美洲牡蛎幼虫，也不排除其他种类的牡蛎（长牡蛎、欧洲扁牡蛎、褶牡蛎等）。当条件合适时，弧菌可迅速繁殖、传播而致病。

（3）症状及病理变化 全身性的组织溃疡，养殖水体中见幼体缺乏活力，下沉甚至死亡。光镜下观察，牡蛎体内有大量上述细菌、异常的面盘、溃疡甚而崩解的组织。

（4）防治方法

①加强养殖水体的卫生管理，使弧菌数不超过 10^2 个/升。

②检测出感染者应丢弃。

③确保饵料（如单胞藻）无病菌污染。

④有效地采取消毒方法，包括过滤、臭氧消毒或紫外线照射。

2. **幼体牡蛎的弧菌病**

（1）病原　病原为类似溶藻弧菌的弧菌等，可能不止一种。

（2）流行情况　本病发生在美国的美洲巨蛎和欧洲牡蛎幼体，死亡率可达 20%～70%。从病程上看，幼体牡蛎附着壳先感染，可能是附着物上有致病菌，然后致病菌进入韧带、外套膜和鳃，使壳生长受阻，韧带失去功能，最后全身感染而死亡。

（3）症状及病理变化　孵化场幼体牡蛎常发本病。患病幼体牡蛎壳畸形，右壳比左壳大，呈杯形，壳钙化不均匀，壳周边具有大而清晰的未钙化的几丁质区，常常与壳瓣分离。细菌伸入到韧带中，镜检可在韧带中发现细菌。贝壳硬蛋白可能被细菌溶解，壳的几丁质也被腐蚀。消化管内无食物，肠腔中有脱落的细胞。

（4）防治方法　养殖设施要注意消毒，保持清洁。感染幼体用 10 毫克/千克次氯酸钠溶液浸洗 1 分钟后，立即用海水冲洗干净。

（三）真菌病——牡蛎幼体的离弧菌病

（1）病原　病原为海洋动腐离壶菌。

（2）流行情况　离壶菌可感染美洲巨蛎的各期幼体和硬壳蛤的幼体，尤其是引起养殖幼体的大批死亡。

（3）症状及病理变化　受感染的牡蛎幼体停止活动和生长，并很快死亡，少数幸存者可获得免疫力。用显微镜检查，在牡蛎幼体内能看到菌丝，也可将受感染的幼体放入溶有中性红的海水中，真菌菌丝染色比幼体组织染色更深，比较容易诊断。

（4）防治方法　预防方法是过滤育苗用水或紫外线消毒。治疗尚无报道，只有全部放弃，并消毒养殖设施，以防蔓延。

（四）寄生虫病

1. **六鞭虫病**

（1）病原　病原为肉鞭动物门双滴虫目的尼氏六鞭虫。该虫呈梨形，8条鞭毛中的6根前伸为前鞭毛，此外，身体两侧各有1根向后。

（2）流行情况　六鞭虫主要寄生于太平洋巨蛎、商业巨蛎、青牡蛎和欧洲牡蛎等，是一种常见寄生虫，分布广泛，世界各地都有发现。我国台湾和山东的牡蛎中也存在该病原。

（3）症状及病理变化　六鞭虫多寄生在牡蛎消化道内，对其致病性尚有争论。有人认为它是引起荷兰食用牡蛎和美国华盛顿州的青牡蛎死亡的病因。但也有人认为六鞭虫和牡蛎的关系是共栖关系，还是寄生关系，取决于环境条件和牡蛎的生理状况，可能不是牡蛎死亡的重要原因。即在水温低和牡蛎代谢机能低时，六鞭虫可以成为病因。但在水温适宜，牡蛎代谢机能强时，牡蛎可以排出其体内过多的六鞭虫，使牡蛎与六鞭虫成为动态平衡，变为共栖关系。

（4）防治方法　至今未见报道。

2. **海产派金虫病**

（1）病原　病原为海产派金虫。海产派金虫孢子近球形，其直径以5～7微米居多。细胞质内有一个偏位的大液泡。液泡含一个大液泡体，形状不定、折光。一层泡沫状的细胞质包围液泡体。偏于泡内一侧的卵形胞核则处于细胞质较厚部，核膜靠一圈无染色带包围。孢子在宿主体内发育成为游动孢子（具有2根鞭毛），游动于水中，伺机再附于牡蛎身上，脱鞭毛成变形虫状，经鳃、外套膜或消化道入侵上皮组织。

（2）流行情况　海产派金虫病是牡蛎最严重的疾病之一，第一年的牡蛎一般不患本病，主要受害的是较大的牡蛎，感染率最高可达90％～99％。死亡率也随年龄的增加而增加。死亡发生在夏季和初秋，随水温下降死亡减少，冬季一般不发生死亡。本病流行的环境条件是较高的水温（30℃）和较高的盐度（30）。盐度在15以下，温度低于20℃或高于33℃时，即使有海产派金虫寄生，牡蛎也不会死亡。海产派金虫的传播途径是流动孢子直接传播。传播范围一般在15米以内。海产派金虫寄生于美国的美洲巨蛎、叶牡蛎和等纹牡蛎。在古巴、委内瑞拉、墨西哥和巴西等国家也有发现，我国台湾的巨蛎也发现有海产派金虫。

（3）症状及病理变化　牡蛎全身所有软体部组织都可被海产派金虫寄生，并受到破坏，但主要是结缔组织、闭壳肌、消化系统上皮组织和血管受到侵害。牡蛎患病早期，虫体寄生部位组织发生炎症，随之产生纤维变性，最后组织广泛溶解，形成组织脓肿或水肿。慢性感染的牡蛎，身体逐渐消瘦，生长停止，生殖腺的发育也受到阻碍。感染严重的牡蛎壳口张开，特别在环境恶化时死亡更快。

（4）防治方法　预防措施是彻底清洗、消毒附基，将老龄牡蛎彻底除去，避免高密度养殖，避免用已感染的牡蛎作为亲牡蛎，牡蛎长到适当大小时尽早收获，将牡蛎养殖在低盐区（盐度15以下）等。本病一旦发生，发展特别快，治疗和移植均不现实，最好的办法是提前收获。

六、牡蛎药材的采收与加工

（一）采收

近江牡蛎和大连湾牡蛎要养3～4年才能收成，在养成条件较好的海区，养两年就可收成。褶牡蛎养一年就可收获。收获季节一般在蛎肉最肥满的冬、春两季。

收获牡蛎的方法：在底质平坦的海区，用蛎网捞取。蛎网网口用铁架制成，网前有铲头6～8个，在拖网过程中铲蛎入网。在底质不平的岩礁底海区可先用钢丝耙取，再用抄网捞起；也可用蛎夹将蛎石捞起，进行采收。在潮间带养殖的牡蛎，可在干潮时装船运回岸上采收，或在滩上直接从附着器上铲下运回；垂下式养殖的牡蛎，可以直接在船上采收牡蛎。

（二）加工

将牡蛎壳、肉分离后，分别加工。

1. 牡蛎　将壳洗净，晒干，碾碎或煅后碾碎应用。

2. 牡蛎肉　鲜食或晒干后保存。牡蛎肉的加工方法主要有干蛎肉、冻蛎肉和蚝油三种。

（1）干蛎肉　将鲜牡蛎肉平铺在席子上直接暴晒或烘干，或者将牡蛎肉依次经过淡煮、咸煮、晒干等工序干燥。

（2）冻蛎肉　将鲜牡蛎肉直接装袋速冻，或者将牡蛎煮至8～9成熟，沥干水分后，装袋冻存。

（3）蚝油　将蛎肉渗出液和煮蛎肉的汤汁浓缩而成，具特殊的浓郁香味，营养丰富，是一种高级调味品。

第二节　乌　贼

乌贼属于软体动物门、头足纲、乌贼科的动物，俗称乌鱼、墨鱼、墨斗鱼。全世界乌贼科的动物共有 3 属 100 种，主要有巨型乌贼、枪乌贼（俗称鱿鱼）、金乌贼等，它们广泛分布于太平洋、印度洋及大西洋各浅海区。我国常见的乌贼有金乌贼和曼氏无针乌贼。在我国北部沿海，以金乌贼产量最多，在东南沿海，以曼氏无针乌贼产量最高，但总的来说，以曼氏无针乌贼产量最大，经济价值也较高。

乌贼传统的入药部位是其内贝壳，名为乌贼骨，也叫海螵蛸。乌贼骨，性微温，味咸、涩，具有收敛止血、涩精止带、制酸止痛、收湿敛疮等功效，主治吐血、呕血、崩漏、便血、衄血、创伤出血，肾气不固之遗精滑精、赤白带下，胃痛嘈杂、嗳气泛酸，湿疹溃疡等证。

乌贼的肉、墨也可入药。乌贼肉细嫩，味道鲜美，含有优质蛋白质和丰富的氨基酸、微量元素，具有养血、催乳、补脾、益肾、滋阴、调经、止带之功效，用于治疗妇女经血不调、水肿、湿痹、痔疮、脚气等症。经常食用可以延缓衰老、提高造血和免疫功能，对防止心血管疾病、贫血和肿瘤有一定的作用。乌贼墨有凝血作用，是一种良好的全身性止血药，对妇科、外科、内科等多种出血症，如肺咯血、胃出血、尿血等的止血效果显著，且无毒副作用。

一、乌贼的生物学特性

（一）形态特征

乌贼身体可分为头、足和躯干三个部分，躯干相当于内脏团，外被肌肉性套膜，具石灰质内壳。头位于前端，呈球形，其顶端为口，四周具有口膜，外围有 5 对腕。头两侧具有 1 对发达的眼，构造复杂。眼后下方有一个椭圆形的小窝，称嗅觉陷，为嗅觉器官，相当腹足类的嗅检器，为化学感受器。足已特化成腕和漏斗，腕有 10 条，左右对称排列，背部正中央为第 1 对，向腹侧依次为第 2～5 对，其中第 4 对腕特别长，末端膨大呈舌状，称为触腕，可以捕食，能缩入触腕囊内。各腕的内侧均具 4 行带柄的吸盘，触腕只在末端舌状部内侧有 10 行小吸盘，此称触腕穗。雄性左侧第 5 腕的中间吸盘退化，特化为生殖腕或称茎化腕，可输送精荚入雌体内，起到交配器的作用。根据茎化腕可鉴别雌、雄。漏斗位于头的腹侧，基部宽大，隐于外套腔内。其腹面两侧各有一个椭圆形的软骨凹陷称闭锁槽，与外套膜腹侧左右的闭锁突相吻合，如子母扣状，称闭锁器，可控制外套膜孔的开闭。漏斗前端呈简状水管，露在外套膜外，水管内有一舌瓣，可防止水逆流。躯干呈袋状，背腹略扁，位于头后。外被肌肉非常发达的套膜，其内即为内脏团。躯干两侧有鳍。鳍在躯干末端分离，在游泳中起平衡作用。由于躯干背侧上皮下具有色素细胞，能够改变皮肤颜色的深浅。

（二）生活习性

乌贼属暖水种，喜好高温高盐。曼氏无针乌贼的生长水温为13～33℃，最适生长水温为30℃左右，盐度范围为17～35，最适盐度范围为26左右。枪乌贼在自然海区的最适温度范围为21～29℃，一般对盐度的要求为32～34。金乌贼适宜水温为21～25℃，盐度为30～33。乌贼主要分布于水深200米以内的大陆架，喜栖息于岛礁周围、水质清澈、潮流缓慢、海藻茂盛、盐度适中的海域。金乌贼成体通常生活于距岸2～5海里，水深40～100米，底质为贝壳、沙砾、珊瑚礁，并有海藻丛生的海域。

乌贼属于凶猛的食肉性动物。金乌贼能主动掠食各种中、上层小鱼及其他游泳动物和底层甲壳类。仔稚鱼以端足类和其他小型甲壳类为食，幼体多捕食小鱼（如鳀、黄鲫、梅童鱼等），成体则以扇蟹、虾蛄、鹰爪虾、毛虾等为食，并有同类相残的习性。中国枪乌贼的饵料组成有肉足鞭毛虫类、水螅水母类、线虫类、多毛类、腹足类、头足类、甲壳类和鱼类等，其中鱼类约占饵料组成的80%，头足类约占12%。

当乌贼遇到敌害时，会用两大法宝来对付：一是"放烟幕弹"，把体内墨囊里的墨汁喷出来，将周围海水染黑，使"敌人"迷失方向，丧失攻击能力，而自己可以乘机逃脱。二是"变色本领"，明明是黑色的乌贼，一会儿却变成了黄色，转眼间又变成了红色，使"敌人"捉摸不透，只好停止追击。

乌贼行动敏捷，最快每小时能游150千米，当乌贼身体紧缩时，口袋状身体内的水分从漏斗口急速喷出，乌贼借助水的反作用力迅速前进，犹如强弩离弦。因为漏斗平常总是指向前方，所以乌贼的运动形式一般是向后退行。

（三）繁殖特性

乌贼为雌雄异体，外形上区别不明显。雌性乌贼有一个卵巢，由体腔上皮发育形成，位于内脏团后端生殖腔中。卵成熟后落在腔内，由粗大的输卵管输出。输卵管近末端处有一输卵管腺，其分泌物形成卵的外壳。直肠两侧内脏囊壁上为 1 对大的产卵腺，开口于外套腔，其分泌物也形成卵的外壳及一种遇水即变硬的弹性物质，可将卵黏成卵群。生殖季节时，卵分批成熟，分批产出。雄性乌贼有一个精巢，位于体后端生殖腔中，来源于体腔上皮，由许多小管集成。精子成熟后，由小管落入生殖腔中。输精管细长，曲折成一团，管上有贮精囊和前列腺，端部膨大成精荚囊，末端为阴茎，雄性生殖孔开口于外套腔。精荚囊内有极多的精荚。精子到达精荚囊内，包被一层弹性鞘而形成精荚。

乌贼生殖为体外受精，直接发育。每年春夏之际，乌贼由深水游向浅水内湾等待产卵，即生殖洄游。产卵时的适宜温度为 15~20℃，盐度为 30 以上。产卵前雌雄交配，即雄性以茎化腕将精荚送入雌体外套腔中，精荚破裂，释放出里面的精子，精卵在外套腔内结合。交配后几分钟，雌性即排出受精卵。受精卵圆形，一端稍尖，长约 10 毫米，成串聚集一起，表面黑色，黏于外物上俗称"海葡萄"。每个亲体产卵量为 1 000~1 500 粒。乌贼卵经不完全卵裂（盘式卵裂）以外包法形成原肠胚，直接发育。孵化出幼体与成体相似。金乌贼产卵盛期为 3 月下旬至 5 月中旬，产卵时刻一般为午后至黄昏。产卵床通常选择在珊瑚礁或树枝上，形成串状或堆状结构。乌贼产卵后便离开产卵床，然后再回到产卵床产卵，可连续多次产卵，一般最大日产卵量为 150 粒。曼氏无针乌贼的怀卵量低，平均每只雌乌贼（体重 180~210 克）产卵量为 1 200 余粒。中国枪乌贼产卵期为 4~9 月（每月均有雌性性腺发育成熟度为Ⅳ、Ⅴ或Ⅵ期的亲体出现），且分期、分批产卵，高峰期为 5 月和 8 月，个体怀卵量达（1~2）×

10^4 粒。

二、乌贼生态养殖的场地建设

乌贼生态养殖的海湾或海域，一般选择水源交换良好，污染少，水质较清，水流平缓，风浪较弱，盐度适宜，大雨过后盐度变化较小，水深大于 4 米，透明度大于 0.3 米，溶氧大于 4 毫克/升，pH 为 6.8~8.5，周围环境安静、噪声少。

三、乌贼人工繁殖技术

(一)采卵与洗卵

1. 采卵 选择体重 1~1.5 千克的乌贼作为亲体，一般于 3 月下旬将采卵器均匀沉放到产卵海区的海底，并用缆绳连接和固定，海面设有标志。采卵器用 2 厘米孔径聚乙烯网片扎制在三根固定竹竿支架上，网片外部只留一个锥形口，作为亲体通道，网内部中央悬挂一簇海藻或树枝（柽柳、黄花蒿等），作为接卵器。投放采卵器应正值乌贼产卵盛期。一般采卵期 1 个半月左右，到 5 月中旬前后，逐个将采卵器收捕，并冲刷干净。装车时，底层用湿海藻铺底，然后平放采卵器，避免相互摩擦损伤，顶部用湿麻袋或棉被遮盖，防止阳光直射，最后用篷布盖好绑牢运输。

2. 洗卵 采卵器运到育苗场后，迅速将网片和中间海藻或树枝取下，用青、链霉素或高锰酸钾溶液药浴，洗卵约 30 分钟，然后将其挂到已纳满新鲜海水的孵化池中的拉绳上，并使其全部浸入水中，底部离池底 20 厘米左右。此时采卵、运输、洗卵及消毒工作全部结束，进入受精卵孵化阶段。

(二)室内人工孵化

现在多采用网箱孵化，在水温 16~23℃进行，约经 30 天，即可孵化出金乌贼幼体。受精卵多数呈球形，卵粒较小，直径为

6～8 毫米，表层黏有泥沙，呈半透明状。经 22 天左右，卵粒体积逐渐膨胀，直径达 8～11 毫米，第一层外膜开始膨大，并逐渐被胀破而脱落，此时呈透明状，膜内小乌贼幼体清楚可见。再经 8～10 天，卵粒仍不断膨胀，直到第二层隔膜被胀破而脱落，小乌贼孵出。刚孵出的小乌贼幼体呈较淡的浅褐色，随时间的延续，逐渐由浅褐色变为深褐色，其形态上几乎接近成体，幼体长 5～7 毫米，平均孵化率可达 80％～85％。

（三）室内幼体培育

1. 培育方法　将孵化出来的金乌贼幼体，放在网箱中进行培育。网箱规格为：1 米×1 米×1.2 米，网目按乌贼幼体的不同时期选择 120 目、100 目、80 目、60 目四个不同型号。

刚孵化出的乌贼幼体口中含有卵黄，可维持生存 1～2 天，然后开始寻食。乌贼幼体较为理想的开口饵料为营养强化后的人工孵化的卤虫无节幼体和人工培育的糠虾。随着小乌贼的生长发育，应逐渐提高卤虫和糠虾规格，并增加投喂量。培育半个月后，饵料可改投人工培育的仔虾苗或自然海水中浮游及桡足类小生物。一般，小乌贼经 40～45 天集中培育，体长可达 2.5～3.0 厘米，此时即可投放养殖。室内培育成活率一般可达 50％～60％。

2. 技术管理措施

（1）水质指标控制　要求水源无污染、无油污，水质清新。每旬定期进行水质监测，确保各项指标控制在允许范围内，符合国家海水养殖用水水质标准。其中：水温 21～25℃，盐度 30～33，溶解氧＞5 毫克/升，pH 为 7.8～8.6，总氨氮＜0.6 毫克/升。

（2）盐度控制与调节　在孵化和培育过程中，对池水盐度低限控制难度较大，特别当汛期来临时，控制和调节海水盐度是确保孵化和培育成功的关键。此时，应采取有效措施给予保障，一是根据气象预报，提前将蓄水池纳足水，做好用水储备；二是蓄水条件不足时，可适当减小换水量，以避开低盐期；三是若汛期较长，可采取泼洒粗盐饱和溶液的方法，起到临时稳定盐度的作用。待外海盐度回升到正常盐度后，再进行正常水量交换。

（3）培育密度　幼体培育密度以 400～500 个/米^2 为宜。

（4）充气　孵化、培育期间，除投饵时段外，均连续微量充气。

（5）光照强度　孵化阶段至培育前期，光照强度均控制在 1 500～2 000 勒克斯；培育中、后期，逐渐去掉避光措施，以适应正常光照环境。

（6）换水　采用长流水或日换水量控制在 2 个全量，换水前及时清除池底污染物，确保水质清新；水深控制在 1.5 米左右。

（7）饵料投喂　每天投饵 2 次，19：00～20：00 和 2：00～3：00各投喂 1 次，日投饵量为乌贼体重的 2%～3%。

（8）日常管理　专业技术人员负责日常管理，尽可能避免乌贼受到惊吓，每半个月用玻璃箱和方格纸进行生长测试，并认真做好生长与活动观察记录。

四、乌贼的饲养管理技术

乌贼养殖有海水围塘养殖、自然放流养殖、网箱养殖等方法。下面以曼氏无针乌贼的网箱养殖及金乌贼池塘养殖为例介绍乌贼养殖技术。

（一）曼氏无针乌贼的网箱养殖技术

1. 网箱及其设置　不同规格的传统网箱和不同规格与形状的深水网箱均可。网箱顺着潮水以"品"字形排列。网目大小根据乌贼大小而定，一般全长为 0.7～1 厘米的乌贼苗种，网径大小为 0.4 厘米，之后随着乌贼的生长，网径也相应增大。为避免光照较强引起乌贼躁动不安而喷墨死亡，在网箱上方安装黑色遮阳网遮光，高度以方便投饵为宜。同时，为防海鸟袭击乌贼，可做网盖。

2. **放养季节** 曼氏无针乌贼适宜的生长水温为 13～33℃，最适生长水温为 (27±2)℃，生长盐度范围为 19～35，春、夏、秋季水温高于 13℃的海区均可放养，冬季水温高于 13℃的南方地区，全年可养。

3. **苗种选择与运输** 应选择体长大于 0.7 厘米，大小整齐、体呈椭圆形、无损伤、无病态或畸形、活力强的个体作为苗种。一般情况下，体色较深且随光线强度的变化而变化，能快速平游、前冲与快速后退于水体中下层，趋光性强的苗种活力较强。苗种运输可采用尼龙袋充氧的方法。全长 0.7～1 厘米的苗种，规格为 40 厘米×70 厘米的尼龙袋放苗密度为 30～50 只/袋，温度低于 30℃的条件下运输 12 小时的成活率可达 100%。为防止乌贼由于光线过强等刺激产生喷墨现象，运输时可在透明尼龙袋外套一黑色尼龙袋遮光。短途运输可采用带水充氧桶运输，忌强光，忌震荡，温度不能超过 33℃。包装和运输过程要轻拿轻放，尽量减少对苗种的刺激。

4. **苗种放养** 放苗时要注意网箱内和运输袋内海水的温度及盐度差异，可采用尼龙袋漂浮于水面或采用逐步向尼龙袋内添加海水的方法来消除温度差异；若盐度差异较大，需先在育苗厂进行过渡。放养时要尽量做到同一网箱内的苗种个体大小整齐，可避免在养殖过程中互相残杀。放养密度视苗种个体大小而定，体长 0.7～1 厘米的苗种，每箱（3 米×3 米）可放养 2 000～2 500 只；体长 3～5 厘米的苗种，每箱 1 200～1 500 只；体长6～8 厘米的苗种，每箱 800～1 000 只；体长大于 9 厘米时，每箱 300～500 只。

5. **养殖管理**

（1）饵料驯化 由于乌贼喜在自然海区摄食活饵，不喜欢摄食死的饵料，故在养殖过程中必须进行人工驯化，一般需 10～15 天，驯化时要做到以下几点：

①勤投 每天 4～6 次，每次从投喂开始至乌贼不再摄食

为止。

②选择饵料　鱼虾均可。体长1～2厘米的乌贼，饵料宜切成长棒状，长0.7～0.8厘米，直径约0.3厘米；体长2～3厘米的乌贼，饵料长度宜0.8～1厘米，直径约0.5厘米。也可用人工配制的湿性饲料。

③灯诱　有条件的海区，晚上可在网箱上方点灯，诱集一些浮游动物，为乌贼补充食物。

（2）饲料投喂

①定时　养殖前期每天投喂4～6次，持续时间约1个月；中期减少为3～4次，持续时间约2个月；养殖后期每天投喂2次，早晚各一次，持续时间约1个月。冰冻小鱼虾投喂前要解冻，切成大小适口的碎块，投饵时做到少许、慢投、持续。注意观察乌贼的生长状况，若发现乌贼个体参差不齐，则说明投喂量不足，要加大投喂量。

②种类与大小　鱼虾、配合饲料均可。饵料的大小以适口为宜，配合饲料以湿性长棒状饲料为佳。各期幼体的饵料及配合饲料投喂可参考表4-1。

表4-1　各期幼体的饵料及配合饲料投喂情况

乌贼全长（厘米）	0.7～1	1～2	2～3	3～5	＞5
饵料种类	活桡足类枝角类	活枝角类糠虾	活枝角类、新鲜小鱼虾、糠虾、配合饲料	鲜小鱼虾配合饲料	冰虾鱼碎片配合饲料
饵料长度（厘米）	＜0.3	1	1～3	3～4	4～8
饲料大小（厘米）		长:0.7～0.8直径:0.2～0.4	长:0.8～1直径:0.4～0.6	长:1～3直径:0.6～1.0	长:4～8直径:1.0～1.3

③投喂量　每次投喂应从乌贼抢食至不再摄食为止。养殖前期，日投喂量以乌贼体重的30%～40%为宜，中期日投喂量约

为乌贼体重的 20%，后期投喂量约为乌贼体重的 10%。

6. 网箱清洗　经常洗刷网箱上的附着物，以避免附着物过多阻碍水体交换；当网箱内外水交换较差时要及时更换网衣。台风来临时，可用大小适宜的架子放入网箱，将网口封住后下沉至水位较深层，可避免乌贼因风浪太大或盐度变化太大而死。台风过后必须及时对受损严重的网具进行更换。若乌贼已达商品规格，可在台风来临前出售。

7. 日常管理　每天巡查，看网箱是否出现破洞，清除网箱内的残饵或杂物；投喂时如果发现网中的乌贼数量突然大幅度减少，很可能是网箱出现破洞。发现网箱中有死亡的乌贼时，应立即捞出带回陆地集中处理，分析死亡原因，并统计死亡数量。每天观测记录风力、风浪、水温、盐度、透明度、饲料等，特别注意异常水质与水色。要细心观察乌贼的生长和摄食情况，发现个体相差较大时，应及时分苗，防止个体间互相残杀。另外，要根据气象预报，在大风到来前后，仔细检查框架及网箱各部分的牢固程度，并采取相应的加固措施。

（二）金乌贼池塘养殖技术

1. 养殖池建设要求　新建养殖池面积控制在 1 公顷以内，呈方形结构，四角为圆弧形。池底先用混合土夯实，然后用水泥板或碎石铺盖，呈锅底形状，中央留有排污口，并铺埋排污管道至排水渠道；池四周亦用混合土压实，然后用水泥板或碎石铺平，坡度 1∶1.5～2；相对设置进、排水闸门，打开排水闸门能彻底排干池水，确保水流畅通，养殖水深达 1.2～1.5 米。也可用普通虾池改造，面积宜小不宜大，以 1～2 公顷为宜。先彻底清除池底和坝坡淤泥及杂物，并全面消毒处理，回填混合土铺平、压实；然后，在池底四周离坝坡 5 米处各开挖一条深 50 厘米、宽 1 米的积污渠道，4 条积污渠道相连。保证进、排水畅通。无论是新建池，还是改造池，都要按 1∶1 配备海水净化蓄水池，以有效控制养殖池水盐度，实现池水有效交换。

2. 水质与环境指标　水温保持在 10～30℃；溶解氧＞5 毫
克/升；pH 为 7.6～8.5；总氨氮＜1 毫克/升；在养殖池顶部设
置密扣遮阳网，降低光线照射强度；养殖水源无河流汇入、无工
农业及生活污水排放、无油污、无自然污染源，符合国家海水养
殖水质标准要求。

3. 苗种放养

（1）苗种规格　当金乌贼幼体长到纽扣大小时，即可从室内
培育池放入室外养殖池养殖。室内培育池和室外养殖池各项水质
指标应基本一致。

（2）放养方法　采用塑料桶或玻璃钢桶带水运送，放苗时将
桶沉入池内让其随意游出。运送时间尽量缩短，避免损伤。

（3）放苗量　一般每公顷放养 45 000～60 000 尾为宜。

4. 饵料选配

（1）金乌贼开口饵料以经强化后人工孵化的卤虫无节幼体和
人工培育的糠虾、仔虾较为理想，成活率可达到 80％以上。

（2）随着幼体的生长，当小金乌贼个体达到纽扣状时，虽然
对饵料品种的选择性有所降低，但只喜欢摄食小动物性活体饵
料，以虾池小虾与桡足类及制盐区天然卤虫比较可口，而对新鲜
脱脂鱼糜及小杂鱼虾肉、破碎颗粒则产生明显的厌食行为。

（3）当金乌贼体长达到 40 毫米以上，考虑到其他饵料来源
的局限性和经济性，以制盐卤库自然大卤虫为主要饵料。

（4）当金乌贼成体达到 70 毫米后，除仍以自然大卤虫为主
料外，辅以间隔投喂池塘清池的新鲜小虾、小鱼成体，可基本满
足金乌贼生长的营养需求。

5. 饵料投喂

（1）投喂量　日投饵量一般可按金乌贼总重的 1％～8％确
定。随着个体的生长逐渐增加投饵量，并根据乌贼摄食情况随时
调整投饵量。

（2）投喂时间　依据金乌贼白天喜欢在光线较暗处聚集不动，晚上则活泼、游动频繁、四处寻食的生活规律，投喂时间一般为夜间 20：00 至凌晨 2：00 为宜。

（3）投喂次数　养殖前期个体较小，一般日投喂 1 次即可；当个体达到 80 毫米以上，日投喂 2 次，一般上半夜和下半夜各投喂 1 次，两次投喂间隔 5～6 小时。

（4）投喂方法　根据养殖池面积设置若干个固定投饵点，一般 1 公顷以内设置 6～8 个投饵点即可。

6. 盐度控制　金乌贼人工养殖盐度适宜范围为 29～34，最适范围为 30～33。当盐度高于 36 或低于 26.5 时，多数发生死亡，因此，必须严格控制海水盐度。

（1）注意天气预报，降雨前务必做好两点：一是将蓄水池纳满，做好养殖用水储备；二是停止排放养殖池水，确需排放时，尽量少排放。

（2）降雨时，一定要及时打开排水闸门顶部的活动闸板，随时排掉上层淡水。为防止突降暴雨，可提前在池坝安全部位铺埋临时排水管道，应急备用。

（3）在夏季高温期和汛期，提倡打地下深海水井，能有效地控制和稳定池水盐度，并起到降温、增氧作用，保证金乌贼安全度夏。

7. 日常监管措施

（1）定期进行水质指标监测　定期进行水质指标监测，依据监测结果，落实技术管理措施。整个养殖过程中，要求池水肥而不老、清新而不瘦。池水日交换量为 20%～30%，高温季节为 30%～50%，以起到活水、降温、增氧的作用。

（2）严格检查和巡池制度　每次投饵后，认真观察金乌贼摄食情况，判断投饵量大小，随时作出调整。除此之外，每天早、午、晚坚持巡池，观察金乌贼活动情况，预防异常情况发生。

（3）定期抽检金乌贼生长情况　抽检方法：因金乌贼有受到刺激立即喷墨的习性，为避免其喷墨损伤体质，可设置吊笼沉入池底，让其自由进入笼内，提笼至水面观察生活、增重情况，一般每半个月或1个月查看一次即可。

五、乌贼常见疾病的防治

乌贼的抗病能力强，而且生命较短，只能存活1年左右，这期间只要保持良好水质，加强饲养管理，基本不会得病。

六、乌贼药材的采收与加工

（一）采收

1. 乌贼肉　体重大于150克的活体即可收获、食用。
2. 海螵蛸　收集乌贼骨状内壳，洗净，干燥，生用。

（二）加工

原药清水浸漂3～5天（缸面压石块，不使浮起），每天换水1～2次，漂至无咸味及腥臭味为度，捞出日晒夜露1周，折成小段用。亦可文火炒至黄色入药，炒后增强止血收敛作用。

1. 海螵蛸　刷洗干净，晒干，砸成小块。
2. 炒海螵蛸　将海螵蛸块用文火炒至黄色为度。
3. 煅海螵蛸　海螵蛸放煅罐内，煅至焦黑色，取出放凉。

第三节　河　蚌

河蚌属软体动物门、瓣鳃纲、蚌科，分布于亚洲、欧洲、北美和北非等地江河、湖泊、池塘、水库等水体之中，大部分能在体内自然形成珍珠。我国主要有三角帆蚌、褶纹冠蚌、背角无齿蚌等品种。

河蚌的肉（蚌肉）、壳制成的粉（蚌粉）、体内分泌液（蚌泪）、珍珠囊中的无核珍珠（珍珠）、贝壳的珍珠层（珍珠母）等均可入药。

蚌肉，性寒味甘，功能清热解毒、滋阴明目。主治烦热消渴、血崩带下、目赤湿疹等证。蚌肉营养丰富，蛋白质含量高、味道鲜美，是宴席上的佳肴，也可作为动物饲料。

蚌粉，具有化痰消积，清热燥湿之功效，主治痰饮咳嗽、胃痛呕逆、痈肿湿疮等。蚌粉富含矿物质，可作为畜禽饲料添加剂。

蚌泪，功能清热解毒、明目，主治消渴、赤眼、烫伤等。

珍珠，性寒味甘寒，具有平肝潜阳、镇惊安神、去翳明目、解毒生肌、止血消肿等功效。主治惊悸怔忡、惊风抽搐、失眠烦热、癫痫喉痹、目赤消渴、疮疡久不收口等。现代研究表明，珍珠含碳酸钙和角质蛋白，角质蛋白中有甘氨酸、丙氨酸、亮氨酸等十几种氨基酸，并含有锌、硒、锗、硅等微量元素，具有抑菌生肌、补肾壮阳、美容抗衰老、抗辐射、抗肿瘤等作用。珍珠不仅是一种名贵的药材，而且是一种珍贵的装饰品，还是某些高级化妆品的原料，广泛用于首饰、化妆品、工艺品、食品等领域。

珍珠母，性凉味咸，功能平肝潜阳、熄风定惊，主治眩晕耳鸣、心悸失眠、惊悸癫痫、吐血衄血等。珍珠母主要含有碳酸钙、贝壳硬蛋白及微量元素等成分，有抗衰老、抗溃疡、抗癌等功效。

一、河蚌的生物学特性

（一）形态特点

河蚌外形呈椭圆形和卵圆形，壳质薄，易碎。两壳膨胀，后背部有时具有后翼。壳顶宽大，略隆起，位于背缘中部或前端。壳面光滑，具有同心圆的生长线或从壳顶到腹缘的绿色放射线。

三角帆蚌（劈蚌、翼蚌）壳大而扁平，呈四角形，壳质较厚，坚硬，壳后缘向上伸展，呈三角帆状，壳表面为黄褐色或黑褐色。铰合齿发达，左壳有拟主齿和侧齿各2枚，右壳有拟主齿2枚，侧齿1枚。壳内珍珠层呈乳白色、肉红色或紫色，具有美丽的珍珠光泽。三角帆蚌产珠质量好，珍珠细腻光滑，色彩鲜艳，珠形较圆，但珍珠生长缓慢。

褶纹冠蚌（湖蚌），贝壳略似不等边三角形，前部短而低，前背缘冠突不明显，后部长而高，后背缘向上斜出，伸展成为大型的冠，壳表面黄褐色、黑褐色。铰合部强大，左、右两壳各有一枚高大的后侧齿，前侧齿细弱。壳内珍珠层呈乳白色、淡蓝色、粉红色。褶纹冠蚌所产珍珠质量次于三角帆蚌，但珍珠生长较快。

背角无齿蚌（菜蚌、圆蚌、大肚子蚌），贝壳2片，呈具有角突的卵圆形，壳长约为壳高的1.5倍，达200毫米。前端稍圆，后部略呈斜切形，末部钝尖，腹缘弧形，壳顶部位于背缘中央稍前方。后背部有3条粗肋脉。壳面缘绿褐色，平滑，有细环形肋脉，顶部刻划，略呈同心圆的4～6条肋脉。铰合部无齿，韧带坚固。壳内面珍珠层乳白色，有光泽，边缘部青灰色。足宽大、扁平、斧状。

蚌的内部构造主要由外套膜、斧足、肌肉、消化系统、呼吸系统、生殖系统等组成。外套膜位于贝壳内面，紧贴贝壳，为左、右两片软的薄膜，包住内脏团，保护内部器官。足呈斧状，左右侧扁，富肌肉，位于内脏团腹侧，向前下方伸出，为蚌的运动器官。肌肉包括前闭壳肌、后闭壳肌，连接左、右壳，其收缩可使壳关闭。前缩足肌、后缩足肌及伸足肌，一端连于足，一端附着在壳内面，可使足缩入和伸出。消化系统由口、胃、肠、肛门和消化腺等组成。在外套腔内蚌体两侧各具两片状的瓣鳃，为呼吸器官。此外，还有循环器官（心脏、血管、血窦）、排泄器

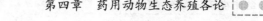

官（肾）、神经系统等。

（二）生活习性

褶纹冠蚌和背角无齿蚌分布于全国的大部分地区，喜在水流较缓或静水、泥底或泥沙底、pH 为 4.5～9.5 的河流、池塘中生活，滤食大多数的浮游动物及富营养水体中占优势的蓝藻、绿藻。三角帆蚌分布在长江流域及河北地区，喜在水流急、水质清澈、pH 为 7～8.5、饵料丰富、底质略硬或泥沙底的河流、湖泊中生活，主要滤食浮游植物和动、植物的碎屑，还能滤食少量的细小浮游动物。

（三）繁殖特性

河蚌雌雄异体，有生殖腺 1 对，位于内脏团中肠管迂回部，以短管通至鳃上腔。精巢白色，卵巢黄色。生殖孔开口于排泄孔下方的鳃上腔中。三角帆蚌的繁殖季节为 4 月中下旬，5、6 月为繁殖盛期；褶纹冠蚌春繁在 3 月中下旬，秋繁在 11 月。雄蚌从生殖孔排出精子，经鳃上腔由出水管排出体外，含有精子的水顺水流进入雌蚌的鳃瓣间，与雌蚌排出的卵受精。受精卵黏附在鳃瓣上，经 30～45 天发育成钩介幼虫。雌蚌将钩介幼虫排放到水体中。虫体靠鞭毛摆动和壳的启闭运动在水中游泳，一遇到鱼体，便钩挂在鱼鳍上，或随水流进入鱼鳃，寄生在鱼的鳃丝间隙中，用钩刺激鱼体分泌黏液形成包囊，在包囊中以分泌物为食，逐渐变态为仔蚌。仔蚌用双壳胀破包囊，沉入水底开始营埋栖生活。

二、河蚌生态养殖的场地建设

1. 采蚴水泥池　建在室内或搭有凉棚，池面积 1 米^2，池高 30～40 厘米，底平。具进出水孔，出水孔高出池底 20 厘米左右，呈台阶式多排排列。从左上角注水，右下角流出，再流入下一级的培育池，水位落差 10～20 厘米。

2. 采蚴网箱　大小以 1～1.5 米³ 为宜，网眼大小以采蚴鱼不能逃出、野杂鱼不能进入为宜。网底要衬塑料薄膜，薄膜四周要缝在网底上，网箱置于池塘或河、湖水体中，网底应沉在水下33 厘米左右。

3. **仔蚌采集池**　水泥池清整、消毒、除害后，在池底撒一层 1～2 厘米厚的细质泥沙，不断排注新水。网箱要提前 1～2 天清洗干净。池塘，落苗前 1 周放干池水，挖除过多的淤泥，铲除池周的杂草，每平方米撒 1 千克生石灰清塘。网箱和池塘底部都垫上一层 1 厘米厚的细沙。

4. **幼蚌培育池**　水泥池，沙土上再加一层 0.5 厘米厚的营养土。网箱可大可小，以便于操作为宜，网箱上盖具有锁扣式操作口，用聚乙烯线扎牢封口。有微流水条件并能定期补充新水的河渠、池塘，清除淤泥和敌害后也可培育仔蚌。穿吊式培育法，水域中不能养青鱼、鲤等鱼类。

5. **育珠蚌养殖池**　面积 0.6～1.3 公顷，水深 2 米，有排灌设施，养殖前应消毒。河沟，以河湾处为佳，潮差在 20～30 厘米，水面平静，底质较硬，无污泥和青草，附近有饲养场，经常有畜禽粪便冲入水中。湖荡，以富营养型的湖湾或水库为佳，水深不超过 4 米，水草少，水呈黄绿色，处于流动状态。育珠水域内不宜种菱、水花生等水生植物。

6. **养殖筏架**　有固定式、浮式、台式。固定式，有毛竹架、延绳架。适于水位较稳定、水深 1.5～3 米的水域。用竹桩或木桩成直行打桩，行距 1.5～2 米，在桩上用毛竹、塑料延绳作水平固定，用于吊养河蚌。浮式，适于水位常变动的水域。用毛竹在水面扎成浮式筏架，在浮竹上吊养河蚌，或用竹筒作浮子，连接浮绳，浮绳上吊养河蚌。大型育珠水域宜采用台式筏架育珠。

三、河蚌的人工繁殖技术

1. **亲蚌选择**　选择3～6龄、体长15厘米以上、健康无病、斧足肥壮的蚌作为亲蚌。亲蚌的雌、雄可从外形和鳃丝的稀密加以鉴别。同龄的雌蚌比雄蚌略大些，两壳比较膨突，后缘较圆钝，外鳃丝细密，每片100～120根。雄蚌两壳宽距比雌蚌略小，壳后缘略尖，外鳃丝稍稀疏，每片60～80根。

2. **亲蚌培育**　自2月底开始，在壳上刻上雌、雄记号，一雌一雄为一组，后端相对吊养在池中，间距为10厘米。培育褶纹冠蚌，需另用专池培育性情温和、体质健壮、鳍条完整、规格12厘米的鳙鱼作附苗鱼，繁殖一只亲蚌需鱼200～300尾。三角帆蚌，用体长15～20厘米的黄颡鱼作附苗鱼，数量按每只雌蚌每次产钩介幼虫40万左右，每尾鱼附着800个钩介幼虫计算。培育期间，要定期施肥注水，促进亲蚌性腺的成熟。

3. **附苗**　附苗前需对钩介幼虫的成熟度进行鉴定，方法是用开口器打开河蚌，三角帆蚌的外鳃呈橙黄色、紫色或棕色；褶纹冠蚌的外鳃呈黑紫色或铁锈色，针刺入拔出时带出一条连续的细丝，表明钩介幼虫已破膜。肉眼见卵黏成丝状，说明卵已成熟；如卵呈游离颗粒状，说明钩介幼虫尚未成熟。在显微镜下观察，钩介幼虫大部分或全部破膜，两壳张开活动达90%时，可以附苗。附苗方法有静水附苗、流水附苗和网箱附苗等，褶纹冠蚌还可在池塘直接附苗。

(1) **静水附苗**　把母蚌放入桶或盆内，加入新鲜水。10分钟后，钩介幼虫排出，似一团团棉絮状沉入水底。此时放入附苗鱼，底径50厘米的桶可放12厘米左右的鳙鱼50～80尾，或黄颡鱼30尾左右。适当搅动桶水以提高附着率，并防止鱼浮头。经过10～20分钟，检查鱼体的鳃部和鳍部，如发现白色小点并达200～300只，表示附苗完成。如果排出的钩介幼虫多，不能一次附着，可再放入鱼进行第二次附着。

（2）流水附苗　用底径 40～50 厘米的盆，每个盆放 2～3 只母蚌，同时放入 12 厘米左右的鳙鱼 100 尾。罩上网罩，以防鱼跳出，上面不断喷水，使容器内的水流动更新。这样经过一夜，把附苗鱼放到流水池中培养。此法钩介幼虫流失较多，且成本较高。

（3）网箱附苗　将亲蚌吊于附苗箱内，每箱吊 10～30 只母蚌，放 10 厘米左右的鳙鱼 500～800 尾。经 2～3 小时，附苗鱼的鳃和鳍上就会附着钩介幼虫，每尾鱼可附着钩介幼虫 200 个。

4. 脱苗　及时将附苗鱼分散稀养在流水池中，经 7～12 天钩介幼虫变态为幼蚌，脱离鱼体，营底栖生活，接着进入幼蚌培育阶段。在河蚌繁殖期到来时，一般直接从成熟的珠蚌中挑选怀卵的雌蚌，待其受精卵发育到钩介幼虫时，及时地用黄颡鱼采集（寄苗）。

5. 幼蚌培育　把仔蚌苗培育成 2 厘米的幼蚌，为前期培育。每 10 天左右追加适量的营养土，直到营养土的厚度至 2 厘米为止。池水昼夜不停交换，日交换量为池水的 1 000 倍以上；维持水中溶氧 5～8 毫克/升以上，pH 中性。流水池，幼蚌放养密度为 2～4 万只/米^2。网箱，放养密度是流水池的 1/4～1/5，要定期清洗网布、清除鱼虾等敌害，定期过筛，捕大留小。

把 2 厘米的幼蚌培育成 6 厘米以上的幼蚌，为后期培育。有箱式、地播式、穿吊式等培育方式。箱式培育，初期密度为 1 000 只/米^2，以后取大留小，选出 4 厘米以上的个体，进行地播式或穿吊式养殖。培育箱要定期清洗。地播式培育，即把幼蚌撒在泥底上育成的方式。地播式的密度视水的流量、水质肥沃程度而定。水的流量为 1 吨/小时的情况下，每平方米可以播 500～1 000 只。穿吊式培育，即选 3 厘米以上的蚌，在壳翼上钻孔，用尼龙线穿吊起来，养殖在水层中。每根尼龙线可穿幼蚌 5～10 只，两只间隔为 5 厘米。最上面的一只，离水表面 30 厘米，最下面的一只，应落在水体深度的一半以上的水层范围内。仔蚌满 2 月龄时，体长达 0.5 厘米左右，在促生长条件下，以后每月可增长 1 厘米，当个体壳长达 6～7 厘米时，达到育珠手术的标准。

幼蚌培育过程中，在中性或弱酸性营养土中添加一定量的硝酸型稀土，或先把水质调节到中性或微酸性后用 0.2 毫克/千克的硝酸型稀土泼洒，或另池预先培肥水，不断注入培育池中，使培育池既有丰富的饵料，又有充足的溶氧，可加速幼蚌的成长。

四、河蚌的饲养管理技术

（一）育珠蚌养殖

育珠蚌分制片蚌和植片蚌。

1. 制片蚌　制片蚌提供细胞小片，细胞小片是形成珍珠的决定因素，因此，制片蚌要严加选择，强化培育。培育池要先彻底清塘消毒并培肥水质，将制片蚌吊养在水层中，每公顷不超过 30 000 只。经常施肥，使水质透明度保持在 30～40 厘米，钙离子含量在 10 毫克/千克以上。在 3～10 月，每半个月施一次生石灰，每公顷每次 225 千克。定期补给豆浆，每公顷 75 千克，或抗凝鲜猪血 37.5 千克，定期补充新水。有经验证明，如果每天用水泵向养殖三角帆蚌的池中冲水 2 小时，能明显提高珍珠的产量和质量。

2. 植片蚌　接受细胞小片并育成珍珠。要养得比较健壮，使之能耐受施术，提高成活率。也可采取垂吊式养殖，每公顷不超过 75 000 只，养殖水层的溶氧量不低于 4 毫克/升。

3. 植片手术　河蚌育珠手术分制片和植片两步。先打开制片蚌双壳，把边缘膜自壳缘上翻，用通针深入外套膜的内、外表皮之间使之分离，剪取外表皮，切成 4～5 毫米见方的细胞小片。在小片上滴上生理盐水或 0.1%～0.2% 的金霉素溶液，尽快插植到植片蚌外套膜的结缔组织中去，以形成珍珠囊，刺激珍珠质分泌，产生珍珠。插片时间越短越好，手术后的蚌应立即放入清水中暂养，切忌脱水，半天内再吊入养殖池中育珠。

（二）生态养殖

近年来，为充分利用水体养殖空间，合理利用饵料，改善水体环境，防治鱼类疾病，大幅度提高水体养殖效益，采用鱼蚌混养、鱼蚌蟹混养、蟹蚌鲌混养、鳜蚌混养等生态养殖模式，日益受到重视和广泛应用。下面以鱼蚌蟹混养为例介绍河蚌生态养殖。

1. 池塘条件　池塘为长方形，池塘水深 1.5～2.5 米。池塘周围环境安静，交通便利，水直接从外荡提取，可随时调节水质。池塘四周建造高出地面 50 厘米的防逃设施。

2. 放养　1 月用泥浆泵清除过多淤泥，经暴晒后，对每口池塘进行生石灰消毒，每公顷用生石灰 2 250 千克，并施有机肥。2 月初开始放养，每公顷放蟹种 7 500 只，规格 120～160 只/千克，仔口花鲢 1 500 尾，规格 4 尾/千克；白鲢 300 尾，规格为 4 尾/千克；鳊鱼 3 000 尾，规格 20 尾/千克。3～5 月吊养当年插种的三角帆蚌 15 000 只/公顷。三角帆蚌在放养前用 20 毫克/升高锰酸钾溶液浸泡 20 分钟，消毒杀菌；鱼种及蟹种放养前用 3‰食盐水浸泡 5 分钟，以保证成活率。

3. 饲养管理

（1）养殖初期，在池中间和四周堆放有机肥，每公顷用量 30 吨，以后每 10 天翻动一次，以培养水体中的浮游生物，使蚌和鱼有足够饵料。以后根据季节、天气、水色变化及时施肥，全年每公顷共投入有机肥 105 吨左右。

（2）饲料投喂以颗粒饲料为主，日投喂 2 次，日投喂量根据河蟹的吃食活动情况灵活掌握。养殖初，每公顷投放螺蛳 3 000千克，后期以植物性饵料为主，可投喂煮过的小麦。在养殖过程中，种好水草，面积占水面的 15%，水草一方面可作为河蟹的

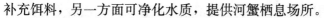

补充饵料，另一方面可净化水质，提供河蟹栖息场所。

（3）根据天气、水质变化情况定期注、排水，池塘水位早期较浅，随着温度的升高逐渐加深，高温季节至最深。池水透明度30～40厘米，勤换水，高温时，每3～5天换水1次，每次换水量为1/4左右，保持池水清新。早晚巡塘，观察水质、进排水口、鱼蟹摄食活动情况及育珠蚌有无病害，发现问题及时处理。

（4）在养殖期间每半月施一次生石灰，泼洒量为每公顷225千克，以调节水质并补充钙质。在高温季节，定期泼洒光合细菌以稳定有益菌优势，防止鱼蚌蟹病害的发生。

五、河蚌常见疾病防治

（一）三角帆蚌瘟病

1. 病原　病原为嵌砂样病毒。

2. 症状　发病初期，蚌不运动，滤食减弱，喷水无力，排粪减少或停止；时有少量黏液附着于排水孔，最后张壳而亡。电镜下可见消化腺细胞浆内有很多病毒颗粒。

3. 流行情况　本病只感染三角帆蚌，具专一性。该病是我国迄今为止流行最广、危害最大的一种病毒性蚌病。流行于夏、秋两季，发病当年的死亡率可达80%，存活下来的蚌在下一个发病季节仍会死亡，连续2～3年，死亡率接近100%。

4. 防治

（1）预防　严格检疫制度，避免从疫区引种；养殖池用生石灰彻底清塘消毒，管理和控制好水源；提高插片技术，严格无菌操作；合理放养，定期用浓度为20毫克/升的生石灰溶液消毒水体。

（2）治疗　生石灰30毫克/升全池泼洒；用0.5毫克/升壳角蛋白结合剂 GE 和0.2毫克/升 CC-藻媒抑制剂两种药物同时

泼洒，2周后可治愈。或者先治愈细菌性疾病，然后用石菖蒲、大蒜、石灰乳液治疗。

（二）三角帆蚌气单胞菌病

1. 病原　病原为嗜水气单胞菌嗜水亚种。

2. 症状　蚌刚发病时，有大量黏液排出体外，喷水无力，排粪减少，两壳微开，呼吸缓慢。斧足有时糜烂，腹缘停止生长。重症时蚌体消瘦，闭壳肌失去功能，胃中无食，斧足外露，不久即死亡。

3. 流行情况　危害对象主要为 2～4 龄的三角帆蚌，发病季节为每年的 4～10 月，以 5～7 月为发病高峰。死亡率可达 65%～100%。根据症状及流行情况进行初步诊断。从病蚌的肝组织中作细菌分离培养和鉴定，最后确诊。

4. 防治

（1）预防　池塘要清淤，用 200 毫克/升生石灰泼洒消毒；严格控制放养密度；严禁从疫区引种；强化珠蚌手术前后的消毒，在发病季节定期用 20 毫克/升生石灰消毒。

（2）治疗　发病池用 0.3 毫克/升三氯异氰脲酸消毒，每天 1 次，连用 2～3 天，1 周后用 30 毫克/升生石灰全池泼洒；在水体消毒的同时，将蚌置于 10 毫克/升痢菌净溶液中浸浴 20～30 分钟，再放回水中养殖；每 10 只蚌，用蚌毒灵 5 克挂袋，隔 5 天后换药 1 次，或用 1 毫克/升蚌毒灵泼洒。

（三）肠炎

1. 病原　病原菌为点状产气单胞菌。在水温较高、水质较肥、缺氧、饱食情况下易发本病。

2. 症状　病蚌肠道充血水肿，发炎，有淡黄色黏液流出，时有血斑等。

3. 流行情况　从稚蚌到成蚌均有发生。流行季节为 4～10

月，以 5～7 月为发病高峰。发病面积较广，可引起较高的死亡率。

4. 防治

（1）预防　由于该病原为一种条件致病菌，因此，做好预防工作十分重要。具体措施与气单胞菌病相似。

（2）治疗　用 0.3 毫克/升三氯异氰脲酸全池泼洒，连用 2 次，每天 1 次，间隔 5 天后以 30 毫克/升生石灰泼洒 1 次；每公顷池用黄豆 30 千克磨浆加 15 千克痢菌净调匀后，沿吊蚌线均匀撒入，连用 3 天；用葡萄糖酸钙配制 0.2% 盐酸四环素，每只蚌斧足肌注射 1～2 毫升，注入后再放入 10 毫克/升痢菌净药液中浸泡 20 分钟，最后放入经消毒的水域吊养。

（四）水肿病

1. 病原　初步认为该病为营养性疾病。由于水体中含钙不足，导致蚌排泄功能失调所致。

2. 症状　发病初期，蚌壳后端微开，喷水无力；病重时，出水孔不能喷水，只能滴水，外膜的中央膜因积水而高鼓成流动状的水泡，无法排出，边缘膜成波浪状鼓胀，刺破水泡，有淡黄色黏液流出，有异味；更严重时病蚌两壳完全裂开。该病常与烂鳃病并发。

3. 流行情况　流行季节多集中在每年的 5～6 月，以插珠蚌多发，病情发展较快，可引起蚌大量死亡。

4. 防治

（1）预防　一般以石灰或钙肥来增加水质中的钙离子含量。

（2）治疗　将吊养的蚌取下，洗去壳表面的污物，用针轻轻刺破中央膜，排出积水，再用 0.1% 的盐酸金霉素（用 1% 葡萄糖酸钙配制而成）进行注射，每只蚌 0.1 毫升，之后将病蚌浸入 1%～2% 的盐酸金霉素溶液中 15 分钟，移至另塘中培育，隔天后，用相同方法再治疗一次。

（五）纤毛虫病

1. 病原　病原体为纤毛虫、斜管虫、车轮虫等。

2. 症状　病蚌鳃上有白点，鳃瓣组织增厚。因鳃组织受到破坏，常并发烂鳃病。显微镜下观察病灶组织，可见原生虫虫体。

3. 流行情况　本病多发生在夏、秋两季，蚌被原虫寄生后，并发烂鳃病，影响了蚌的呼吸，严重时引起死亡。

4. 防治

（1）预防　改良水质；河蚌在放养前，用 20 毫克/升高锰酸钾浸泡 20 分钟；在发病季节，定期泼洒晶体敌百虫 1 毫克/升。

（2）治疗　用 4% 食盐或 40 毫克/升高锰酸钾浸泡病蚌 5 分钟；水体用 1 毫克/升晶体敌百虫消毒。

六、药材的采收与加工

1. 采收

（1）蚌　全年均可捕捉。池养蚌用拖网或徒手从水底捕捞，吊养育珠蚌在手术 2 年后的秋末采收，从养殖架上取下吊绳即可。

（2）珍珠　一般在冬季水温较低时收获珍珠，以 12 月至翌年 2 月（水温 13～17℃）珍珠的光泽最好。当珍珠层厚度，小珠达 0.6 毫米，中珠达 0.75 毫米，大珠达 0.9 毫米即可收获。收珠方法：一是手工操作，有剖蚌取珠法和活体取珠法。剖蚌取珠法是用刀插入壳内切断闭壳肌，露出软体部，用镊子从珍珠囊内逐个取出珍珠，放入清水盘中。活体取珠法是将蚌开口，从珍珠囊上划一切口，挤出珍珠后，再把蚌放回继续养殖育珠。二是机器操作，用于大规模采收，将剖开的软体部放入珍珠分离器内进行分离。

2. 加工

（1）蚌肉 打开蚌壳，用刀沿贝壳边缘划开，挖下软组织，去除内脏，洗净，鲜用或晒干；外用时烧存性研末调敷或取水溶液滴鼻用。

（2）蚌粉 将蚌壳洗净，去掉黑皮，研成粉末或煅后应用。

（3）蚌泪 活蚌洗净，以黄连末纳入蚌中取汁。

（4）珍珠 装饰用珍珠的加工，应取出后立即用温肥皂水洗涤，再用软毛刷蘸优质肥皂洗涤，然后用水漂洗，擦干。药用珍珠，一般用次品珍珠，加工成珍珠粉备用。方法是将珍珠洗净，用布包好加豆腐与水煮 2 小时，取出洗净，捣碎研成粉末，干燥。

（5）珍珠母 将贝壳用碱水煮过，洗净，去外层黑皮，煅至松脆。

第四节　蜗　牛

蜗牛为软体动物门、腹足纲、蜗牛科的动物。目前，我国蜗牛品种有几千种，常见的种类主要有 11 科，其中环口螺科、烟管螺科、玛瑙螺科、坚齿螺科、巴蜗牛科中的一些大型种类可供药用、食用或作饲料；玛瑙螺科的绝大多数种类分布在非洲各地，我国仅有褐云玛瑙螺 1 种，亦原产非洲，20 世纪 30 年代初传入我国后，现在广东、海南岛、广西、福建和台湾等地均有野生分布。此种经长期的人工选育，已形成许多品种。

蜗牛的肉、壳均可入药，一般用其干燥的全体，药材名蜗牛。蜗牛性寒味咸，具有清热解毒、消肿平喘等功效，可用于治疗惊痫、消渴、喉痹、疔腮、脱肛、痔疮、疝气、疮疖、哮喘、蜈蚣咬伤等多种疾病。

近几年来，我国已研制出多种蜗牛成药。用蜗牛提取的蜗牛酶、蜗牛凝集素、蜗牛黏液，是细胞遗传工程、现代医学和环境保护等科研方面的贵重物品。蜗牛内脏可加工成含蛋白 60.9%

的优质高能饲料，对提高畜禽生长速度、提高产蛋量、提高水产增重率，都具有明显的效果。蜗牛壳还可做成精致的工艺品出口外销。

此外，蜗牛肉是一种营养价值很高的高蛋白食品。蜗牛肉含有人体所需要的 19 种氨基酸、维生素以及钙、磷、铜、铁、锌等微量元素。而且，它的脂肪含量极低，胆固醇含量几乎为零，是名副其实的高级保健营养食品。在我国南方一些少数民族地区，人们一直把蜗牛作为滋补强身的补品。

随着食品科学的不断进步，以及生产上的需要，蜗牛的开发和综合利用逐渐引起人们的广泛重视和兴趣，特别是在养殖业兴旺发达的今天，蜗牛养殖越来越成为一项投资少、效益大的新兴养殖产业。

一、蜗牛的生物学特性

（一）形态特征

蜗牛体小，体外有 1 个右旋或左旋的螺旋形外壳，壳呈圆锥形，刻线紧密。爬行时，头和脚伸出壳外。头上有触角两对，前一对触角短，司触觉；后一对触角长，顶端有眼；腹面有扁平宽大的足。外套腔顶壁富有血管，称为肺，能呼吸空气。蜗牛的身体分为头部、足部和内脏团三部分。其中内脏团终生套在里面，而头部和足部可伸出贝壳活动。蜗牛的主要感觉器官大多集中在头部，触角是其最重要的感觉器官。足部是蜗牛的主要运动器官，能分泌黏液，便于爬行。内脏团是身体内脏器官所在地，外面有贝壳保护，里面有消化、排泄、生殖等系统。

（二）生活习性

蜗牛喜栖于阴暗潮湿的环境中，杂草丛生、土壤松软、作物茂盛且多腐殖质的地方适于蜗牛生长。遇干燥环境或冬眠时，蜗牛分泌黏液堵塞壳口，潮湿或春暖以后，再继续活动。蜗牛嗅觉敏捷，据此寻觅食物。蜗牛有着独特的御敌本领，一旦遇到危险，即将身体缩入壳内，用黏液将壳口封住，以此躲避敌害。

蜗牛畏惧阳光，主要在夜间活动觅食，在阴雨和浓雾天气也频繁活动。蜗牛属冷血动物，外界温度的变化对它的影响较大，既不耐热也不抗寒。温度在15℃以下或36℃以上时，蜗牛的活动和进食大大减少；12℃以下时，蜗牛便钻入表土层，分泌黏液将螺口严密封闭，不吃不动，进入冬眠状态；低于0℃时，蜗牛难以生存；高于40℃时，蜗牛便会夏眠；超过45℃，蜗牛会被热死。如遇突然降温，蜗牛也容易死亡。

蜗牛最适宜于生活在腐殖质多而疏松、pH为5～7的土层上，空气相对湿度75%～90%，土层湿度40%左右，过干或过湿都不利于其生长。

蜗牛属于杂食性动物，觅食范围广，莴笋叶、白菜叶、槐树叶、桑树叶、木瓜、香蕉、苹果、西瓜皮、大麦、稻谷、玉米、高粱、剩饭等都可做食物。但对刺激性植物，如葱、蒜、韭菜以及禾本科青草类不喜食。在极端饥饿时，蜗牛也会互相蚕食。人工饲养应根据蜗牛的生活习性，提供喜食饲料，创造一个适宜的生活环境，才能使它们生长旺盛、产量提高、产卵增多、繁殖迅速。

蜗牛在温度、湿度合适，饲料丰富的条件下，出壳幼螺生长6个多月，体重一般可达40克，大的可达60克，即可出售。

（三）繁殖特性

蜗牛为雌雄同体，异体交配、受精的卵生动物，即每一个个体内均有雌、雄生殖器官，均有交配和繁殖后代的能力。蜗牛的两性腺一般是雄性生殖腺先成熟，尔后雌性生殖腺也随之成熟。在饲养过程中，如果发现两只蜗牛爬到一起，头部长时间地相互交错摩擦，表现出发情的兴奋状态，此时便可将这对蜗牛放入准备好的产卵箱内（箱长 40 厘米、宽 25 厘米，高 15 厘米，填土 8～10 厘米）。一般 5～6 月龄、体重达 50 克以上的蜗牛达到性成熟，可交配产卵，一次产卵数量可达 180～300 粒。受精卵在适宜的温度、湿度条件下，经 7～12 天即可孵化出幼螺。

二、蜗牛生态养殖的场地建设

（一）饲养设施

养殖场可根据养殖规模的大小进行规划和设计。养殖规模较大的可采用室内养殖、野地养殖、棚式养殖、土沟养殖等方式。养殖规模较小的可采用缸式养殖、木箱养殖、庭院养殖甚至阳台养殖等方式。

下面简单介绍几种场地的设计。

1. 室内养殖　养殖室可以新建，也可用闲置的空房改建而成。若房间过高，可在 2 米高处加盖塑料。房中应有保温设施，在冬季或初春天气寒冷时起到加温的作用。室内可以用砖头砌几排养殖槽，或者做水泥池，也可以用木箱、缸、盆等饲养。饲养土最好用田园腐殖土和河沙按 2∶1 的比例相混而成。饲养土的厚度以能盖住蜗牛为宜，但考虑到产卵的需要，可以在四周加厚饲养土。饲养土的湿度以手捏成团，松开则散为宜。室内应备有酒精温度计、干湿温度计等，以方便观察温度和湿度。室内光线不可过强，窗口最好按东西方向设置。

2. 野地养殖　在选择场地时，应选背风、阴暗、潮湿、排水性好、土壤疏松肥沃且杂草茂盛、无污染的野地、小山坡等地方。场地四周用铁丝网或水泥墙围起，高约 0.5 米，顶部最好做成 T 字形，可起到防逃或防蚂蚁等敌害入侵的作用。在场内可种植蔬菜、瓜果、甘薯等蜗牛喜吃的植物。养殖密度一般为 100～200 只/米^2。为达到保温和防雨防晒作用，还可在场边搭塑料或帆布棚。

3. 棚式养殖　方法与野地养殖类似，在空地上建棚，里面建有养殖槽、水龙头等设施。养殖密度为 250~300 只/米^2。

4. 庭院养殖　可在庭院里用砖砌成养殖场，种上瓜果蔬菜，便可放养，还可搭棚为蜗牛遮阴防雨，养殖密度为 250~300 只/米^2。

（二）养殖环境

无论何种养殖方式，都要根据蜗牛的生物学特点进行养殖场的设置和规划，应使蜗牛处于安静、阴暗、潮湿、温暖和避免振动的地方生活。在野外养殖，应选择阴暗、潮湿、杂草茂盛、背风、排水良好、土壤疏松肥沃、无农药污染和害虫的地方。此外，还应做好防逃和防止天敌入侵等准备。

室内饲养时，混合土的湿度一般保持在 40% 左右，箱内空气相对湿度以 75%~90% 为宜。若湿度不够，则螺壳表面干燥，严重时会引起死亡，故应经常向螺体洒水调节湿度。蜗牛生长的合适温度是 20~30℃。蜗牛喜欢活动，可在饲养箱（池）内放置碎砖石、树枝供蜗牛爬行、栖息和躲避不良环境。

三、蜗牛人工繁殖技术

（一）选种

1. 外面购进种蜗牛　外面购进种蜗牛主要是从其他蜗牛养殖基地（或蜗牛养殖场、户）购买，首先要选择有培养种蜗牛能力的单位，其次要选择符合种用标准的种蜗牛，最后要选择合适的运输方法。

2. 自己选育种蜗牛　从外面购进种蜗牛养殖一段时间后，在种蜗牛之间，会出现产卵次数及产卵量的差异，此时，要有意识地做好择优去劣工作，为了获得大量的优质种螺，可在成螺中挑选生长健壮、肉质丰满、头部宽大、额部突出、体形圆滑、黏液分泌多、爬行快、活动敏捷、无疾病、无破损、外壳色泽光洁、条纹清晰、食量大、无偏食、无厌食，体重达 50～100 克的蜗牛作为种螺。这样挑选的种螺性成熟期较为一致，产卵期集中，产卵量高，抗病能力强。可将种螺分组观察和饲养。在分组观察时，因蜗牛是雌雄同体，异体交配，选种时要两两相对，每组不少于 20 只，以利于它们在择偶的过程中有自由选择的余地。

（二）交配

蜗牛的交配方式有两种：一种是双交配，即一只蜗牛既充当雄体，把阴茎插入另一只蜗牛的阴道中去排精，而本身又充当雌体，张开生殖孔，接受对方阴茎排出的精子；另一种是单交配，是指一方仅充当雄体，另一方仅充当雌体完成交配活动。单交配比较少见，蜗牛的"生儿育女"绝大多数都是双交配进行的。蜗牛交配的时间因种类不同而有差异。有的在午前，有的在黄昏，大多数是在夜间或黎明时进行。交配时间一般为 2～3 小时，有时长达 8 小时以上，甚至 1 天。交配时需要安静无干扰的环境，不要干扰交配的蜗牛，也不要淋水，以防交配失败。

（三）产卵

蜗牛交配后，活动逐渐减少，一般经过 10～15 天便开始产卵。产卵期间注意做好各种准备工作，事先选择好产卵地点，一般为松软潮湿的泥土。在产卵地上，蜗牛将足部和头部插入土中，挖出一个坑洞，然后再把卵产在坑洞中。产卵时间从几小时到一两天不等。产下的卵似绿豆大小、乳白色或淡青黄色。产卵数及大小与蜗牛的大小、年龄、营养及健康状况有关。一般个体大、年龄长及营养足、健康的蜗牛产卵数量和质量都较高。蜗牛每年可产卵 3～5 次，第一次性成熟产卵，往往产卵量较少，以后逐渐增加，最多可达 700 粒以上。每年的 4～10 月都是蜗牛的产卵季节，其中 4 月下旬至 6 月下旬，8 月下旬至 9 月下旬是产卵高峰期。需要注意的是，在适宜条件下，蜗牛每年的第一次产卵，无论是数量或质量上都是较好的，应注意采集，这对于选取优良品种是很有好处的。

（四）孵化

1. 收集卵粒 蜗牛产卵后要及时收集卵粒。收集时可将卵穴的泥土轻轻拨开，小心取出卵粒，也可连土带卵一起铲出，放入孵化箱进行孵化。在孵化之前，应对卵粒进行必要的筛选，选取粒大、受精的优质卵进行孵化，而劣质的卵应淘汰。受精的优质卵一般呈淡黄色或乳白色，有钙质外壳，粒大而饱满。若卵壳发白、柔软、粒小，则为劣质卵。取出的卵应妥善放好，切忌暴晒或浸泡。

2. 控制温度和湿度 卵粒的孵化率与温度和湿度密切相关，控制好温度和湿度是成功孵化的关键。蜗牛孵化温度为 20～35℃，最适宜的温度范围是 25～30℃。在高于 30℃ 的情况下，温度越高，孵化所需时间越少，但孵化率相应降低。孵化期间，相对湿度应保持在 70% 左右，以用手紧握泥沙，泥沙成团，有两三滴水从指缝流出为佳。湿度太大或太小都不适于孵化。由于蜗牛卵粒较为脆弱，在孵化时不要轻易翻动，以防破损。

3. 孵化方法 蜗牛的孵化方式一般有两种，自然孵化和人工孵化。自然孵化是在自然条件下使蜗牛卵自生自灭，此法孵化率和成活率都很低，现在几乎不用。人工孵化是人为创造适宜的环境，使蜗牛卵能尽快尽好地进行孵化，孵化率和成活率都很高。

蜗牛养殖规模较大的，可将收集的卵放入盛有黄沙的木箱中孵化。木箱的大小根据卵的多少而定，一般每平方米可孵化 10 万粒卵左右。木箱底部铺一层 5 厘米厚的黄沙。黄沙必须经高温消毒，一般可放入锅内用沸水煮 20 分钟，然后拿出晾干后放入木箱内。黄沙通气性能良好，不易变质发霉，经过高温消毒之后，一般能将沙子中的霉菌、腐生菌杀死。黄沙颗粒要比蜗牛卵小，一般要用粗糠筛筛过。在将蜗牛卵放入木箱前，应将其放在清水中轻轻洗掉上面的黏液及泥土，然后放入高锰酸钾溶液（1：1 000）中浸泡半分钟，拿出晾干，将卵均匀地撒布在黄沙表层。在卵上放置一层纱布，每天往纱布上喷洒清水，撒多少要视湿度而定。不能过干或过湿，过干会导致出壳率下降，过湿会使卵发霉变质。一般孵化箱内水分不宜过多，下边不能积水，能保持纱布湿润就行了（湿度标准为80％左右）。温度保持在25～30℃，蜗牛经12天左右即可陆续出壳，孵化出壳率可达97％左右。

也可以将卵用汤匙轻轻取出，放入底部铺1厘米厚海绵的木盒、塑料盒或脸盆内孵化。放上卵以后，在卵上面盖一层洗净的粗布，每天往粗布上喷1～2次水，温度保持在28～32℃，海绵湿度为40％（即每10克海绵含水量为4克），3天后轻轻翻卵一次，6～8天幼螺便孵化出来。再经过2～3天后就可把幼螺转入饲养箱内。此种方法的优点是时间短，孵化率可达95％以上。

（五）幼仔的饲养

幼蜗牛出壳后的1周内，一般活动能力弱，对环境的适应力也较差，因而对湿度和温度的要求比较高，需要特别加强管理。此时应避免强光，加强保温、保湿措施。适宜温度为25～30℃，相对湿度为60％～80％。幼蜗牛的饲养密度不可过大，一般2 000～3 000只/米^{2}为宜。投喂的饲料应是鲜嫩的细叶植物（用刀切细），同时辅助投喂一些人工精饲料。要注意日常清洁卫生工作，及时清除残食和粪便，使幼蜗牛生活在一个干净舒适的环境中。

四、蜗牛的饲养管理技术

蜗牛食性很广，几乎各种菜叶都吃。春季一般以青菜、莴苣和细嫩的阔叶树叶为食。夏季可大量投喂向日葵叶、甘薯叶、丝瓜叶以及各种瓜果皮。秋冬季节，可喂以菜叶、南瓜、薯片、萝卜等。要使蜗牛生长加快，应补充精饲料，如麸皮、豆粉等；也应喂些矿物质饲料，如石灰粉、贝壳粉等。最好以鸡饲料作为调剂，既含有精饲料，又含有矿物粉。蜗牛具有黄昏活动的习性，投饵时间一般在傍晚，投食量以吃净、足量为准。蜗牛在饥饿的情况下，有大螺残食幼螺的现象，所以要尽量让蜗牛吃饱。在活动盛期，每10千克蜗牛每天喂1千克青料和0.1千克精料。也可将大、小蜗牛分开饲养。

日常管理主要包括控制温度、湿度，选配饲料，每天清除残剩食物和粪便，经常清除霉变饲料等若能在箱底土内放养少量蚯蚓，既可疏松土壤，又可让蚯蚓和蜗牛互食粪便。

（一）蜗牛不同阶段的饲养管理方法

1. 幼螺的饲养管理　幼螺体质娇嫩，是蜗牛一生中最难照料的阶段，应精心喂养，注意以下几个环节：

（1）饲养盒每隔3～5天冲洗一次，每天清除粪便、杂物及饲养残渣，以防滋生病菌和虫害。

（2）幼螺孵化出来2～3天内不吃不动，3天后才渐渐活动，摄食卵壳，这时可用菜叶把它引诱出来，转入饲养盒内。饲料选用新鲜、细嫩、多汁、易消化、营养丰富的菜叶，同时搭配一些米糠、麦麸、稀饭、精饲料等，用开水烫软或炒熟，黏在青菜上让幼螺采食。每天定时清除食物残渣。

（3）掌握好温度、湿度，幼螺最适合的温度为28～30℃，饲养土或海绵湿度为35％～40％，否则不利于幼螺生长，影响成活率。此外，还要注意补充钙质和掌握适宜的放养密度。一般，每平方米可放养2 000～3 000只，最多不要超过4 000只。过密会影响幼螺活动、摄食，导致生长缓慢，甚至死亡。

2. 生长螺的饲养管理　1月龄以后的蜗牛称为生长螺。这时应增加饲料，早、晚各喂一次。生长螺在温度24～34℃范围内生长最快。要注意湿度和通风，如果湿度不够，要用喷雾器喷水，温度低时喷热水，温度高时喷冷水。放养密度：2月龄每平方米1 000～2 000只；3月龄每平方米700～800只；4月龄每平方米250～300只。

3. 成螺的饲养管理　成螺已具备繁殖能力，为促使早产卵、多产卵、产好卵，应多喂鲜嫩多汁的菜叶、南瓜、西瓜、地瓜、水果的皮渣，并多搭配一些精料。饲养温度为23～30℃，湿度为70%～80%，每平方米放养100～150只。

4. 种螺的饲养管理　选择健壮、肉质洁白、饱满、黏液多、无病、外壳色泽光洁、透明度高、无破损、体重不小于60克的蜗牛做种螺。每天早、晚各喂一次青菜、瓜果皮等多汁饲料。饲养温度为26～30℃，湿度为80%。在活动期间，每天淋水一次，也可放入水中淘洗（水温不要低于气温）。同时，注意清洁和通风。

5. 商品螺的饲养管理　40克以上的蜗牛即可转入商品螺饲养。这段时间应催肥，除多喂青饲料外，还应搭配一些精饲料，促使商品螺迅速育肥。

蜗牛饲料的投放，低温季节可以2～3天投料一次，6～9月需要每天投料，投放前要清除残渣。投放量各阶段有所不同，以蜗牛每次消耗量为参考。饲喂各种青菜、瓜果、树叶等，事先应将其用清水浸泡并洗涤干净，以消除农药等污染物对蜗牛的危害。

（二）蜗牛的越冬技术

蜗牛在温度降至12℃时即完全冬眠，停止生长，温度降至0℃以下时极易死亡。因此，需要为蜗牛创造适宜的温度、湿度条件，使蜗牛保持旺盛的生长能力，从而加快成熟的速度。

1. 电热保温　饲养室保温，可用电炉、电热风机、取暖器等电热装置。箱、柜保温，可将电热毯固定在箱、柜内壁周围，也可用一只或几只灯泡发热保温（注意避光）。箱、柜内要注意保持适宜的湿度，除定时喷水外，可在箱、柜底层放一盆水。采用电热保温，有条件的最好安装一套恒温装置，控制室温在25～30℃。此种方法适用于电力供应正常的地方。

2. **蜂窝煤炉保温** 这种方法适合尚未通电或供电不正常的地区。在饲养室外砌一个蜂窝煤炉灶，用一根白铁皮烟筒从饲养室内穿过。注意蜂窝煤气不能直接通入养殖室内，以免对蜗牛造成危害。也可用高压锅装上水放在炉灶上，出气孔接一根管道通进养殖室内，用蒸汽热量保温，同时也保持了一定的湿度。

五、蜗牛的疾病防治

在适宜的条件下，蜗牛的生命力较强，繁殖力也强。只要平时加强管理，贯彻全面预防，及时防治，防重于治的原则，一般蜗牛很少生病。一旦发生疾病，要及时采取措施，隔离治疗，防止疾病的蔓延。蜗牛的天敌主要有病菌、虫类、蚁类、蛙类、蛇类、鸟类及鼠类等。饲养土中的蚤类、杂虫是幼螺成活的大害。一旦发现杂虫，应立即更换饲养土。泥土中水分不足，螺体失水较多的情况下易引起死亡，故平时要经常注意泥土的干湿度，发现干燥，要及时洒水。

（一）蚁类、虫类危害的防治

1. **蚂蚁防治** 饲养土要经过消毒处理，及时清除养殖场内的蚁穴蚁窝，挖防蚁沟，使用杀蚁药物等。

2. **螨类防治** 加强环境卫生工作，饲养土要经过消毒处理。饲料要新鲜，禁用腐烂、污染的饲料。平常可用30％的三氧杀螨矾杀螨。

3. **萤火虫防治** 萤火虫的幼虫对蜗牛危害极大，平时应注意不要让萤火虫进入养殖场。可用含有鱼藤精的杀虫剂或除虫菊乳剂 200 倍稀释液进行防治。

(二) 白点病

1. 病因　由小瓜虫寄生引起。饲料腐烂变质和细菌感染都可引发此病。

2. 症状　蜗牛整天缩于壳内，活动缓慢，足部或头部有白斑块或白色黏膜。

3. 防治方法　平时搞好养殖场的清洁，禁喂腐烂变质的饲料。对患病的蜗牛可用 0.01% 高锰酸钾液浸洗 2 分钟，每天 2 次，直至痊愈。

(三) 肠胃病

1. 病因　饲料不新鲜，投喂无规律；气温变化过大；饲养土过于潮湿；饲养池发霉等情况都可引发此病。

2. 症状　食欲不振，行动缓慢，粪便过硬或过稀，最后逐渐萎缩死亡。

3. 防治方法　平时注意投喂、保温、保湿。搞好清洁卫生工作，保持通风透气。对患病的蜗牛，可用土霉素或链霉素混合于饲料中喂养，每天 1 次，连用 5 天。也可用磺胺药物拌入饲料中饲喂，每天 1 次，一般 3～5 天可痊愈。

(四) 烂足病

1. 病因　足部受伤后细菌侵入引发此病。夏季为蜗牛发病高峰期。

2. 症状　蜗牛腹、足部表皮腐烂，带泥污，在腐烂处有一略呈圈形的透明区。患病的蜗牛食欲不振，活动迟缓，整天缩于壳内，7 天后死亡。

3. 防治方法　平时小心操作，不要弄伤蜗牛身体。对病蜗牛，先用高锰酸钾溶液清洗、消毒患处，再用金霉素眼膏涂抹，每天1次，3～4天可痊愈。也可用4微升/升的鱼乐消毒剂冲洗患部。

（五）壳顶脱落病

1. 病因　蜗牛长期缺乏钙、磷、钾等元素。

2. 症状　蜗牛的壳脱落，露出内脏团，最后死亡。

3. 防治方法　平时注意投喂富含钙、磷、钾等元素的饲料。饲养土可用肥沃的菜园土，也可取陈旧墙壁上的石灰，粉碎后撒入饲养土。还可用1%熟石灰或贝壳粉、蛋壳粉、骨粉等掺入饲料投喂。

（六）肤霉病

1. 病因　由多种真菌引起。蜗牛受伤后伤口消毒不严，感染真菌引发此病。

2. 症状　蜗牛患病部位出现白棉絮状菌丝，菌丝着生处有伤口或充血溃烂。蜗牛食欲不振，行动迟缓，严重时死亡。

3. 防治方法　加强饲养管理，用高锰酸钾稀释液进行防治。

六、蜗牛药材采收与加工

应选取体大且重、肉多、黏液多、壳无破损的蜗牛。采收的蜗牛可进一步加工成各类食品和成药，也可以提取蜗牛酶。另外，蜗牛壳可制成各种精美的工艺品。

第五节　蚯　蚓

蚯蚓为环节动物门、寡毛纲、巨蚓科或正蚓科的动物。因生活环境不同，蚯蚓分陆栖蚯蚓和水栖蚯蚓（水蚯蚓）两大类。目前，全世界已知的蚯蚓有2 700多种，我国蚯蚓品种有160多种，但可供养殖的种类不多。入药的主要是巨蚓科的参环毛蚓和正蚓科的背暗异唇蚓的干燥全体，药材名为"蚯蚓"或"地龙"。

蚯蚓，性寒味咸，具有清热止痉、通络疗痹、清肺平喘、利尿通淋等作用，治疗高热惊狂、痉挛抽搐、肺热哮喘、尿涩水肿以及乙脑后遗症、水火烫伤、伤口不愈等病症。蚯蚓中提取的"蚓激酶"具有重要的医药价值，是一种高效、安全、无毒副作用的心血管治疗药物。

蚯蚓富含蛋白质、脂肪等，并含有人体所需的氨基酸、维生素和铁、铜、锌等微量元素。将蚯蚓作为原料，加以其他配料精制成蚯蚓饼干、蛋糕、罐头等食品，在我国台湾及东南亚、美国和加拿大等极为畅销。另外，蚯蚓可作为珍稀名贵水产养殖品种的优质饲料，也是畜禽的高蛋白质饲料。

在环保方面，蚯蚓喜食畜禽粪便、有机垃圾，产出高蛋白饲料及高质量的有机肥，可化害为利、变废为宝。利用蚯蚓处理城市垃圾、造纸废物、食品厂垃圾、畜牧场粪便，在发达国家十分普遍，既降低污染，又带来较为理想的经济效益。

人工养殖蚯蚓，可利用有机废料作饲料，成本低、方法简单，促进了资源的循环利用，特别适合于农村致富养殖。近年来，随着对蚯蚓产品的不断开发应用，我国蚯蚓养殖业逐渐兴起。

一、蚯蚓的生物学特性

（一）形态特征

参环毛蚓呈圆柱形，长 11～38 厘米，宽 5～12 毫米，由多数环节组成。自第 2 节起，每节有呈环状排列的刚毛。背部紫灰色，后部稍淡。沿背中线从 11～12 节开始，节上有一背孔。14～16 节为生殖环带，其上无背孔和刚毛。雌性生殖孔 1 个，位于第 14 节腹面正中；雄性生殖孔 1 对，位于第 18 节腹面两侧，外缘有数条环绕的浅皮褶。

背暗异唇蚓，体长 10～27 厘米，宽 3～6 毫米。背孔自 8～9 节间开始，灰褐色。每节刚毛 4 对，成对排列，作地面爬行支撑用。生殖环节带在 26～34 节间，呈马鞍形。雌性生殖孔 1 对，位于第 14 节；雄性生殖孔 1 对，位于第 15 节腹侧，附近表皮隆肿如唇状。受精囊孔 2 对，位于 9～10、10～11 节间。

蚯蚓无呼吸器官，用皮肤进行呼吸。眼及耳等感觉器官退化，但在皮肤上有触觉、嗅觉和味觉的感受器，对光线、温度及触觉的反应敏感。

（二）生活习性

蚯蚓的生活习性具有"六喜六怕"的特点。

1. 六喜 是指喜阴暗，喜潮湿，喜安静，喜温暖，喜甜、酸味和喜同代同居。

（1）喜阴暗 蚯蚓属夜行性动物，白天穴居泥土洞穴中，夜间外出活动，一般夏、秋季 20：00 至次日 4：00 左右出外活动，连采食和交配都是在阴暗的情况下进行。

（2）喜潮湿 自然陆生蚯蚓一般喜居在潮湿、疏松而富于有机物的泥土中。

（3）喜安静 蚯蚓喜欢安静的周围环境。生活在矿厂周围的蚯蚓多生长不好或逃逸。

（4）喜温暖 尽管蚯蚓呈世界性分布，但它喜欢比较高的温度。若环境低于 5℃，蚯蚓停止生长发育，繁殖的最适温度为 15～25℃。

（5）喜甜、酸味 蚯蚓是杂食性动物，它除了不摄食塑料、橡胶、玻璃和金属外，其余如腐殖质、动物粪便、土壤细菌等都摄食。蚯蚓味觉灵敏，喜甜、酸味，厌苦。喜欢细软的饲料，对动物性食物尤为贪食，每日采食量相当于自身重量。食物通过消化道，约有一半作为粪便排出。

（6）喜同代同居 蚯蚓具有母子两代不同居的习性，尤其在高密度情况下，小蚯蚓繁殖多了，老的就要跑掉、搬家。

2. 六怕　是指怕光、怕震动、怕水浸泡、怕闷气、怕农药及怕酸碱。

（1）怕光　蚯蚓为负趋光性，尤其是逃避强烈的阳光和蓝光，但不怕红光，趋向于弱光。如阴湿的早晨有蚯蚓出穴就是这个道理。

（2）怕震动　蚯蚓喜欢安静的环境，不仅要求噪音低，而且不能震动，受震动后蚯蚓表现不安、逃逸。因此，在桥梁、公路、飞机场附近，不适宜建蚯蚓养殖场。

（3）怕水浸泡　养殖床若被水淹没后，多数蚯蚓马上逃走，逃不走的，表现身体水肿，生活力下降。

（4）怕闷气　蚯蚓生活时需良好的通气，以便补充氧气，排出二氧化碳。对氨气、烟等特别敏感。因此，人工养殖蚯蚓时，为了保温，舍内生煤炉，管道一定不能漏烟。

（5）怕农药　据调查，使用过农药尤其是剧毒农药的农田或果园蚯蚓数量少。

（6）怕酸碱　蚯蚓喜欢在酸碱适宜的土壤中生活，要求 pH 为 5～8，否则影响其生长发育甚至危及生存。

（三）繁殖特性

蚯蚓属于直接发育的环节动物，一生经历卵茧期、幼蚓期、若蚓期、成蚓期和衰老期五个发育阶段。成蚓雌雄同体，雄性生殖器官主要包括精巢、精巢囊、贮精囊、雄生殖孔及前列腺等。雌性生殖器官包括卵巢、输卵管、受精囊、雌性生殖孔等。蚯蚓虽是雌雄同体，但由于性细胞成熟时间不同，大多数种类通过相互受精进行繁殖，个别种类进行孤雌繁殖。交配时间为每年的 8～10 月。雌性交配 1 周后，由雌性生殖孔产出卵茧（刚生出时为乳白色，接触空气后变成绿色，至孵化时呈深红色），在适宜的温度、湿度下，卵茧经 30 天左右的孵化，受精卵发育成小蚯蚓,出茧生活。刚孵化出来的幼体白色,2～3 天后变为桃红色,长到 1 厘米长时变为红色。幼体经 90 天左右发育为成蚓。

二、蚯蚓生态养殖的场地建设

(一)场地的预备

蚯蚓对养殖场地的要求不高,人可以居住的地方都可以作为养殖的场所,但为了获得高产,亦应对养殖场有所选择。

一般饲养蚯蚓的场地宜选择在畜禽粪便丰富、容易排水、靠近水源的地方,不能有积水,要能防水浸、雨淋,没有噪音、烟、煤气,通风良好,无直射阳光,远离喷洒农药的田地,并且还应可预防天敌的危害。农村可利用庭院、村旁或林间空隙地等进行养殖。

(二)培养基的建设

培养基的原材料可选用富含有机质的污泥(如鱼塘淤泥、稻田肥泥、污水沟边的黑泥等)、疏松剂(如甘蔗渣等)和有机粪肥(如牛粪、鸡粪等)三类物质。先在池底铺垫一层甘蔗渣或其他疏松剂,用量是每平方米大约 3 千克。立刻铺上一层污泥,使总厚度达到 10～12 厘米,加水沉没基面,浸泡 2～3 天后施有机粪,每平方米 10 千克左右;接种前再在外表敷一层厚度 3～5 厘米的污泥,同时在泥面上薄敷一层发酵处置的麸皮与米糠、玉米粉等的混合饲料,每平方米撒 150～250 克;最后加水,使培养基基面上有 3～5 厘米深的水层。新建池的培养基通常可连续使用 2～3 年。

(三)养殖方法

1. **盆式养殖法** 可利用花盆、脸盆、木盆、水桶、缸子等小型容器来饲养蚯蚓,这种养殖方式操作非常方便,如果需要蚯蚓量不多，可以采用这种方式。饲养时，先置入 20 厘米高的腐熟牛粪和其他饲料，再放入蚯蚓，上面加盖，注意盖子要开 10 个左右的小孔通气，也可用一个底部有孔的花盆倒扣在上面。

2. 箱式养殖法　可用木材或竹子、柳条、塑料等材料制成养殖箱，其规格一般为：长×宽×高＝60 厘米×40 厘米×20 厘米。箱子的底面或侧面要有排水孔和通气孔，下面有拉手把柄，以便于操作。饲料装 15 厘米高，放入蚯蚓后，再在饲料表面覆盖一层塑料薄膜或一块薄的木板，以减少水分的蒸发。生产量多时，可将箱子层叠，进行立体养殖，既节省占地面积、充分利用空间，又便于观察、通风和加水。

3. 土沟养殖法　在背阴潮湿、土质肥沃的地方挖一条宽 1 米、深 60～70 厘米的养殖沟（长度可视情况而定），沟底铺 5 厘米厚的家畜粪便，粪便上铺 5 厘米厚切碎的青草和菜叶，再铺约 3 厘米厚的肥土，土上放蚯蚓。依上法再放 3 层蚯蚓，最后上部覆盖 3～5 厘米厚的土，沟上用苇席或稻草等遮盖。此法适宜在 4 月中旬至 9 月中旬进行。放养 60 天左右可进行第一次收蚓，以后每月收蚓一次。

4. 塑料大棚养殖法　用钢骨架或竹片、柳条弯曲成拱形，跨度为 7 米，长 30 米，上面盖上覆盖物遮光。棚内地面用水泥抹平，两边 2 米作饲养区，中间 2 米留作走道。将酒糟、纸浆、谷类、麸皮、动物粪便及腐殖质混合，铺在饲养区内。温度在 10～30℃时，蚯蚓生长良好，如温度超过 30℃，可采用棚顶喷水法降温。如安装通风和暖气设备，可常年养殖。

无论哪种养殖方法，养殖时都要注意五点：一是下种后 1 个月左右要翻一次床；二是高温季节注意保湿、降温；三是大雨天要注意排水；四是入冬前要准时利用塑料布及草帘覆盖保温，保证蚯蚓安全越冬；五是要天天注意蚯蚓床的温度、湿度以及产卵、孵化、摄食、敌害侵扰及异常情况等。

三、蚯蚓的人工繁殖技术

蚯蚓为雌雄同体、异体受精，性成熟后，通过交配，使配偶双方相互受精，即把精子输送到对方的受精囊内暂时贮存。引种前要全面、多方位了解蚯蚓供种货源，坚持比质、比价、比服务的原则，坚持就近购买的原则。

蚓床做好后，把发酵好的猪、牛粪放入蚓床内，料堆放高度 20 厘米左右，靠中间走道一侧留出 20 厘米的空间供放养蚓种用。在放养蚓种前，先浇湿蚓床，然后把带有粪料的蚓种侧放在蚓床内的猪、牛粪边，忌在蚓床上堆满猪、牛粪后放蚓种。

（一）蚯蚓种的选择

人工饲养蚯蚓的种类，可根据饲养的目的和环境条件加以选择。用作饵料的，应选择生长快、繁殖率高和蛋白质丰富的蚓种，如参环毛蚓、亚洲环毛蚓、赤子爱胜蚓、背暗异唇蚓等。用于改良土壤、疏松下层泥土的，应选择抗逆性强，善于钻土，栖于深层土壤中的环毛蚓属的蚯蚓，而体型较小的异唇蚓属、爱胜属的蚯蚓则有利于疏松表层土壤。用于处理垃圾、污泥废物的，可选择吞食量大、繁殖快的蚯蚓，爱胜属的蚯蚓是可选的对象。若为药用，则以饲养参环毛蚓、中材环毛蚓和背暗异唇蚓较佳。

在生产实践中，适于人工饲养的蚯蚓应具备下列条件：

（1）能提供利用价值高的优质产品，如蚓体、蚓粪、某些特殊的药用成分及生物化学物质等。

（2）有较高的繁殖能力，年增长率达 1 000 倍以上。

（3）能适应人工养殖环境，如不逃逸、有定居性、耐高密度养殖、适应有机物丰富的饲料等。

（4）有较强的抗逆性，如能耐热抗寒，一年四季都能生产，受季节影响小，抗病害能力强等。

优质、高产、低成本能给人们带来更大的经济效益，是人工养殖良种蚯蚓应具备的条件。赤子爱胜蚓是目前公认的良种蚯蚓，日本大平二号蚯蚓是赤子爱胜蚓的人工饲养型，是由日本科学家选育处理的优良品种。

(二) 蚯蚓的繁殖条件

不同培养料对湿度的要求各异，在砂土性培养料中，15％～34％的湿度生长较好；在牛粪的培养料中，60％～70％的湿度生长较好。在最佳湿度范围内蚯蚓交配最活跃，产卵量最大，孵化时间短，超过这一湿度范围蚯蚓虽然也能繁殖，但效果要差一些。最适温度，15～23℃。蚯蚓繁殖的最佳 pH 为 7 左右。繁殖期间注意添加牛粪、瓜果等营养丰富的饲料。

(三) 蚯蚓的交配、产卵与个体发育

蚯蚓虽然雌雄同体，但仍需进行异体受精，以保持遗传性状的相对稳定性，故要进行交配。交配时，两条蚯蚓互相倒抱，副性腺分泌黏液，使双方的腹面黏住，精液从各自的雄性生殖孔中排出，输入对方的受精囊内，交换精液后即分开，蚯蚓交配一次可连续 1 个月正常生殖。待卵成熟时，生殖带（环带）分泌黏稠物质，卵细胞落入其中形成蚓茧。蚯蚓蠕动时，蚓茧产出并向身体前端移动，经过受精囊孔时，受精囊内的精子逸出，与蚓茧中的卵细胞受精，蚓茧继续向前移动，从蚯蚓身体前端脱落。蚓茧如绿豆大小，每个蚓茧含有 10～20 个胚胎（个别含 60 个），20天左右可孵出小蚯蚓，幼蚓一两个月即达性成熟，又可进行繁殖。

四、蚯蚓的饲养管理技术

(一) 蚯蚓的饲料

蚯蚓是杂食性的环节动物，其饲料来源特别广泛，如稻草、

麦秆、野草、糠类、糟粕类、畜禽粪便等均可作为饲料。蚯蚓的饲料是将 60%～80% 的畜禽粪便加入 20%～40% 农作物秸秆及一些青草，进行堆制发酵，堆沤前将秸秆和青草等切成 3～4 厘米长，并筛选除杂。堆沤发酵是养好蚯蚓的关键措施，用未堆沤或发酵不彻底的饲料来养蚯蚓，蚯蚓不但不愿吃，有的会逃跑或中毒死亡。

(二) 饲养管理

蚯蚓分种蚓、前期幼蚓、后期幼蚓和成蚓等几个时期。不同时期的管理如下：

1. 种蚓管理　养殖密度宜控制在每平方米 1 万～1.5 万条，每隔 6～7 天清除一次蚓粪，采收的蚓茧投入孵化床保湿孵化，同时翻倒种蚓床，用侧投法补料，以改善饲育床生态条件，以利繁衍。

2. 前期幼蚓管理　待孵化基大部分粪化时，要准时除粪，用下投法补料并准时扩床，以减少幼蚓密度。

3. 后期幼蚓和成蚓管理　后期幼蚓生长快速，要增加除粪、补料次数，用下投法补料并准时扩床养殖；当蚯蚓性成熟进入繁衍期后，要发挥其生产和产茧优势，不失时机地减少养殖密度或准时采收利用，或取代旧的种蚓。

(三) 饲养过程中注意事项

(1) 蚯蚓喜潮湿、怕干燥，饲养床湿度应保持在 70%～80%，因此，必须适时洒水保湿。

(2) 准时补料，多采取侧投法，即把新料投放在旧料的近侧即可。

(3) 实行分群饲养，做到养一批采收一批。

(4) 采收办法可采取强光照射，逐层扒开上层蚓粪和残存的饲料，就可收集到成团的蚯蚓。

五、蚯蚓常见疾病防治

（一）饲料中毒症

1. 病因　新加的饲料含有毒素或毒气。

2. 症状　蚯蚓局部或全身急速瘫痪，背部排出黄色的体液，大面积死亡。

3. 防治方法　快速减薄料床，将有毒饲料撤去，钩松料床的基料，加入蚯蚓粪以吸附毒气，让蚯蚓潜入底部休息。

（二）蛋白质中毒症

1. 病因　加料时饲料成分搭配不当，饲料成分中蛋白质含量过高，以及蛋白质饲料在分解时产生氨气和恶臭气味等，会导致蚯蚓蛋白质中毒。

2. 症状　蚯蚓的蚓体有局部枯焦，一端萎缩或一端肿胀而死。未死的蚯蚓拒绝采食，有惧怕之感，并明显消瘦。

3. 防治方法　蛋白质中毒后，要快速除去不当饲料，加喷清水，钩松料床或加缓冲带，以期解毒。

（三）缺氧症

1. 病因

（1）粪料未经全部发酵，产生了超量氨气等有害气体。

（2）环境过干或过湿，使蚯蚓表皮气孔受阻。

（3）蚓床遮盖过严，空气不通。

2. 症状　蚯蚓体色暗褐无光、体弱、活动迟钝。

3. 防治方法　喷水或排水，使基料土的湿度保持在30%～40%，中午暖和时开门开窗通风或揭开覆盖物，加装排风扇。

（四）胃酸超标症

1. 病因　蚯蚓饲料中淀粉、碳水化合物或盐分过多，经细菌酵解引发酸化，使蚯蚓显现胃酸超标症。

2. 症状　蚯蚓出现痉挛状结节、环带红肿、身体变粗变短，全身分泌黏液增多，在饲养床上转圈爬行，或钻到床底不吃不动，最后全身变白死亡，有的病蚓死前显现体节断裂现象。

3. 防治方法　掀开覆盖物让蚓床通风，喷洒苏打水或石膏粉等碱性药物中和。

（五）水肿病

1. 病因　蚓床湿度过大，饲料 pH 过高造成。

2. 症状　蚯蚓身体水肿膨大、发呆或拼命往外爬，背孔露出体液，滞食而死，有的蚓茧裂开或使新产的蚓茧两端不能收口而感染霉菌溃烂。

3. 防治方法　在原基料中加过磷酸钙粉或醋渣、酒精渣中和酸碱度，过一段时间再试投给蚯蚓。

六、蚯蚓药材的采收与加工

（一）蚯蚓的采收

蚯蚓繁衍很快，需要准时采收。大、小混养会构成近亲交配，使种蚓退化。所以当成蚓长大，幼蚓已大量孵出（每平方米约 2 万条）时准时采收，不能延误，否则将给蚯蚓养殖带来危害。现介绍几种采收方法，供参照。

1. 诱集法　在饲养基外表放上烂西红柿、烂苹果、西瓜皮等，或喷糖水，或煮甘薯水拌腐熟的牛粪，或洗鱼水等蚯蚓喜爱吃的食物。蚯蚓嗅觉很灵敏，会大量爬出土表吃食，可集中采收。

2. **水淹法**　在饲养坑或饲养架上灌水，在饲养基下部的 2/3 灌上水，留出外表 1/3，这样蚯蚓很快上浮在基料表层，可集中刮出。

3. **筛选法**　自制大小相同的两个筛，两个筛面布满大小差异的筛孔，一个 3 毫米，一个 1 毫米，然后用合页折叠起来，上孔大下孔小，将大小蚯蚓、蚓粪、饲养基一起倒入。将筛放在日光或灯光下（最好是蓝光或紫外线光，因蚯蚓最怕蓝光和紫外线光），使蚯蚓钻过筛孔落到细筛上，小蚯蚓则再经过细筛孔落到下面的容器里，这样剩在筛具上面的是蚓粪和土，这种办法劳动强度小，适合室内采取。

4. **筛取法**　将架床上的蚯蚓、蚓粪倒入 3 毫米筛孔的筛子上，往返振动，将蚓粪、蚓卵筛漏到下边的容器里，再将剩在筛上的成蚓采收下来。

5. **翻箱法**　此法适用于箱式养殖，利用蚯蚓怕光的习性，将饲养箱逐个灯光照射或搬到室外经太阳光照射，蚯蚓很快钻入箱底，然后倒翻饲养箱，则集中在底部的蚯蚓露在外表，快速地刮出采收。

6. **电热法**　此法适用于小型箱式养殖。就是利用理发用的电热吹风机在养殖箱上反复吹动，利用蚯蚓怕热、喜安静的习性，迫使蚯蚓钻入箱底，这时可刮出上层蚓粪，再倒翻饲养箱，采收集中在箱底的蚯蚓。

7. **犁耙法**　用一块木板钉上 0.3～0.7 厘米的铁钉（比建筑工地上除铁锈的钢刷略大一些），装上手柄，制成自制手耙，用其轻轻地疏松饲养基，迫使蚯蚓向下层钻，这时可取上层蚓粪，逐层向下刮取，最后剩下床架底部的蚯蚓，可集中采收。

8. **坑床直取法**　此法适用于浅坑养殖法（0.5 米左右的浅坑养殖），如大、小蚯蚓混养，必须先将上层含卵蚓粪分开，然后将基料均匀翻松移到一边，蚯蚓便会向下层钻去，然后一层一层将基料移到一边，假如有多个养殖坑排在一起，可一个一个地交替着分层进行，这样可大大提高劳动效率。假如大、小混养，必须留下适量的后备蚯蚓，做好加料、洒水、覆盖等工作。在天气好的情况下，20 天左右采收一次。这种采收办法的好处是，能够在养殖坑内完成提取蚯蚓的全部工序；缺点是，大、小混养不易取大留小。

(二) 蚯蚓的加工

在加工药用蚯蚓的时候，先把蚯蚓拌以稻草灰呛死后，用温水稍泡，除去体表黏液，剖开体壁，除去内脏和体内泥沙，洗去泥土，晒干或焙干。

加工蚯蚓时，要参考药用、饲用、饵料和出口等用处差异，可加工成蚯蚓干、蚯蚓粉或膨化蚯蚓。前两种制品主要供药用（地龙）和饲喂畜禽，第三种制品质地疏松、体积大，主要供出口或做饵料（可在水中漂浮），很受欢迎。

1. 蚯蚓干　把收获的成蚓分散在清洁水泥地面上暴晒，使其快速脱水晒干，即制成蚯蚓干。因蚯蚓在适温、适水条件下有尸解现象，必须快速致死晒干，以严格控制"扳机酶"的启动，否则会减少重量而造成损失。

2. 蚯蚓粉　将蚯蚓干用粉碎机、80 目筛网粉碎即成。

3. 膨化蚯蚓　冬季利用严冬的低气温，夏季可用冰箱，把蚯蚓快速冰冻（利用结冰水体增大道理，达到使蚯蚓躯体膨大的目的），之后速晒干或烘干，即成膨大、疏松的蚯蚓干。

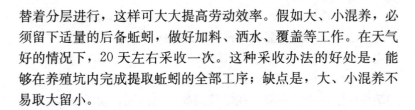

第六节　水　　蛭

水蛭属环节动物门、蛭纲、水蛭科的动物，俗名蚂蟥。其品种主要有日本医蛭、宽体金线蛭、茶色蛭等，入药为其干燥全体。水蛭在内陆淡水水域内生长繁殖，是我国传统的特种药用水生动物。

水蛭，性平味咸、苦，有毒。具有破血逐淤、散结通经的作用，主治蓄血经闭、症瘕积聚、跌打损伤、睛生翳膜等病症。近年发现，水蛭的唾液中含有水蛭素，是已知最有效的天然抗凝剂之一，其作用优于肝素，具有抗凝血、溶解血栓的作用，与中医的活血化淤作用相一致，在处理诸如败血休克、动脉粥样硬化、脑血管梗塞、心血管病、高血压、眼科疾病以及多种缺少抗凝血酶的疾病方面，显示出巨大的优越性和广阔的前景。

除药用外，有的医生用活水蛭吸取手术后的淤血或伤口脓血，使血管畅通；在器官移植过程中，医蛭吸血时分泌的水蛭素及扩张血管的组织胺类物质，能大大提高手术的成功率。近年来，水蛭在医学上的应用越来越引起人们的重视。

多年来，大多数入药的水蛭都是从野外采集而来。近年来，随着化肥、农药的广泛使用，以及河流、湖泊等的污染，加之对水蛭的掠夺性捕捉，野生资源日益减少，远远不能满足用药需要，货源奇缺，水蛭供不应求，人工养殖水蛭势在必行。同时，水蛭生命力强，繁殖快，易于饲养管理，因此是农村致富的好门路。

一、水蛭的生物学特性

（一）形态特征

水蛭身体略呈扁筒状，体节数目一定。胚胎是 34 节，因前、后有一部分体节形成吸盘，故成体可见 27 节，1 节之中有若干环纹（3～5 个或更多），称体环。水蛭的前、后吸盘，用作吸附在临时寄主之上，或用来在固着物上面行走（水蛭在固着物上爬行时是前后吸盘交替吸着固着物）。在口吸盘的后面，常有若干小眼点。有些水蛭，身体两侧还有成对的鳃，如我国的扬子江鳃蛭。它们一般没有刚毛，有生殖带。

作为中药材的水蛭，目前人工养殖的大多是宽体金钱蛭，长

6～12厘米，略呈纺锤形，扁平而肥壮，背面通常为青绿色，有5条黑色间杂的环行条纹。该品种体型大、产卵率高、生长快，适于人工养殖。

（二）生活习性

水蛭生活于淡水沟渠、水田、湖沼中，尤其是有机物质丰富的池塘或水流缓慢的小溪中。水蛭喜欢在石块较多、池底及池岸较坚硬的水中生活，聚集在浅水生的植物上或岸上的潮湿土壤或草丛中。许多蛭类可以在 pH 4.5～10.1 的范围内长期生活。大多数水蛭能长时间忍受缺氧环境，在氧气完全耗尽的情况下，可存活 2～3 天。水蛭的活动与温度有很大关系，其适宜温度为15～30℃。气温低于 10℃ 时，水蛭开始进入水边较松软的土壤中越冬，潜伏的深度一般为 15～25 厘米。气温 10～13℃ 时开始出土，如把它放在 43℃ 热水里它就要离水外逃，水温升至45.5℃时，水蛭沉底蜷曲，48℃时死亡，放回清水也不会再活。

水蛭以吸血或吸体腔液为生，吸血对象为多种脊椎动物和某些高等无脊椎动物，如日本医蛭主要靠吸食人、畜血液，且一次能吸大量血液。水蛭耐饥力极强，吸一次血能生存半年以上。宽体金线蛭和茶色蛭不吸血，主要吸食水中浮游生物、小昆虫、软体动物及泥面腐殖质等。

（三）繁殖特性

水蛭雌雄同体，但异体交配，体内受精。水蛭同时具备雌、雄生殖器官。雄性生殖器官包括精巢、输精小管、贮精管、阴茎、雄生殖孔，在射精管的细管上有前列腺连于阴茎，其分泌物可形成精荚包裹精子。雌性生殖器官包括卵巢、输卵管、总输卵管、蛋白腺、阴道、雌生殖孔。交配时间为每年的 5～9 月，水蛭的交配与蚯蚓相似，交配时头端方向相反，各处的雄生殖孔对着对方的雌生殖孔完成受精。雌雄交配后约 1 个月，卵从雌生殖孔产出，如果温度适宜，经 16～25 天孵出幼蛭，幼蛭孵出后即能独立生活。

二、水蛭生态养殖的场地建设

水蛭具有极强的适应能力，它适温性广，耐饥饿，可生活在各种水域中。水蛭的养殖场应选择在水源充足、排灌方便、环境安静、冬暖夏凉、背风向阳、饵料充足、交通方便的地方，最好远离公路 100 米以上。养殖池面积宜小不宜大，小规模养殖可利用房前屋后的土坑，一般有以下几种养殖方式。

（一）池式养殖法

用砖头、水泥、石灰等材料建造水池，规格为长 6 米，宽 3 米，高 1 米，池底略向出水口倾斜，以便于排干池水。新池要用漂白粉或高锰酸钾消毒，浸泡 15 天后方可使用。池底放一些石头、瓦片，供水蛭隐藏，池中种植少许水草，如菊花草、金鱼草，再放几块木板、几节竹子漂浮水面。用油毛毡、石棉瓦、竹片搭一个简易的遮阳棚。

（二）沟式养殖法

在田间、房前屋后挖水沟，宽 2 米，深 0.8 米，长度不限。清理干净水沟，每平方米用 0.3 千克生石灰溶于水后趁热泼洒消毒，再清洗后即可注入清水。必须放一些石头、瓦片、竹子等，再种植适量水草，勿超过 1/3 水面。

（三）鱼塘养殖法

利用鱼塘改造而成，鱼塘面积不宜过大，以 660 米² 左右为宜，以便于管理。鱼塘周围的杂草必须清理干净，用生石灰撒塘消毒（0.3 千克/米²）。用油毛毡等材料建一道 40 厘米高的围栏，塘底多铺放一些石块、瓦片，水葫芦不超过塘面的 1/5，在水面多放些大木板、竹排。

(四) 缸式养殖法

可用水缸、盆、水桶等容器养水蛭，这种方法简易灵活，操作方便，少量养殖可采用此法。容器用高锰酸钾消毒后才可使用，缸中放几块小瓦片及几株水草，水不要放得太满，盖上一个稍透光的竹编盖子。

三、水蛭的人工繁殖技术

水蛭雌雄同体，异体受精，在 4 月中旬至 5 月为产卵高峰期，每条水蛭一次产卵 3～5 个，经 15～25 天孵化，每个卵茧孵出幼蛭 40 条左右。

(一) 繁育池准备

水蛭繁育池一般建在避风向阳、排灌方便、水源充足、水质清新、无污染的地方。池宽 5～8 米，水面宽 3～5 米，长 10 米左右，水深可保持 0.5～1 米。水面四周设宽 0.5～1 米的平台，池塘溢水口低于平台 3～5 厘米，平台高出水面 2～10 厘米。平台用土为富含腐殖质的沙壤土，便于水蛭打洞产卵茧，平时平台要防积水，防干旱，雨后防水淹。池塘消毒宜采用强氯精等药物，不能使用生石灰及其他有害药物。

(二) 种蛭的选择与放养

选择健壮粗大，活泼好动，用手触之能迅速缩为一团，体表光滑，颜色鲜艳无伤痕，3 年以上 (2 冬龄)，体重 20～30 克的成蛭作为种蛭。种蛭入池时间在 4 月上中旬，放养量视平台面积及水体容量而定，一般每平方米平台可放种蛭 1.5 千克 (40～50 条)。种蛭入池前必须消毒繁育池：药液浓度 8～10 毫克/升，水温在 10～15℃时，消毒 20～30 分钟。池内要有充足的螺蛳、河蚌等饵料生物供种蛭取食，池水水质保持肥爽。

（三）求偶与配种

水蛭在性成熟后即开始求偶，求偶时，喜欢在清水中互相追逐，然后在池塘拐角、石块下、水草丛中进行交配。人工繁殖时，为了使水蛭更好地进行求偶和配种，应采取以下措施：将水温控制在 20～30℃，最好保持在 25℃左右；每 2 天换一次水，每次换水量为 1/5 左右，新水可以刺激水蛭发情；池底多放些石块、瓦片，水中多种些菊花草、金鱼草，可放一些、木板、竹排漂浮在水面上。

（四）产卵与孵化

种蛭交配 1 个月后，开始产卵茧。由生殖孔分泌两层黏液，形成外部的卵茧壁，包在生殖孔周围。从雌生殖孔产出的卵存于茧壁与身体之间的空腔内。亲体向茧中分泌蛋白液，供应卵茧营养。亲体逐步向后方蠕动退出，形成卵圆形的卵茧，卵茧大小一般为（22～33）毫米×（15～24）毫米，重 1.1～1.7 克。卵茧在平台土层内经数小时变硬。茧壁外层泡沫风干，成为蜂窝状或海绵状的保护层。水蛭一年可产卵茧 1～2 次，每次产卵茧 1～4 个。在种蛭产卵茧期间，应保持环境安静，防止种蛭受惊而逃，造成空茧。

种蛭产卵茧后捕出，繁殖池转为孵化育幼池。卵茧自然孵化，在温度适宜的条件下，经 11～25 天幼蛭即可孵出。每个卵茧能出幼蛭 15～35 条，多数 20 条。初孵幼蛭呈黄色，体背两侧有 7 条紫灰色纵纹，随幼体生长，色泽逐渐变化，形成 5 条深色纵纹。幼蛭初孵 2～3 天，靠自身卵黄维持生活，3 天后可自由采食，主要取食螺蛳、河蚌等的血液及体腔液，15 天后幼蛭长到 1.5 厘米体长时，可分池饲养。

（五）注意事项

（1）引种后不得直接将水蛭投放到池塘里，因为在运输过程中水蛭自身将产生一层黏膜作为保护层，应在池塘周边选择阴凉潮湿的地方，将水蛭放到那里，使其自然爬进池塘，以减少死亡。

（2）水蛭在覆盖物下边的泥土中繁殖，并不是在水中繁殖。在繁殖期，如水漫过土床 7 天左右，则水蛭卵因缺氧而死亡，要注意查看，以确保养殖成功。

四、水蛭的饲养管理技术

（一）常用饲料

人工饲养，天然饲料来源以螺蛳为主，辅以蚯蚓、昆虫的幼虫等。人工饲料主要是各种动物血。螺蛳可以一次性投放，即在养殖池内放养一定数量的螺蛳（每公顷 375 千克左右），让其自然繁殖，供水蛭自由取食，投放螺蛳不宜过多，以免与水蛭争夺空间。动物血每周喂一次，对水蛭迅速生长有显著的作用。把猪、牛、羊等动物血凝块放入池中，每隔 5 米左右放一块，水蛭嗅到腥味后很快就会聚拢来，吸食后自行散去。要及时清除血凝块残渣，以免污染水质。

（二）饲养管理技术

1. 调节水质　水质要求肥、活、清、含氧量充足。水肥度不够时，可将少量的牛粪或鸡粪等发酵后撒入池底。但水不能过肥，过肥时，容易缺氧。发现水质恶化时，要及时、逐渐更换部分净水。为防止水质恶化，正常养殖时，注水和出水速度相均匀，使池水处于极微流的状态下。

2. 投喂食物　幼苗期即每年的 4 月中旬至 5 月下旬，向水面泼洒猪血或牛血，供小水蛭吸食，5 月下旬后向水池中投放活的河蚌或田螺供水蛭吸食。每公顷水面投放 250 克重的河蚌 1 500 只左右。投放量少，不够水蛭吸食，投放量多，易导致缺氧或与水蛭争夺空间。每半月向水面泼洒猪血或牛血一次，供水蛭吸食或河蚌滤食，每 2 个月补投河蚌 450 只。

3. 控制水温　池水温度应保持在 15～30℃。低于 10℃时，水蛭停止摄食；高于 35℃时，水蛭表现烦躁或逃跑。水温较高时，可适量注水提高水位，以调节水温，也可增加换水量。

4. 注意防逃　条件不适时，水蛭会逃跑。要经常巡塘，发现逃跑的水蛭要及时捉回并采取相应的防逃措施。对进入生石灰沟内死亡的个体要及时捡出晾干，备作药用。在阴天或雨天，注意巡视池周，防止水蛭大量逃跑。

5. 保持水边土壤湿润　在 4～5 月，水蛭正处于繁殖季节，要经常在岸边喷水，保持土壤潮湿，防止土壤干燥和板结，为水蛭的交配、产卵创造良好的条件。

6. 冬季越冬期间要防止水蛭受冻害　水蛭多在浅土或枯草树叶下越冬，容易因突变的寒冷天气受冻而死。为此，越冬时可在池边近水处加盖一些草苫或玉米秸秆等，并适量提高池水的水位。

五、水蛭常见疾病的防治

(一) 干枯病

1. 病因　因环境湿度太小、温度过高而引起。

2. 症状　患病水蛭食欲不振，少活动或不活动，消瘦无力，身体干瘪，失水萎缩，全身发黑。

3. 防治方法

(1) 将病蛭放入 1‰ 的食盐水中浸洗，每日 2 次，每次 10 分钟。

（2）用酵母片或土霉素拌料投喂，增加含钙食物，提高抗病能力。

（3）加大水流量，使水温降低。

（4）在池周搭遮阳棚，多摆放木块、水泥板（下面要有空隙），经常洒水，降温增湿。

（二）白点病

1. 病因　由原生动物引起，大多是被水生昆虫咬伤感染所致。

2. 症状　患病水蛭体表有白点泡状物，小白斑块，运动不灵活，游动时身体不能平衡、厌食。

3. 防治方法

（1）提高水温至28℃以上，撒入0.2%食盐。

（2）用2毫克/升甲基蓝浸洗患病水蛭，每次30分钟，每日2次。

（3）定期用漂白粉消毒池水，一般每月1～2次。

（三）肠胃炎

1. 病因　由于吸食变质食物或难以消化的食物引起。

2. 症状　患病水蛭食欲不振，懒于活动，肛门红肿。

3. 防治方法

（1）用0.4%饵料量的复方新诺明与饵料混匀后投喂。

（2）用0.2%土霉素拌料投喂。

（3）多喂新鲜饵料，不喂变质饵料。

六、水蛭药材的采收与加工

（一）水蛭的采收

1. 竹筛收集法　用竹筛裹着纱布、塑料网袋，中间放动物血或动物内脏，然后用竹竿捆扎好后，放入池塘、湖泊、水库、稻田中，第 2 天收起竹筛，可捕到水蛭。

2. 竹筒收集法　把竹筒劈成两半，将中间涂上动物血，将竹筒复原捆好，放入水田、池塘、湖泊等处，第 2 天就可收集到水蛭。

3. 丝瓜络捕捉法　将干丝瓜络浸入动物血中吸透，然后晒（烘）干，用竹竿扎牢放入水田、池塘、湖泊，次日收起丝瓜络，就可抖出许多水蛭。

4. 草把捕捉法　先将干稻草扎成两头紧中间松的草把，将动物血注入草把内，横放在水塘进水口处，让水缓慢流入水塘，4～5 小时后即可取出草把，收取水蛭。

（二）加工

1. 生晒法　将水蛭用线绳或铁丝穿起，悬挂在阳光下暴晒，晒干即可。

2. 水烫法　将水蛭洗净放入盆内，倒入开水，热水浸没水蛭 3 厘米为宜，20 分钟后将烫死的水蛭捞出晒干。

3. 碱烧法　将水蛭与食用碱粉末同时放入器皿内，上下翻动水蛭，边翻边揉搓，待水蛭收缩变小后，再洗净晒干。

4. 灰埋法　将水蛭埋入石灰中 20 分钟，待水蛭死后筛去石灰，用水冲洗，晒干烘干。还可将水蛭埋入草木灰中，30 分钟后待水蛭死后，筛去草木灰，水洗后晾干。

5. 烟埋法　将水蛭埋入烟丝中约 30 分钟，待其死后再洗净晒干。

6. 酒闷法　将高度的酒倒入盛有水蛭的器皿内，将其淹没，加盖封 30 分钟，待水蛭醉死后捞出，再用清水洗净，晒干。

7. 盐制法　将水蛭放入器皿内，放一层盐，再放一层水蛭，重复进行，直到器皿装满为止。盐渍死的水蛭晒干即可。

8. 摊晾法　在阴凉通风处，将处死的水蛭平摊在清洁的竹

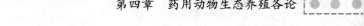

帘、草帘、水泥板、木板等处晾干。

9. **烘干法** 有条件者可将处死的水蛭洗净后采用低温（70℃）烘干技术烘干。

第七节 蝎 子

蝎子属于节肢动物门、蛛形纲、蝎目的动物。全世界约有1 000多种，我国约有10 余种，其中分布最广的为钳蝎科的东亚钳蝎，在我国河北、河南、山东、山西、陕西、安徽、江苏、福建、台湾等地都有分布。东亚钳蝎别名很多，如蝎子、全蝎、会蝎、剑蝎、荆蝎等，医学上称为全蝎。全蝎是我国传统的名贵中药，入药已有2 000年的历史。

全蝎，性平味辛，有毒，入肝经。具有熄风止痉、攻毒散结、通络止痛的作用，主治中风、破伤风、淋巴结核、疮疡肿毒、风湿痹痛等病证。蝎体内含有一种毒性蛋白，称作"蝎毒"，蝎毒对脑炎、骨髓炎、麻风病、大骨节病的疗效十分显著。目前以全蝎配伍的药方达百余种，以蝎毒配成的中药达六七十余种。全蝎常用来泡酒，具有熄风止痉、解毒散结、通络止痛的功效，还可以保健、抗癌。

除药用外，蝎子作为一种营养丰富的美味佳肴也成了人们喜食的对象，以蝎子烹调的菜肴为中国一大名菜，食之味美，经常食用不仅有良好的祛风、解毒、止痛、通络的功效，且对消化道癌、食道癌、结肠癌、肝癌等均有效。蝎酒、蝎子罐头均为畅销的高级营养品。

全蝎作为名贵药材，市场需求量极大。但由于天然资源的长期采集和各种客观原因，蝎子的野生资源及生活范围越来越小，蝎子成了国内紧缺的药材。人工养蝎占地小、用工省、设备简单、投资小、效益大，因此，人工养蝎便成为一项大有可为的事业，同时也是利国利民的家庭副业。

一、蝎子的生物学特性

（一）形态特征

蝎子体长约 6 厘米，分为头胸部、前腹部和后腹部三部分。头胸部与前腹部呈扁平长椭圆形，后腹部呈尾状。头部有附肢 2 对，1 对为细小的螯肢，可帮助进食；1 对为强大的螯肢呈现钳状。胸部有 4 对足，每足有 7 节，末端有爪。腹部较长，由 13 个环节组成，末端有锐利的毒刺，能向身体前方弯曲，里面藏有毒腺，能分泌一种无色透明的毒液。雄蝎头胸和腹部呈纺锤形，背隆起，螯肢和后腹部均较粗长，色泽鲜明。雌蝎头胸部和前腹部呈椭圆形，背扁平，螯肢和后腹部较细短，色泽灰暗。

（二）生活习性

野生蝎子多栖息在山坡石砾、近地面的洞穴和墙壁等隐蔽处。蝎子是昼伏夜出的动物，喜潮怕湿，喜暗怕强光刺激，最喜欢在较弱的绿色光下活动。喜群居，好静不好动，并且有识窝和认群的习性。蝎子有冬眠习性。蝎子虽是变温动物，但比较耐寒和耐热。外界环境的温度在 -5～40℃，蝎子均能够生存。蝎子的生长发育和繁殖与温度有密切的关系。蝎子生长发育最适宜的温度为 25～39℃。气温在 35～39℃时，蝎子最为活跃，生长发育加快，产仔、交配也大都在此温度范围内进行。温度超过 41℃，蝎体内的水分被蒸发，若此时既不及时降温，又不及时补充水分，则蝎子易出现脱水而死亡。

蝎子的嗅觉十分灵敏，对各种强烈的气味有强烈的回避性。刺激气味过强，甚至会导致蝎子死亡。蝎子对各种强烈的震动和声音也十分敏感，有时甚至会把它们吓跑，终止吃食、交尾繁殖、产仔等。蝎子为杂食性动物，但偏食动物性食物，尤其爱吃地鳖虫、蟑螂、蜘蛛、蚯蚓、蟋蟀、蚊、蝇、蛾、鼠妇虫等多汁软体昆虫，饥饿时也吃少量麸皮、鼠肉、有机质土。蝎子的耐饥力强，饱食一餐后可6～7天不食。蝎子嗅觉、触觉灵敏，遇农药、化肥、生石灰等易死亡。

（三）繁殖特性

蝎子为雌雄异体，野生蝎子在每年春秋季节进行繁殖活动，6～7月夜间交配，7月下旬至8月开始繁殖。人工饲养的蝎子没有固定的交配时间，一般是小蝎离开雌蝎单独生活15天左右交配。蝎子的交配在晚上、光线比较暗的地方进行，1条雄蝎每次只能和1条或2条雌蝎交配，特别强壮的最多也只能交配3条雌蝎。之后，雄蝎要等3～4个月后，才能再次同雌蝎交配。1条雄蝎，每年仅有2次交配期，在其8年的寿命中，只有5～6年有交配能力。交配时雌、雄蝎互相拥抱，前半身直立起来。双方从开始接近，互相用螯肢拉拽、挑逗，到交配结束仅几分钟时间。雄蝎个体没有长成就能发情交配，但一旦交配，生殖器就被破坏，以后再不能交配。雌蝎交配一次终生都能繁殖，但以后还会发情，需要再次交配。年年都交配的青壮年雌蝎，一次可生育30多条小蝎，最多可生80条。只交配一次或年老的雌蝎，一次最多可生20条，而且死多活少。雌蝎生小蝎时头胸部和前腹部略微抬起，因蝎子的生殖器官在头胸和前腹连接处，小蝎子一个接一个生下来，就像是雌蝎从嘴里吐出来似的，实际上是从生殖器官生出来。蝎子为胎生，一生经过卵胎、仔蝎、成虫三个发育阶段，没有蛹的阶段。

二、蝎子生态养殖的场地建设

养殖蝎子的场地要求：一是，背风、向阳、干燥处。二是，远离居民区。三是，应注意从空间上避开蝎子的天敌，如蚂蚁、老鼠及蛇等。四是，场地的土质应为壤土或沙壤土，满足蝎子对温度、湿度的要求。土壤以呈中性、微酸或微碱性为宜。

蝎子的养殖方式很多，小规模的有盆养、缸养、箱养，大规模的有池养、房养、蜂巢式养殖等。不论哪种养殖方式，基本原则是模拟蝎子的自然生活环境，为蝎子创造舒适的生活条件。下面分别介绍池养、房养和蜂巢式养殖方式。

（一）池养方式

在室内和室外（室外要搭棚盖，以防雨水）用砖砌池，规格视蝎苗的数量而定，一般为 500 条成龄蝎需建 1 米³ 的空间。普通的建池尺寸为：高 0.5～1 米，宽 1～1.5 米，长度可因地制宜确定。

砌好池后，池内壁不必用灰抹浆，保持池面粗糙，利于蝎子在内攀附、爬动、栖息。池外壁可用少量灰浆堵塞砖缝，防止蝎子从缝隙外逃。

池面内侧近顶口处，在涂抹的灰浆干结之前，可镶嵌光滑材料，防蝎从顶口处外逃，光滑材料可用玻璃、塑料膜等。蝎池可建成数层的立体结构，一般用近地面的 1～2 层饲养蝎子的饵料（地鳖虫或黄粉虫等）。蝎池每层间应有 20～30 厘米的间距，供操作管理用。池内中央用砖、石片或瓦片垒成供蝎子栖息的假山，并留出足够的缝隙供蝎子栖息。假山周围离池壁应有 15 厘米的间距，防止蝎子借助假山逃跑。

（二）房养方式

房式养蝎有很多建筑式样，一般是建土砖坯的泥房，房高 2～2.5 米，长 4 米，宽 2.5 米，墙厚 23～28 厘米。最好用陈旧的土砖坯，砖坯之间留出宽 0.5～2 厘米、大小不等的缝隙。墙外壁用石灰等三合土密闭后粉刷，墙内壁不要抹泥，不粉刷，以便蝎子藏身。或用特制的模具，自制一侧有孔隙的土坯砖。墙的南侧可开 2～3 个窗口及 1 扇门。屋顶可用细铁丝网覆盖，然后再盖塑料薄膜，薄膜上还需盖竹垫或草垫，或在铁丝网上盖油毛毡，以防天敌侵入及铁丝网生锈。近墙角基部可留一些通向屋外的小孔隙，能让蝎子自由出入。在距房约 1 米处的四周修一条环形的防护沟，用水泥、沙子混匀或石灰、黄土、沙子混匀后砌成。沟宽、深各 60 厘米，进水口和出水口距沟底分别为 60 厘米和 40 厘米。沟内常年有水，这样既可防止蝎子逃跑，又能防止蚂蚁入侵。屋内还需用土砖坯摆几道条形或环形的砖垛，形成更多的缝隙供蝎子栖息，但要注意留出人行过道。

场内的设备除了排水沟、活动场地外，有的还需安置驱鼠、驱鸟设备，在饲养区安装诱虫灯，在活动场地造一些碎石堆，形成适宜蝎子活动的小环境，还需要在活动场地区与围墙外堆放一些麦秸、稻草、豆秸，并拌以适量麸皮、米糠及猪、马粪尿，以滋生一些虫类供蝎子食用。

（三）蜂巢式养殖方式

此种养殖方式的蝎窝是由内、外两层板组成，外板的规格为 60 厘米×21 厘米×4 厘米，其上均匀分布着 4 列 15 行（60 个）4 厘米×3 厘米×3 厘米的槽。内板规格为 60 厘米×21 厘米×2.5 厘米，其上均匀分布着 4 列 15 行（60 个）1 厘米×1 厘米的穴孔。内、外板合起来正好一个穴孔对准一个槽（即单房小蝎室）。将 8 套内、外板围起来（先用水泥把内板固定围起来，再用铁卡将内板和外板卡在一起），使整个蝎窝保持内板是固定的，外板是活动的（便于捕捉、管理蝎子），便组成了一个蜂巢式蝎窝。从外观看，一个蝎窝就像一个蜂巢。

饲养时，把板围起的空心填上土，栽上花草，然后浇水，既养花观景，又使土壤保持湿润，水分自然向单房小蝎室渗透，保持一定的空气湿度。这种方式使孕蝎自然分窝产仔，防止了相互干扰和母食仔现象，又能保持幼蝎蜕皮所需的湿度（55%～75%），使幼蝎生长发育的环境更加接近大自然，大大提高了仔蝎成活率。

三、蝎子的人工繁殖技术

蝎子达到性成熟后，即可进行交配，交配后的蝎子可连续产仔 3～5 年。蝎子一般一年繁殖一胎，在保温条件下可达 2～3 胎，每胎 20～50 只，最多可达 70 只。蝎子一般在 5 月下旬至 6 月上旬交尾，经 40 天后产出仔蝎。在 7～8 月间若发现有大腹、肚皮淡黄半透明、停食不动的母蝎，应把其移入产仔池。幼蝎产下 15 天后体色变土黄色，可独立生活。母蝎的生育龄一般为 5 年。

(一) 选种

应选取体型大、健壮活泼、无病残的个体作为种蝎。在养殖过程中，应经常选取优良的种蝎，去劣选优有利于优产、稳产和高产。

种蝎的取得有两种方式，一种是捕获野山蝎作种，另一种是从养蝎场购买。捕捉野蝎虽可饲养，但需经过一定的驯化，短期内不会收到较大经济效益，因此，一般引进人工饲养繁殖的蝎子。目前，国内饲养的多为东亚钳蝎，南北方都适合饲养。下面简单介绍两种引种方式。

1. 捕捉山蝎　捕捉山蝎要注意掌握好时机，一般在春、夏、秋季进行。往往在雨过天晴或大雨后次日，蝎子活动频繁，可趁机捕捉。蝎子耐饥饿能力强，捕来的山蝎在投种以前，不必饲喂。

2. 蝎场购蝎　引进种蝎要把好"三关"：

一是季节关。全蝎一般要在 5 月中旬到 6 月中旬气温正常、温度保持在 25℃ 以上时引种最为适宜，此时冬眠蝎子已出蛰并已度过"春亡关"，成活率高，且成年雌蝎已进入孕期，因此，此时引种是最佳时期。

二是质量关。种蝎的质量是直接关系到养蝎成败的关键，因此，引种时一定要到有信誉的养殖场，并做到不引进病残蝎。

三是运输关。运输对种蝎成活率有重要影响，一般引种工具为纸箱和无毒的纱网袋（网袋大小可根据引种量而定，一般以每袋 500 只为宜）。引种时先将种蝎按 3：1 的比例（即 3 雌 1 雄）放进网袋后扎口，再放进事先备好的海绵或纸团等辅助物（以达到减震目的）的纸箱内，并在纸箱内放入几块吸过适量水分的海绵块，以便调节箱内湿度。另外，纸箱上部四周要打几个通气孔，以便通风透气。

（二）雌雄鉴别

雌、雄蝎外形特征分别为：

（1）雌蝎触肢的钳细长，色彩灰暗，可动指的长度与掌节宽度之比为 2.5：1；雄蝎钳较粗短，色泽鲜明，可动指的长度与掌节宽度之比为 2.1：1。

（2）雌蝎触肢可动指基部内缘无明显齿突，雄蝎有明显齿突。

（3）雌蝎肥大，躯干宽度超过尾节的 2～2.5 倍，雄蝎不到 2 倍，体型纤细。

（4）雌蝎的胸板下边宽，雄蝎窄。

（5）雌蝎的生殖厴软，雄蝎的硬。

（6）雌蝎栉板齿数 19 对，雄蝎一般 21 对。

（三）性比、交配

蝎子交配的雄、雌自然比例为 1：3，交配通常在夏季无风而湿润的夜晚，适宜气温为 32～38℃，湿度为 70％～80％。交配时雄蝎用大钳抓住雌蝎的肢下部，将雌蝎拖来拖去，形如跳舞。雌蝎尾巴上翘，不断摆动，直到最后交配受精。交配后的雄蝎应立即移走，否则有可能被雌蝎吃掉。雌蝎交配一次可连续产仔 3～5 年，不过 2～3 胎所产的仔蝎大多是弱蝎，故种蝎最好每年交配一次。

（四）妊娠与产仔

蝎子属卵胎生动物，受精卵在雌蝎体内发育。在 $25\sim30℃$ 下，胚胎经约 40 天发育，产出仔蝎。一般 1 胎产仔 $15\sim50$ 只，平均为 $25\sim30$ 只，分几批产下，每批 $4\sim5$ 只。刚出生的仔蝎呈乳黄色，蜷成一团，不久体表液体晾干后即可伸展活动，沿母蝎的头胸部和附肢爬到母背上，几十只叠聚在一起，接受母蝎的保护。仔蝎极少活动，以体内残存的卵黄为营养，$4\sim5$ 日后蜕去第一层皮，10 日后开始离开母背独立生活。母蝎产仔和负仔期间需要温暖安静的环境。

四、蝎子饲养管理技术

（一）饲料与投喂

蝎子属于肉食性动物，一般以鲜活多汁且柔软的昆虫和小动物为主要饲料，如黄粉虫、地鳖虫、蝇蛆、蜘蛛、蟋蟀、蚂蚱、蚯蚓、飞蛾及其他昆虫等。此外，也可喂食蛙肉、壁虎、鸟类、牛肉等。有时也可喂些西瓜皮、木瓜皮、苹果等，这些植物性食物含有丰富的水分、糖类和维生素，可满足蝎子的部分营养需要。配合饲料可用 30％麦麸、30％肉粉、40％动物乳汁，加适量水拌匀投喂。

蝎子食量很小，幼蝎每次进食量约 10 毫克，成蝎每次进食量约 75 毫克。蝎子进食一次后可 6 天左右不食。投食时间一般在 18：00～19：00，第 2 天清晨应及时取出吃剩的残饵，并清洗食盘。保证饮水器随时有清洁的饮水。

（二）保温

采用保温方法人工养蝎，可大大提高蝎子的生长发育速度。可采用电灯加温、火炉加温、电热棒加温、搭棚加温等方法。

（三）大、小分开饲养

不同蝎龄的蝎子在一起混养，会发生争斗抢食的现象。因此，蝎子需要分开饲养，可分为仔蝎、幼蝎、成蝎、种蝎等几个等级分区饲养，这样既便于管理，又利于蝎子的生长发育。

（四）不同季节的管理

春初气温仍较低，蝎子活动能力较弱，饮水、进食及活动都不活跃，因此，要注意防寒保暖。当晚春气温回升时，要及时给予进食，防止蝎子因饥饿而互相蚕食。但每次投喂量不可过大，避免蝎子由于过度采食造成消化不良和腹胀的现象。

夏天是蝎子的活动高峰期，也是其生长发育的关键阶段。此时应供给充足的食物和饮水。同时，夏季也是各种天敌和病害发作的高峰期，应注意防敌和防病。

秋季是蝎子为休眠进行物质准备的阶段，其采食量会大大增加，这时应增加肉食饲料，增强其体质，同时适当降低养殖场内的温度，提高蝎子的抗寒能力。

冬季是蝎子的休眠期，若进行保温养殖应做好保温工作。要定期检查养殖场的情况，防止天敌特别是老鼠的入侵。

（五）幼蝎的管理

幼蝎刚离开母体，食欲开始增强，开始可喂些汁状营养品。此时，可投放小昆虫，如小黄粉虫、地鳖虫、蝇蛆、夜蛾等。投喂过程做好记录，及时掌握幼蝎的食量大小，做到"四定"，即定时、定点、定质、定量投喂。经约40天，幼蝎第2次蜕皮后，其食欲旺盛，如果食物缺乏，会发生蚕食现象，这时应提供充足的食物。

（六）成蝎的管理

蝎子经过 6 次蜕皮后，便进入成蝎阶段。这时饲料的质和量都应相对提高，人工提供的食料以肉食为主。

（七）种蝎的管理

种蝎的食物要多样化，投喂量要充足，可每天投喂食物一次。温度最好保持在 25～39℃，相对湿度保持在 40％～50％。这时为达到配对繁殖的目的，可进行雌、雄混养，雌、雄比例为1：3 或 1：4，放养密度为每平方米 500 只左右。

（八）孕蝎的管理

孕蝎要单独饲养，而且密度不能过大。当发现母蝎腹部隆大，且透过腹壁可见到腹内有白色米粒状物时，说明已近临产期。这时应挑出来放到产仔区单独饲养，使孕蝎有个安静舒适的环境。在这期间，要提供给足够的营养饲料。孕蝎产仔后，有一段时间停食，待仔蝎离开母背后才开始进食。投喂时不能投喂大昆虫，以防仔蝎被吃。同时，还应注意饮水的供应。温度最好控制在 25～30℃，相对湿度在 40％～50％。

（九）其他注意事项

注意防逃和防敌害的入侵，平时做好环境卫生工作，定期观察蝎子的生长情况，做好各种记录。

五、蝎子常见疾病的防治

（一）黑腐病（黑肚病、体腐病）

1. 病因　本病多因饲料腐败变质和有污染物，或饮水不清洁，或健康蝎子吃死蝎尸，或环境污染所致。

2.症状　病蝎肚腹呈黑色、排绿色污水样便。一种表现为腹黑胀，活动能力减弱，食欲减退或不食不饮，用手轻微挤压，即有黑色的黏液排出，病程较短，死亡率较高。另一种表现为腹黑而瘦弱，腹节下垂，但亦吃亦饮，病程较长，陆续出现死亡。

3.防治方法　保持蝎窝干燥。平时投放的虫体应无病无害。池中有死虫要及时清除。食物应保持新鲜，投放的配合饲料宁少勿多，盛放配合饲料的盒具每天要清刷1次。饮水要保持清洁卫生，水盒及海绵、石子等隔天要进行清洗。每天要换气1次。采用翻垛、清室方法把饲养室或垛体砖瓦用消毒灵溶液或0.1％高锰酸钾溶液或来苏儿溶液消毒，晒干码垛，拣出病蝎隔离治疗。

4.药物治疗

（1）用80万国际单位青霉素1/2支，加水1千克放进水盒，让蝎饮用，或用80万国际单位青霉素1/4支与250克饲料拌匀，饲喂病蝎至病愈为止。

（2）大黄碳酸氢钠片0.5克、土霉素0.1克与100克饲料拌匀饲喂，病愈为止。

（3）食母生1克、红霉素0.5克与配合饲料500克拌匀，喂至病愈。

（4）小苏打片0.5克、长效磺胺0.1克与配合饲料100克拌匀，喂至病愈。

（二）枯尾病（青枯病）

1.病因　栖息窝穴和活动场地或繁殖环境过于干燥，空气温度低，饲料含水量低和饮水供给不足等造成慢性脱水病症。

2.症状　病蝎起初在足节末梢出现枯黄萎缩现象，然后向前腹部延伸，严重者尾中深陷处可见后肠为白色，当尾根处出现干枯萎缩时，病蝎开始死亡。发病初期，由于互相争夺水分而残杀严重。

3.防治方法　饮水要清洁，调节饲料含水量，活动场地要保持潮湿，适当增添供水器具，空气温度保持正常。

药物治疗：食母生 1 克加水 200 克让蝎子饮用。

（三）腹胀病（大肚子病）

1. **病因**　多由温度偏低所致。当温度在 18℃ 以下时，蝎子吃食后消化不良，本病多发生在早春气温偏低和秋季低温时期。

2. **症状**　病蝎出现活动迟钝，腹青而大，不食也不消化，之后腹部隆起呈乳白色，雌蝎一旦发病即造成体内孵化终止或不孕，一般发病 10～15 天后开始死亡。

3. **防治方法**　应保持好早春和秋季低温时期蝎子生长发育所需要的适宜温度（保温）。活动场地的温差不可过大，将温度调节到 20℃ 可预防本病的发生。

药物治疗：

（1）多酶片或食母生 1 克、长效磺胺 0.1 克与配合饲料 100 克拌匀饲喂，或溶于水中饮用至蝎子病愈。

（2）用雄黄 1 克、硫黄 1 克、苍术（炒黄）2 克，分别研为极细粉末后混合均匀，然后，加入 100 克配合饲料中拌匀，喂至蝎子病愈。

（四）微生物侵害病

1. **病因**　若蝎窝和蝎子活动场地长时间过湿，并有腐虫和死蝎，则易招致螨虫寄生在腐虫、死蝎体上，威胁处于成长发育阶段蝎子的生长。

2. **症状**　病蝎初期表现极度不安，其活动量明显增大；后期活动量减小，不食不饮。成蝎生殖器开始出现蛾虫残食，排出褐色粪便。

3. **防治方法**　本病用药物难以根除，应以预防为主。保证饲料、饮水新鲜，及时清除剩余饲料。平时应定期换晒蝎窝，使蝎窝保持适宜的干湿度。池中用的沙，要在烈日下暴晒后再逐渐使用。另外，食盐水可控制螨虫的繁殖和生长，活动场地可用3‰的盐水洒湿1次，但不可长期使用。

（五）富脂病（拖尾病、肥胖症）

1. 病因 该病是由于长期饲喂脂肪含量较高的饲料，使蝎体内大量沉积脂肪以及栖息场所过于潮湿而引起。在同样的饲养管理条件下，2龄蝎易患本病。

2. 症状 病蝎排白色黏液便，躯体光泽明亮，肚节明显隆大，肚体功能减低或丧失，活动缓慢而艰难或伏而不动，体内脂肪压迫神经系统导致拖尾，口器呈红色，似有脂溶性黏液泌出。

3. 防治方法 不喂或少喂脂肪含量高的饲料，改喂苹果、西红柿等15～20克至恢复，以黄粉虫等活虫体为主食，并且要注意调节环境湿度和垛体的湿度。如早期发现并及时更换饲料种类，症状可自行缓解。

药物治疗：若病情普遍，可停喂食料3～5天，然后用大黄碳酸氢钠片3克、炒香的麸皮50克，加水60毫升，拌成糊状喂至蝎子痊愈。

（六）体懒病（麻痹症）

1. 病因 主要是由于高温、高湿突然来临，在热气蒸腾下造成蝎体急性脱水所致。

2. 症状 初期蝎子出穴慌乱爬动和烦躁不安，继而出现肢体软化，尾部下拖，全身色泽加深和麻痹瘫痪。病程较短，从发病到死亡一般不超过数小时。

3. 防治方法 首先，防止出现40℃以上的温度。其次，采取补救措施，通风换气，立即将所有的蝎子捕出补水。补水方法是在30℃左右的温水中加入少许食盐和白糖，喷洒在蝎体表面，待饲养室内温度与湿度正常后，再将已恢复正常的蝎子移入饲养室。

六、全蝎药材的采收与加工

（一）加工方法

1. **"咸全蝎"的加工方法** 加工前先将蝎子放入冷水盆中，洗掉身上的泥土，排出体内的粪便，但时间不宜过长，然后，再冲洗几遍，使蝎子干净。再放入盐水锅内，使盐水浸没蝎子，上面用竹帘压紧，浸泡6～12小时。然后，把水烧开，用沸盐水煮10～20分钟。取出检查，当用手挤压蝎子的后腹部，如果蝎子能够挺直竖起，在蝎子背部显出一条沟，腹部瘪陷时，即可捞出。再于通风处阴干，即成"咸全蝎"，又称"盐水蝎"。

盐水的配制方法是：活蝎1千克（约1千只左右），用食盐200克，水5～6千克。先将盐完全溶解，再放入蝎子。

2. **"淡全蝎"的加工方法** "淡全蝎"又称为淡水蝎。加工前也要将蝎子放入冷水中浸泡，洗净，再放入干净的沸水中煮。水沸腾时，加入蝎子，然后再加入适量的凉水，继续加热，待水再沸腾起来的时候捞出，晒干即可。

（二）蝎毒提取方法

蝎子的药理作用主要依赖蝎毒。蝎毒中含有大量蛋白、透明质酸酶、生物胺等成分，对恶性肿瘤和艾滋病有较好疗效。除药用外，蝎毒还广泛用于保健品。

1. **人工刺激取毒法** 取毒时用一个金属镊紧夹住一个触肢，夹的力量由小到大给予刺激，但不要夹破触肢。这种方法虽然简单，但蝎子的排毒量不多，而且只排出含碱性蛋白的透明毒液，未能彻底排毒，这是由于机械刺激强度不够的缘故。

2. **电刺激取毒法** 电刺激取毒法常采用药理实验用的电刺激多用仪，使用连续感应电刺激，刺激频率为128赫，电压为6～10伏，用一个电极夹住一个前肢，一个金属镊夹在蝎尾第

2节处，用另一电极不断接触金属镊，若不起反应，可在电极与蝎体接触的部位滴上生理盐水，然后用小烧杯放在尾刺处，收集蝎子排出来的毒液。平均每只蝎每次产干毒素为 0.34 毫克，蝎被取毒后，每隔 1 周或 2 周可以连续再次取毒。取毒后的蝎体重有所下降，但不显著。虽活动减少，但其食欲要比未取过毒的蝎大得多。在自然气温下，10 月产毒量显著下降，至 10 月下旬，蝎子基本不排毒。取出的毒液应尽快真空干燥或冷冻干燥制成干毒，制成的干毒为灰白色粉末，需要在干燥、遮光处低温保存。

第八节　蜈　蚣

蜈蚣为节肢动物门、多足纲、蜈蚣科动物。蜈蚣的品种有少棘巨蜈蚣、多棘蜈蚣、模棘蜈蚣、马氏蜈蚣等，以少棘巨蜈蚣药用最佳，分布最广，其干燥全体入药。

蜈蚣，性温味辛，有毒。具有熄风止痉、解毒散结、通络止痛的作用，用于治疗小儿惊风、痉挛抽搐、破伤风、面神经麻痹、疮疡肿毒、风湿顽痹等病症。

现代研究表明，蜈蚣含有两种类似蜂毒的有效成分以及酪氨酸、亮氨酸、蚁酸等多种物质。对戊四氮、硝酸士的宁所引起的惊厥均有不同程度的对抗作用，对结核杆菌及常见致病性皮肤真菌均有抑菌作用。近年来，蜈蚣多用于肿瘤、癌症方面的治疗。

我国是蜈蚣的主要药材产地，在国外特别是在东南亚等国家享有较高的声誉。过去蜈蚣入药以野生捕捉为主，但随着蜈蚣应用范围的不断扩大和野生资源的不断减少，蜈蚣货源显得十分短缺，因此，人工养殖蜈蚣前景十分广阔，而且投资少、见效快、易饲养、获利多，是繁荣农村经济、增加农民收入的致富门路。

一、蜈蚣的生物学特性

（一）形态特征

少棘巨蜈蚣体型长，背腹略平，长 6～13 厘米，宽 0.5～1.1 厘米。蜈蚣成熟体长一般为 11～12 厘米，最长可达 14 厘米，共有 22 个体节组成。每节有足 1 对，足的末端有爪。足深红色或浅黄色，最后一节足特大，伸向后方。头节和躯干的第一体节为深红色，其余体节背部为深暗绿色。头端有触角 1 对，丝状。触角基部有单眼 4 对。头下面有 1 对巨大的颚肢。颚肢顶端有小孔，内通毒腺。

（二）生活习性

蜈蚣怕日光，昼伏夜出，喜欢在阴暗、潮湿、温暖、避雨、空气流通的地方生活。蜈蚣钻缝能力极强，它往往以灵敏的触角和扁平的头板对缝穴进行试探，然后通过岩石和土地的缝隙或在此栖息。密度过大或惊扰过多时，可引起互相厮杀而造成死亡。但在人工养殖条件下，饵料及饮水充足时也可以几十条在一起共居。

蜈蚣食性广，喜食小昆虫类，一次食量大，耐饥力强。饥饿时，一次进食量可达自身体重的 1/5～3/5。蜈蚣饱食后，十天半月不摄食也不会饿死。但蜈蚣不耐渴，每天需饮水。蜈蚣的适宜生长温度为 25～36℃，温度高于 20℃时，均能捕捉食物。秋冬季节，气温低于 15℃时，活动缓慢，逐渐进入冬眠。

（三）繁殖特性

蜈蚣雌雄异体，卵生，有孵卵、育幼特性。蜈蚣 3 龄性成熟后，才能交配产卵。5～9 月，多数蜈蚣在夜间交配，有时也在清晨交配，前后约半小时。雌蜈蚣每年产卵一次，一般产卵量为

20～60粒。产卵季节在6月下旬至8月上旬，即在夏至到立秋期间，而以7月上旬、中旬为产卵旺期。产卵前，蜈蚣腹部几乎紧贴地面，自行挖好浅浅的洞穴。产卵时，蜈蚣躯体曲成S形，后面几节步足撑起，尾足上翘，触角向前伸张，接着成串的卵粒就从生殖孔一粒一粒地排出。在不受外界惊扰的情况下，顺利产卵过程需2～3小时。产完卵后，蜈蚣随即巧妙地侧转身体，用步足把卵粒托聚成团，抱在怀中孵化。产卵时，若受惊扰，就会停止产卵或将正在孵化的卵粒全部吃掉，这就是所谓蜈蚣的保护性反应。蜈蚣孵化时间长达43～50天。这期间，雌蜈蚣一直不离卵或幼体，精心守护着，有时下半身及触角不时地左右摆动和扫动、驱赶近身的小虫，并常用食爪拨弄或吮舔着卵团和幼体，据推测，蜈蚣可能是在分泌分泌物，防止卵团遭受细菌侵害或其他污物污染。

卵呈椭圆形，大小不一，直径为3～3.5毫米，米黄色，半透明状。卵膜富有弹性，卵团孵化较慢，头5天内无显著变化，只是由米黄色逐步转白；半月后卵粒增长成腰子形，中间痕线裂开，卵粒长至5毫米；20天后，卵粒成月牙状，隐约可见细小脚爪，卵粒约7毫米；1个月后，初具幼虫形态，体长约1.2厘米，并能在雌蜈蚣怀抱内时蠕动；35～40天后，幼体蜈蚣长到1.5厘米，已能上下爬动，但尚不离母体；43～45天后，幼体长到2～2.5厘米，脱离母体而单独觅食。孵化期内，母体已充分积聚养料，所以不必给食，若给食，反而造成卵被食物污染。

蜈蚣从卵孵化，幼体发育、生长，直到成体，均需经过数次蜕皮，每蜕皮一次就明显长大一次。成体蜈蚣一般一年蜕1次皮，个别的2次。成体蜈蚣蜕皮前，背板翘起而无光泽，体色由黑绿转变为淡绿略带焦黄色，步足由红变黄，身体粗笨，行动迟缓，不进食物，视力减弱，触觉能力减退，拨动时不能迅速逃避。

蜕皮时，蜈蚣用头部前端顶着石壁或泥壁，先顶开头板，然后依靠自身的伸缩运动逐节剥蜕，使躯体连同步足由前向后依次进行。蜕到躯体第 7～8 节时，蜕出触角。最后才蜕离尾足。蜕下的旧皮呈皱缩状，拉直时是一具完整的蜈蚣外壳。成体蜈蚣一般每 4～6 分钟蜕出一节，全部蜕出约需 2 小时。蜕皮时也要避免惊动，否则会延长蜕皮时间。饲养的蜈蚣在蜕皮时，更要防止成群的蚂蚁对它趁机攻击，因蜕皮时蜈蚣无反抗能力，新皮鲜嫩，易受蚂蚁叮咬。

蜈蚣生长速度不快，从第 1 年卵孵化成幼虫到当年冬眠之前才长至 3～4 厘米，第 2 年出蛰之前，食物充足，但也不过长到 3.5～6 厘米，第 3 年才长到 10 厘米以上。因此，蜈蚣从卵开始到它发育长大为成虫再产卵，需要 3～4 年时间。同年生下的蜈蚣，早期产卵与晚期产卵的幼体大小有很大差别。当年生长快慢与食物是否充足、进食时间长短有很大的关系。

二、蜈蚣生态养殖的场地建设

蜈蚣养殖的场地要建在阴湿、僻静的地方，要求排水、通风条件好，并需要安静的环境。人工养殖一般分为室外养殖和室内养殖。养殖方法有饲养池养殖法、缸养法、箱养法等，下面主要介绍饲养池养殖法和缸养法。

（一）饲养池养殖法

饲养池养殖的关键是饲养池的建造，目前采用加温养殖的一般采用架养，以便充分地利用空间，最大限度地扩大养殖规模，获取最高的经济效益。

1. 养殖架的制作　可采用木材、角铁作框架，也可以采用砖、混凝土结构，因地制宜，合理选材。养殖架为 3 或 4 层，层间高度以 60～80 厘米为宜，每个饲养池的宽度不要超过 85 厘米，方便管理。饲养池的面积可根据房间大小合理安排。饲养池的四周设防逃围墙，围墙高度不得低于 25 厘米，内壁贴上宽度不低于 20 厘米的玻璃条或塑料薄膜等光滑材料。饲养池的底部不得有孔洞，若发现孔洞立即用混凝土封闭。池底面不浇水泥，如果是水泥要垫上 6 厘米左右的细泥土，泥土必须疏松、肥沃和潮湿，其上面铺上细石块或碎瓦片，并留有隙缝，池内还可栽种杂草、树木，尽量造成适合蜈蚣栖息的自然生态环境。

室外常温养殖用的饲养池与室内饲养池的建造方法基本相同，需要注意防止蜈蚣打洞逃跑，可以沿防逃围墙内侧四周挖宽 8 厘米、深 10 厘米左右的小沟，然后置入混凝土材料，以便封牢防逃玻璃下沿或压实防逃塑料薄膜底边。

2. 垛体的建造　垛体是蜈蚣栖息和活动的主要场所，也是补充体内水分和矿物质的主要渠道。蜈蚣的生长发育、蜕皮、产卵、孵化都离不开垛体，因此，垛体的结构必须合理。

建造垛体要符合以下几个原则：①垛体要设计许多缝隙，形成无数小空间，提供给蜈蚣相互隔离的栖息场所；②垛体必须便于加湿，有利于保湿；③在条件允许、方便的前提下，垛体越高越好；④垛体与四周防逃围墙的距离不得小于 12 厘米，以防止蜈蚣外逃。

对于室外常温养殖，还要为蜈蚣特别设置冬眠区，具体办法为：在垛体正下方挖深 30～50 厘米、面积略小于垛体面积的坑，用碎砖头、瓦块填平，然后在上面构筑垛体。垛体上面还应做好防雨措施，即使遇上阴雨连绵的天气，也不会给垛体及里面栖息的蜈蚣带来危害。

3. 养土的选择　蜈蚣的产卵、孵化、生长发育等一切生理活动都离不开养土，养土必须具备松软、吸水、保湿和长期浇水不硬化、不板结的特点，且土壤肥沃，富含蜈蚣生长发育、产卵及蜕皮所需的微量元素及矿物质。

（二）缸养法

用直径在 0.5 米以上的破旧瓦缸或陶瓷缸，口朝下埋入土中

20 厘米左右，将外边的土拍实。缸内中间用砖或土坯垒起来，比缸面低 10 厘米左右，坯与缸壁间留有一定空隙。如果用完整无缺的缸，不要打掉底部，直接在缸中垒土坯即可。一个直径 80 厘米的缸可放成年蜈蚣 200 只左右。

三、蜈蚣的人工繁殖技术

（一）蜈蚣的雌雄鉴别

养殖蜈蚣时，首先要做好雌雄鉴别工作，这是培育良种蜈蚣的前提。从外形上看，未成熟的蜈蚣难于区分，成熟后细心比较才可以区分开来。一般的区别是：①雌性蜈蚣头部扁圆，稍大，成饼状；雄性蜈蚣头部稍隆起，椭圆而小，呈孢子状。②雌性蜈蚣的 21 节背板后缘较平、圆，而雄性蜈蚣的后缘稍见隆起。③雌性蜈蚣体型较大，躯干部较宽，腹部肥厚，身体较柔软；而雄性蜈蚣体型较小，躯干部稍窄，腹部紧缩、较瘦。此外，在人工饲养场内，雌性蜈蚣活动较少、迟钝，雄性蜈蚣则活动频繁，动作灵活。

（二）选种标准

虫体要完整，无损伤；体色要新鲜，体表有光泽，体格大而健壮，性情温驯；活动正常，能取食（还可以从中挑选体长在 10 厘米以上的蜈蚣作为繁殖对象）。如能鉴别出繁殖对象的性别，可按比例搭配，一般雌、雄配比为 3∶1。另外，引种时要注意药用蜈蚣的地域性特点，当地有种，不要跑到外地引种。蜈蚣有时会发生恃强凌弱现象，因此，在同一池内饲养的蜈蚣，最好是同龄的种群。

（三）繁殖技术

蜈蚣的寿命仅有 6 年，一般蜈蚣生长 3 年以上才会交配繁殖，交配 40 天开始产卵，每次产卵 20～60 枚，产卵后雌蜈蚣将卵抱在怀内孵化。孵化 20 天左右小蜈蚣出壳，45 天后才能离开母体独立生活。孵化期间应保持安静和适宜的温度、湿度，一般温度应控制在 33～36℃，湿度应控制在 50％～60％。蜈蚣在孵化期间不进食，不喝水，产前加强喂食，增加孵化前的营养。小蜈蚣孵化出来之后，应及时按规格大小分开饲养，因为蜈蚣有食幼仔的特性。

四、蜈蚣的饲养管理技术

（一）常用饲料及饲喂

蜈蚣食性广杂，特别喜食各种昆虫，如黄粉虫、蟋蟀、金龟子、白蚁、蝉、蜻蜓、蜘蛛、蝇、蜂以及它们的卵、蛹、幼体等，也喜食蠕虫（如蚯蚓、蜗牛）以及各种畜禽和水产动物的肉、内脏、血、软骨等，也吃水果皮、土豆、胡萝卜、嫩菜等，以及牛奶、面包等食品。

饲养时，可将鼠妇（潮虫）与蜈蚣混养，作为蜈蚣的天然饵料。若以黄粉虫为主食料，每天投食一次；若以全脂奶粉加动物饲料添加剂为辅助饵料，每隔 3～4 天喂一次。为了快速养殖，在饲料方面应以精饲料为主。投食盘与饮水盘必须保持清洁，以防蜈蚣因饮食不洁而发病。

（二）饲养管理

1. 日常管理

（1）饲养蜈蚣，首先应注意调节温度和湿度。最适温度为 25～36℃，冬季可以采用加热升温，夏季可通过喷洒冷水、通风等来降温。养土湿度为 10％～25％时，蜈蚣的生命活动最为活跃。养土湿度会随着不同季节和不同生理状况下的蜈蚣而有所不同。如夏季的养土湿度为 22％～25％，冬季为 10％～15％，春秋季为 20% 左右为好。一般小蜈蚣的饲养土稍干，大蜈蚣偏湿。

（2）要经常检查饲养池四周的防逃围墙，防止蜈蚣外逃；检查池内有无虫害，特别要注意防止蚂蚁、螨虫等危害蜈蚣。

（3）注意观察，发现患病蜈蚣要及时隔离治疗。

（4）坚持每天投喂新鲜饲料，早上清除残食，清洗食具。定期在食料中添加预防性药物，以提高蜈蚣的抗病能力，促进其生长发育。

2. 母子分离饲养　刚孵出的小蜈蚣身体幼小而嫩弱，而刚刚完成孵化任务的老蜈蚣急于捕食以恢复体力，捕食凶猛，行动敏捷，极易踏伤嫩弱的小蜈蚣，从而导致成活率低。因此，必须将蜈蚣母子分离饲养。

（1）母子分离　蜈蚣的孵化期长达 40 天，这期间种蜈蚣池内几乎见不到蜈蚣活动。待小蜈蚣孵出后，大、小蜈蚣几乎同时出来活动，这时将大蜈蚣取出单独饲养，出来一只取出一只，最后饲养池内仅留下小蜈蚣。

（2）小蜈蚣的饲养　刚孵出的小蜈蚣身体幼小而嫩弱，捕食能力非常低，仅能捕食像蚊子一样小的飞虫，因此，人工喂养小蜈蚣以投喂死的虫子、肉类及植物性食物为主，带硬壳的虫子应把硬壳撕破后投喂，肉类应剁成肉泥，植物性食物也应剁碎后投喂。同时，在小蜈蚣饮水中加入些奶粉等高蛋白食物，以促进其生长发育。

（3）大蜈蚣的饲养管理　刚分离出来的大蜈蚣经过产卵及40 天左右的孵卵过程，身体十分虚弱，急于进食以恢复体力，但必须对其食量进行控制，切忌喂食过多造成食积而消化不良。同时，增大养土的含水量，使得其蜕皮过程能够顺利进行。

为了保证蜈蚣的蜕皮，在其食料中增大钙、磷等矿物质的含量，加速蜕皮。如果蜈蚣缺少钙、磷，不但外骨骼生长缓慢，而且蜈蚣往往会推迟蜕皮或延长蜕皮时间，阻碍蜈蚣正常生长。严重缺钙时还会引起疾病，造成死亡。

五、蜈蚣常见疾病的防治

（一）绿霉病

1. 病因　绿霉病又叫绿僵霉菌病，是人工养殖蜈蚣的主要疾病。发生该病的主要原因是饲养环境的湿度过大，或池内残存的食物腐烂霉变，蜈蚣受到病菌的感染而发病。

2. 症状　受感染的蜈蚣早期主要是关节部位的皮肤上出现黑色或绿色的小斑点，以后逐步扩大；继而体表失去光泽，腹部下面出现黑点，食欲减退，行动呆滞，最终因拒绝取食而消瘦、死亡。

3. 防治方法

（1）清除霉变的食物，保持好养殖池内的卫生，并进行消毒灭菌。

（2）调节养殖池内的温度、湿度，保持通风散湿。

（3）对发病的蜈蚣可用青霉素 0.25 克加水 1 千克喷雾消毒或加水饮用。

（4）可用食母生 0.6 克、土霉素 0.25 克、氟苯尼考 0.25 克共研成粉末，同 400 克饲料拌匀，饲喂病蜈蚣，直到病愈。

（二）腹胀病

1. 病因　蜈蚣多在秋后阴雨低温时期患病，多因多食和低温所致。

2. 症状　病蜈蚣早期头部呈紫红色、毒钩全张、不食或少食、腹部胀大、行动迟缓，发病 1 周左右后死亡。

3. 防治方法

（1）用食母生 1 克加水 500 克拌匀，让其吸吮，并提高温度。

（2）用磺胺甲基异噁唑 0.5 片研细后加 300 克饲料拌匀；也

可用氟苯尼考 0.25 克加 300 克饲料拌匀，隔日喂食，直至病愈。

（三）胃肠炎

1. 病因　由于饲料腐烂变质，滋生大量的致病细菌，蜈蚣吃后受细菌感染而致病。此病多发生在饲养管理差的饲养池、室，以及温度偏低而潮湿的季节，和气温高、饲料残渣腐败变质的季节。

2. 症状　蜈蚣消化不良，腹泻，少吃或不吃饲料；全身发生中毒，头部充血呈紫色，行动缓慢；最后，常因体弱消瘦，无力爬动而死。剖检死蜈蚣，可见肠黏膜潮红、脱落，体腔内有淡黄色的黏液，肠内粪便稀烂恶臭。

3. 防治方法　磺胺甲基异噁唑 0.5 克，研细后拌入 300 克饲料中投喂。

（四）脱壳病

1. 病因　由于蜈蚣栖息场所过于潮湿，使真菌在其体内寄生所引起。

2. 症状　初期表现为躁动不安、来回爬动，后期表现无力、行动迟缓，最终因不食不动而死亡。

3. 防治方法　土霉素 0.25 克、食母生 0.6 克、钙片 1 克，共研成细末加 400 克饲料搅匀，连喂多日，直至病愈。

（五）虫害

1. 蚂蚁　正在蜕皮的蜈蚣无反抗能力，新皮鲜嫩，容易招惹大群蚂蚁叮咬致死。另外，蜈蚣在抱卵孵化过程中呈半睡眠状态，行动迟缓，易被蚂蚁群趁机咬死，或把蜈蚣赶走，蚂蚁则聚集在卵团上吃食卵料。

防蚁可采取下列方法：

（1）在养殖池周围挖一条围沟，注入水，防止蚂蚁进入。

（2）可用水果或其他甜食把蚂蚁引开后用开水烫死。

（3）定期用生石灰或六六六粉防蚁。或用樟脑球 50 克压碎、与锯木屑 250 克混合在一起拌匀，制成毒饵，撒在养殖池或室周围，防止蚂蚁进入。

（4）用 25 克蜂蜜、25 克硼砂、25 克甘油、250 克温水混合拌匀，放在饲养场四周蚂蚁经常出没之处诱杀。

（5）养土要选用无蚂蚁、无蚂蚁卵污染的泥土，制作方法是用热开水泡过，然后放在阳光下暴晒，以杀灭混在泥土中的蚂蚁或蚂蚁卵。

2. 粉螨　粉螨容易寄生在蜈蚣的腹部及足上，尤其是刚蜕皮的蜈蚣，身体幼嫩更容易被粉螨寄生。如果饲养室或池内湿度太大，在气温高的时候，就容易招来大量的粉螨。

粉螨寄生后，不但阻碍了蜈蚣的活动，而且粉螨产生的毒素的刺激，使蜈蚣不得安静，更严重的是粉螨吸取了蜈蚣大量的营养物质，致使蜈蚣身体瘦弱而死亡。

防治方法：首先，处理好饲养土，用热开水泡和暴晒的方法杀灭粉螨和螨卵。其次，把猪骨头放进池内，诱集粉螨，每天清除 2～3 次。

六、蜈蚣药材的采收与加工

（一）蜈蚣的加工法

（1）将已采收的蜈蚣放入盆内，用热开水快速烫死，但不能把蜈蚣烫烂。

（2）取长宽与蜈蚣长宽相等、两端削尖的薄竹片，一端刺入蜈蚣的头部下颚，另一端插进尾端，借竹片的弹力，使蜈蚣伸直展平。晒干或烘干即可。

（3）晒干以后，不要去掉竹片，以 50 条为一包，用薄纸包好，放在缸内存放，并在缸内放一些樟脑，以防虫蛀。缸应放在干燥处，防止潮湿影响质量。放入缸内不能用硫黄熏，以免蜈蚣在储存期间脱足、变色，降低品质。

（4）蜈蚣药材的要求是：身体干燥，体无杂质，无霉变，无虫蛀。身体挺直，完整，无断头、断足。

（二）蜈蚣酒的泡制方法

取蜈蚣 3～5 条，用热开水烫死后，用淡盐水冲洗干净，整条浸泡在 60°米酒中，浸泡 3 个月即可。

第九节　地鳖虫

地鳖虫属节肢动物门、昆虫纲、鳖蠊科的昆虫，又叫土鳖虫、土元等。其品种有中华地鳖、冀地鳖和金边土鳖等，入药的为其雌性全虫的干燥体。

地鳖虫，性寒味咸，有毒，功能破血逐瘀、接续筋骨。主治跌打损伤、骨折、肝脾肿大、血滞经闭、淤血腹痛等病证。临床实践发现，地鳖虫对恶性肿瘤有改善症状的作用。

地鳖虫是一种常用的名贵中药，含人体必需的 8 种氨基酸和维生素 A、C、D、K 等，且有多种人体必需的微量元素，是一种有较高经济价值的昆虫。饲养地鳖虫，消耗劳动量小，占空间小，投资少，效益高，几乎每个家庭都可饲养。

一、地鳖虫的生物学特性

（一）形态特征

地鳖虫体长约 3 厘米，宽约 2 厘米。身体椭圆形，前宽后窄，灰褐色，上下扁平。头小，隐于前胸背板下面，有丝状触角，复眼发达，咀嚼式口器。背上有横节，覆瓦状排列。足 3 对，等长，着生很多细毛。雌雄异形，雄虫身体轻小，赤褐色，

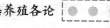

双翅，善走能飞；雌虫身体较肥大，无翅膀。

（二）生活习性

地鳖虫喜欢生活在安静、阴暗潮湿、腐殖质丰富的环境中，好动喜爬，畏光，怕震动，常潜伏在墙脚、柴堆、杂物等阴湿松土中生活，昼伏夜出（人工养殖时，若是环境黑暗，白天也出来活动），夜晚活动觅食或交尾，具有假死性。以树叶、无毒杂草、各种菜叶、瓜果皮、瓜果瓤等的腐殖质及淀粉、米糠、麦麸等为食。适宜生长温度为 12～35℃。全年可活动 7 个月左右，在气候温暖的南方地区可常年活动。当气温降到 10℃以下，即行冬眠。翌年清明后，当气温回升到 11℃以上时逐渐开始活动。

（三）繁殖特性

地鳖虫成虫于 6～9 月交配，7～9 月产卵。雄虫最后一次蜕变时长出双翅，即可飞行寻找配偶，进行交配。一只雄虫可交配 10 只左右雌虫，交配后 20 天左右自行死亡。交配受精的雌虫经 5～7 天产卵。卵呈豆荚形，比稻壳稍大。每一只雌虫产卵鞘 20～30 个，每个卵鞘含卵 10 粒左右。最适孵化温度为 30～32℃，卵经过 40 天左右即可孵化出幼虫。刚孵化出的幼虫呈乳白色，形如臭虫，逐渐变紫红，带黑色，脱壳后又变为灰白色。幼虫经过 9～11 次蜕壳，即可变为成虫。一年中，6～9 月为地鳖虫主要繁殖季节。已产若虫 1～2 次的雌虫，经越冬后，其繁殖力明显下降，甚至不能再繁殖而死亡。因此，室内大量饲养时，必须控制好繁殖时间，以 8 月前为宜，成虫能在越冬前羽化，在越冬前把成虫剔出采收。地鳖虫的若虫要经过多次蜕皮才能发育成为成虫，各龄期的若虫在形态上基本相似，通过多次蜕皮，体重逐步增加，生殖器官逐步健全，幼虫才能发育为成虫。

二、地鳖虫生态养殖的场地建设

根据饲养虫体的多少和具备的条件不同，选用不同的饲养设备，主要有饲养缸、饲养池（坑）、地下坑道、饲养柜四种。

（一）饲养缸

小规模饲养地鳖虫的一种饲养设备，大小均可，有裂缝的缸，用石灰或水泥修补一下也能用，缸的内壁要光滑，以防止地鳖虫外爬，一般以口径 60 厘米、高 45 厘米的缸为好。初养时，因地鳖虫数量较少，一般宜用缸养。

（二）饲养池（坑）

一般，饲养池（坑）砌在屋内的墙边墙角，可大可小，1～3 米^2 均可，长 3～5 米或更长一些，宽 60 厘米，池内再分格，池不论大小，深度均为 25 厘米左右。池底要夯平打实。池的四周用砖砌成，高出地面 35 厘米，全高 60 厘米。池的内、外用石灰或水泥刷平，要求平整光滑，池顶要用盖子盖上。为了提高房屋空间的利用率，养殖池可分层建设，层间距在 40 厘米左右。

（三）地下坑道

地下坑道是解决饲养场地困难的一种办法，即利用住宅内的地下，挖 25 厘米深的坑道，坑底要夯平打实，四周用砖砌成，内壁要光滑，长度可根据需要或住宅的大小而定，宽度可根据安装的盖板的宽度而定，每隔一块固定盖板，做一块宽度 30 厘米左右的活动地板，作喂料和检查时用。地下坑道可分格，每天晚上睡前拿去活动板，让地鳖虫自由出入。为了防止老鼠，蚂蚁等敌害，房屋四周门缝等处的大小孔洞要堵塞严密。

（四）饲养柜

像多层的兔笼一样，立体形，形状似柜，称为饲养柜。这是充分利用室内的空间，进行大面积饲养，解决饲养场地困难的最好办法。在室内靠墙壁处修建多层饲养柜，除靠墙一边外，其他三面或每层台底可用薄水泥板或砖砌成长方形，平面面积为3～10米²，可砌成4～8层，每层高20～25厘米，每层还可以分成若干小格，每格要留有能喂食并可通气的活动门。

三、地鳖虫人工繁殖技术

（一）性成熟、交配、雌雄配比

雄地鳖虫最后一次蜕皮长出翅膀后2天左右可进行交配，交配后20天左右自然死亡。雌地鳖虫最后一次蜕皮后性成熟，接受交配，受精产卵，一次交配终生有效。雌、雄地鳖虫的自然比例为4：1，人工养殖条件下雌、雄比例以6～8：1为宜。

（二）产卵

雌地鳖虫（以中华地鳖为例）体内有数十个卵块，一次交配后这些卵块全部受精，交配后7天开始产第一粒卵块，以后每7天产一粒卵块。卵块长10毫米左右，宽约0.5毫米，卵整齐地排列在卵块内，每粒卵块可孵化8～20只幼虫。

（三）采集卵块

去雄后2个月为交配期，2个月后，50％以上的雌虫开始产卵。去雄3个月后可筛第一次卵块，以后每隔15天左右筛一次。筛出的卵块夹杂着部分地鳖虫粪便等杂物，可放在水中淘洗，把卵块捞出，用清水冲洗，阴干，过筛，簸去空壳，拣杂，这样的卵块即可留种孵化。

（四）卵块的保管

在 0～15℃条件下，将卵块放入含水分 10％的潮湿土中，土、卵比例为 1∶1，每 3～4 天翻一次，土干时换上湿土，可存放 10 个月至 1 年，不影响孵化率。

（五）孵化技术

地鳖虫的孵化期为 30～45 天。规模养殖一般采用室内控温孵化法。将卵块放置内壁光滑的塑料盆内，直径为 55 厘米的塑料盆内可放置 4～5 千克种卵，拌入种卵重量 2/3 的饲养土。饲养土的湿度保持在 35％～40％（手握成团，一打即碎）。经过 3～5 天，饲养土逐渐干燥，这时不能向其表面喷水加湿，以防卵发霉。把干燥的饲养土筛出，换入土的温度应与盆内土的温度一致，并保持原土的湿度。在孵化期间，温度应始终保持在25～30℃，以 28℃最佳。每天用手翻动种卵 1～2 次，增加饲养土里空气的新鲜度。翻动时动作要轻，以免碰伤卵块。经 30 天的孵化，开始有部分幼虫破壳而出，这时可筛出幼虫分池养殖。

冬天孵化幼虫应注意：孵化期内饲养土不能喷水，只能更换。饲养土湿度保持手握成团、落地即散，温度不能忽高忽低，更换的饲养土一定要经过预热。

四、地鳖虫饲养管理技术

（一）养殖土

饲养地鳖虫的养殖土，必须松软、肥沃、湿润、干净、无毒、无其他虫卵。一般用 50％泥土、25％糠灰和 25％米糠配制。也可采用发酵后的猪粪、牛粪拌入土内使用。米糠最好先下锅烘炒杀菌，泥土以沙质土为佳。泥土最好在夏季采收，并摊在塑料布上暴晒 2～3 天，然后剔除草根、树皮等杂质，筛去大土块，用清水与糠灰、米糠搅拌。其湿度以手握成团，松开手能分散为度。成虫池填养殖土 20 厘米，中虫池 12～15 厘米，幼虫池 6～10 厘米。夏天宜浅些，冬天宜深些。要保持养殖土一定的温度和湿度，防止过干或池内积水。不要随便翻动养殖土，以免损伤虫体。

（二）饲养方式

1. 分散饲养　在屋内用土坯或砖搭地鳖虫箱（规格因地制宜），放适当砂土及虫种。室内养殖，冬季箱内温度保持不低于 -10℃。有条件的，冬季可用木箱（规格不限）放在火炕上饲养，既灵活，又方便。

2. 大型饲养　选择适当地方，建造专养地鳖虫的房舍，室内饲养可用砖或石块砌成高 1 米、长 2 米、宽 1 米的饲养池，将池分成 3 个小区，以便大、中、小分开饲养。池壁要求光滑坚实，池顶设活动顶盖，并留孔通气。池内放入 30 厘米厚的湿润养殖土。在饲养过程中，一般采取调换饲养土、喷水、增减青饲料用量、通风散湿等措施，以控制湿度

（三）饲养密度

地鳖虫喜群居，饲养密度一般可大些，但在食料不足或其他不利的情况下，有时会出现相互残杀和吃卵鞘现象，所以饲养密度不应太大。在一定单位面积和体积（指饲养土厚度）的饲养土内，按不同虫龄，饲养密度可参考表 4-1。

表 4-1　地鳖虫饲养密度

虫龄	容纳虫数（头/米²）	放入虫数（千克/米²）
1～3 龄	72 000～90 000	0.45～0.9
4～6 龄	36 000～54 000	2.25
7～9 龄	9 000～18 000	2.25
10 龄以上	2 700～4 500	2.25
种虫	1 800～2 250	4.50

（四）喂食

地鳖虫是杂食性昆虫，以食多汁的瓜果或鲜嫩的野草、树叶为主，兼食其他动物如蚯蚓等。根据地鳖虫生长发育的不同阶段和若虫的活动情况，可分别采用不同方法饲喂：①撒喂：对1～4龄若虫，可将饲料撒于土表；②食料板上饲喂：食料板可用薄木板、硬纸板做成，长、宽各20厘米。对5龄以上若虫，可将饲料置于木板上，以保持坑内清洁卫生。气温偏低时可隔日喂一次，6～9月每日喂饲1～2次。要求掌握"精料食完，青料有余"和"精青搭配，以青为主"的原则。

1. 饲料种类

（1）精饲料　通常使用麦麸、米糠、饼粕、粉渣、豆腐渣等。同时，可以加碎米、玉米等杂粮粉供其取食。可以生食，但最好炒熟，发出香味，提高地鳖虫食欲。

（2）青饲料　青菜叶、包菜叶、莴苣叶、苋菜叶、芝麻叶、蚕豆叶、南瓜花、丝瓜花、桑树叶、柳树叶均可，瓜果皮、瓤和甘薯更喜食。青饲料应保持新鲜、干净，同时注意不要采摘刚喷过杀虫剂的青饲料，以防地鳖虫中毒死亡。

（3）动物性饲料　人吃剩下的猪、牛、鸡、鸭、鱼等的下脚料及各种肉、鱼、乳类加工后的副产品都可作饲料，供其取食，但不能腐败变质，以防地鳖虫感染疾病。蚯蚓、蟋蟀、蝼蛄等经开水浸泡或煮熟，也可供其取食。蚯蚓是地鳖虫喜食的好饲料。

（4）矿物性饲料　主要用畜禽、鱼类的骨头晒干后加工成细粉，与其他饲料混合使用。

2. 饲料调配　夏、秋季高温天气，每天要加喂一些青饲料，以调节虫体水分平衡，促进生长发育。青饲料最好在早晨投入，以保持新鲜。为了增加营养，可喂一些南瓜花和丝瓜花。精饲料晚上喂。成虫生长发育阶段，卵巢发育和孕卵期，产卵前期和产卵期，应增喂一些含蛋白质较多的动物性饲料，以增加营养。目

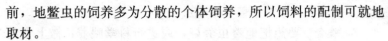

前，地鳖虫的饲养多为分散的个体饲养，所以饲料的配制可就地取材。

民间应用的经验配方：玉米粉 10 千克、豆饼 2 千克、骨粉 1 千克、鱼粉 1 千克、麦麸 5 千克、菜叶粉适量，加水适量，搅拌均匀，达到用手握成团、松手落地即散开为好。但这种方法配制的饲料，只能随配随用，不能长久保存。

畜禽粪饲料：畜禽粪 60%、锯末 10%、树叶 20%、麸皮 10%，充分混合拌匀，洒上清水，使水分含量达到 60%，然后踏实堆放，盖严。经 10～15 天发酵后，晒干、粉碎、过筛，得到黄中带绿、具有酒香味的畜禽粪饲料。饲喂时畜禽粪饲料与精料按 3：2 混合应用。利用畜禽粪作为再生饲料资源，既降低地鳖虫的饲养成本，又提高养殖效益，实现变废为宝。

商品型饲料要求营养物质齐全，搭配合理，便于携带、保存、运输、销售。参考配方如下：小麦麸 50 克、奶粉 45 克、干面包酵母 5 克、琼脂 2.5 克、蔗糖 3.5 克、干菜叶粉 10 克、抗坏血酸（维生素 C）0.5 克。经水煮溶解后的琼脂冷却到 40℃时，加入小麦麸、奶粉、干面包酵母、蔗糖，最后放入抗坏血酸搅拌均匀，将要凝固时制块烘干（温度不能过高），喂养时将料块压成豆粒大小块状。由于食料是干粉状，应再给饮水。

3. 分档饲养　将若虫按不同虫龄分别在不同饲养池或饲养缸内饲养，使它们的发育进度基本上一致，便于喂食添料、管理和采收。群体饲养的若虫，虽然是同期孵化，到成虫阶段时，其生长发育程度往往会有很大差别，因此，在饲养一段时间后，应进行分档。分档时，如完全按不同虫龄来分比较困难，一般可将几个虫龄接近的分在一个档次内饲养，如 1～6 龄若虫档，7～8 龄若虫档，9～11 龄若虫档，成虫档。区分若虫的虫龄比较困难，也可以根据虫体的大小和形状分档，如芝麻型，形似芝麻粒，孵化后发育成 1～2 龄的若虫；黄豆型，形如黄豆，发育成 3～4 龄的若虫；蚕豆型，形似蚕豆，发育成 5～6 龄的若虫；拇指型，虫体大小似拇指盖，指成虫。

4. 喂食　要想把地鳖虫养好，应进行科学喂养，撒上食料了事的粗放喂养，不可能取得好的效益。现将喂食应注意的有关问题，概括如下：

（1）幼龄若虫　指 1～4 龄若虫，体小、活动力弱，多在饲养土表层内觅食，因此，饲喂应以精饲料为主。可将精饲料均匀撒在表层干土上，一般虫子在缸、池的边沿集中较多，在边沿应适当多撒些；撒好后用手指深入土中 2 厘米左右耙土，将饲料掺入土表层中。幼龄若虫无取食青饲料能力。

（2）5 龄以上若虫和成虫　5 龄以上中、大型若虫和成虫均出土觅食，饲料可撒在土表。准备一些小块的塑料薄膜或薄板，把精青饲料放在上面，将薄膜或薄板放进坑池的土表上，供地鳖虫取食。喂食前可先在土表撒一层三四厘米厚的稻壳，然后，再将已撒食料的薄膜和薄板放在稻壳上。当虫子从土中钻出后，经过稻壳，可将虫体上所黏的土清除干净，保持饲料清洁。饲喂饲料的薄膜和薄板应经常清洗。

（3）喂食次数及喂食量　喂食次数：低温月份每 2 天喂一次，高温月份每天喂 1～2 次。喂食量的多少与饲养密度有关，一般来说，虫多则喂食量大，虫少则喂食量小。每次喂食后应注意观察食料余、缺情况，遵循"精料吃完，青料有余"的原则，既要使地鳖虫吃饱，又要避免浪费。地鳖虫蜕皮前后食量减少，可以少喂；蜕皮期停止取食，可以不喂；待发现饲养土表面有很多虫皮时，说明地鳖虫已经完成蜕皮，这时再恢复正常喂食。

（五）管理

在人工饲养地鳖虫过程中，管理是饲养成功与否的关键，应认真做好。

1. 取卵及孵化　雌虫交配后约 1 周便开始产卵，未经交配的雌虫虽能产卵，但不能孵化。雌虫产卵期自 5 月上旬开始，直到 11 月中旬为止,以 6～9 月为产卵盛期。6 月下旬至 7 月上旬开始孵化,8 月中旬以前产的卵,当年都可孵化,8 月下旬以后产的卵,当年不能孵化,要到第二年 6 月下旬以后才可孵化。雌虫产卵时用阴道附腺分泌物,将卵粒黏合并包被成卵块,通称卵鞘。卵产出后,卵鞘拖在雌虫尾部末端,约经 2 日脱掉落入土中。地鳖虫有吃卵鞘的习性,为了防止卵鞘被吃掉,可将卵鞘移出,使其单独孵化。移卵鞘,首先使用 2 目筛将成虫分离,然后再用 6 目筛筛取卵鞘,并将其放入已准备好的孵化缸内进行孵化。卵孵化的最适温度为 27～30℃,饲养土湿度为 20％ 左右。在此温度、湿度下,经 45～50 天即可孵出若虫。若温度低于26℃,则卵孵化期将延长,约需 2 个月,此时可采取增温办法,提高孵化缸内小环境的温度。在进行虫卵分离时,相隔时间不宜太短,时间短,取卵次数多,对种虫发育不利;但也不能相隔时间太长,时间太长,卵鞘被吃掉,造成损失。一般 15 天取一次较为合适。

2. 去雄　去雄就是将自然孵化出的雄虫淘汰一部分,因雄虫数量过多,饲料消耗多,占据饲养面积多,更重要的是雄虫不宜做中药原料,因此,没有必要保留过多的雄虫。在自然情况下,雌、雄比例约为 13∶5;在人工饲养条件下,雄虫占总虫数的 30％ 左右。一般认为,在人工控制条件下有 15％ 的活泼健壮的雄虫,就完全可以满足交配的需要,不会影响卵的受精和孵化。去雄工作,在若虫生长发育到 6 龄后即可开始进行。雄、雌若虫的主要区别在于胸部第二、三节背板的形状及其外缘后角的倾斜度。雌若虫第二、三背板的斜角小,而雄若虫的斜角大。雄若虫的较大斜角,即是将来羽化为成虫时的翅芽衍生部位。以上区别,在雄、雌异型种类中表现明显,同型种类中则不甚突出。

3. 隔离饲养　地鳖虫和其他动物一样,在长期人工饲养过程中,由于群体过大、近亲交配、饲料单一等原因,会引起种性退化，如虫体变小、繁殖能力变弱、抗病能力变弱等。为防止种性退化，可采用隔离饲养的方法：在成虫发育盛期，将成虫分离出来，并选择个大体壮、色泽鲜艳、体态好的个体，转移到适合成虫交配和产卵的容器中，作为留种群体单独隔离饲养，让其繁殖若虫，再用于养殖商品地鳖虫。如果能从其他养殖户引进或交换一些健壮的地鳖虫成虫，与自己养殖的地鳖虫成虫交配繁殖，效果会更好。

（六）温度、湿度调整

1. 温度调整　地鳖虫属于变温动物，调节和保持自身温度的能力很低，只能随着自然的温度变化而变化，外界环境温度的高低能直接影响虫体温度。对所有的动物来说，都有一定的适温范围，在这个适温范围内，发育与繁殖能正常进行，新陈代谢较为活跃，生命力强盛，寿命也长。若是超过适温范围，则新陈代谢缓慢，发育停滞，甚至死亡。地鳖虫生长发育的活动温度为15～35℃，最适宜温度为25～30℃。低于15℃活动减少，10℃以下入土冬眠，不食不动，0℃以下身体呈僵硬状态，－10℃左右将会被冻死。35℃以上高温时地鳖虫感到不安，四处爬动，摄食减少，生长发育速度减慢，产卵量也随之减少。38℃以上生长发育明显受到抑制，42℃以上不适于生存。在适温范围内，温度越高，地鳖虫的新陈代谢越旺盛，生长发育也越快，其生长周期也越短。反之，温度越低，地鳖虫的新陈代谢速度越慢，生长周期也越长。因此，为了获得理想的养殖效益，需给地鳖虫提供适宜温度。

在适宜温度下地鳖虫每20天蜕皮一次，每蜕皮一次身体增加0.5～0.9倍。雌地鳖虫一生要蜕皮9～11次，蜕完皮后性腺发育成熟，活动频繁，生殖器散发出特有的臭气味，吸引雄地鳖虫前来交配。雄地鳖虫蜕皮7～9次后羽化生出翅膀，性成熟后寻觅雌地鳖虫交配。一只雄地鳖虫可与十几只雌地鳖虫交配。雄

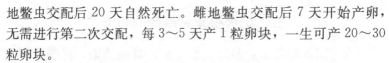

地鳖虫交配后 20 天自然死亡。雌地鳖虫交配后 7 天开始产卵，无需进行第二次交配，每 3～5 天产 1 粒卵块，一生可产 20～30 粒卵块。

人工养殖地鳖虫时饲养土适宜湿度为 15%～20%，室内大气湿度为 60%～70%。在此范围内地鳖虫的生长和繁殖都能正常进行。若低于此适宜湿度，则地鳖虫会发生缺水，生命活动受阻，严重者死亡。湿度过大对地鳖虫也有害，一是造成病菌与害虫大量滋生，危害地鳖虫生命；二是饲养土含水量高会导致地鳖虫爬行困难或发生死亡。

2. 温度、湿度调试方法

（1）温度

①加温　当饲养环境温度达不到适温要求时，可采用人工办法来解决。饲养室加温可用火炉、暖气或电暖气；体积较小的饲养箱或缸，只要接通电源，安装上功率适合的电灯泡，就可以保持饲养箱或缸的局部加温。为了保持地鳖虫昼夜生活节律不被打乱（白天明、夜间暗），可将灯泡分成两种颜色，一种用黑漆涂抹，另一种不涂漆，昼夜分别开不同颜色的灯。

②降温　夏季气温过高，超出地鳖虫的适温要求，则可采取降温措施。地面洒水，加强通风，可降低养虫房舍的温度；饲养缸小环境，可放冷水瓶或冰块；较大空间的降温，则需要机器制冷装置。

（2）湿度

①增湿　在饲养房间可采取喷雾、地面洒水、放置水盆，或将易吸水的物品（如吸水软泡沫板、纤维性物品、衣服等）浸湿吸水后，悬挂在饲养室内，即可增加空气湿度。在较小的饲养容器中，可放置吸水物品或放置水瓶，提高湿度。

②降湿　饲养室的湿度过高，则应采取降湿措施。打开门窗、加强通风或安装排风扇，达到降湿的目的。也可在室内放置氯化钙、生石灰等，进行降湿。

五、地鳖虫常见疾病的防治

人工饲养地鳖虫，易患大肚子病、真菌感染、胃壁溃烂病等。另外，有多种天敌危害地鳖虫的生长，主要是螨类、蚂蚁、线虫、老鼠、蜘蛛、蜈蚣等，还有大肚病、胃壁溃烂病及真菌感染等危害虫体，其中又以螨类危害最为严重，常造成地鳖虫成批死亡。注意及时防治，避免带来严重损失。

（一）大肚子病

又称腹胀病、肠胃病。

1. 病因　高温、潮湿季节，由于饲养管理不当，池内过于潮湿，饲料含水量较大，地鳖虫暴食脂肪性饲料后，导致消化、分泌紊乱，代谢功能失常，体内水分、营养积累过多而引起。

2. 症状　患病虫体腹部节间膜扩张，腹部膨胀而发亮，青黄色；食欲狂增，胃腔大于正常一倍，体内营养、水分异常增加，粪便稀，有时虫体腹部边缘发黑，粪便酱色，呈水泻状。

3. 防治方法　目前，对此病主要采取预防性措施。在若虫期饲养土含水量不超过10%。大若虫期和成虫期，再根据生长需要，调节饲养土湿度。

发现地鳖虫患此病，立即拣出病虫进行处理，并采取下列措施：一是打开门窗通风换气，以降低养殖土湿度；二是取出表层养殖土，更换新土，饲养土湿度应不超过10%；三是停喂青料，投喂干料；四是药物治疗，发病严重的饲养池应在每千克饲料中加入2克酵母（或食母生片）和1克复合维生素片，每天投喂1次，连喂3天。

（二）鼓胀病

1. 病因　早春及晚秋季节，地鳖虫吃了大量食物后，气温突然转低，其代谢能力下降，引起消化不良。

2. 症状 病地鳖虫的腹部肿大，爬行不便，食欲减退或废绝，腹泻，粪便呈绿色，身体失去光泽。

3. 防治方法 气温突然降低时要加温。投食量随天气变化而定，温度高时多投，温度低时少投。雨天少喂青饲料。温度低时在地鳖虫饲料中加 0.02% 的土霉素或磺胺脒。对发病的地鳖虫虫群，按每千克饲料中加 2 片胃蛋白酶、2 片黄连素、2 片大黄苏打片进行饲喂。

（三）便秘病

1. 病因 食物质量不高或地鳖虫进食后因体内缺乏水分而发病。

2. 症状 地鳖虫肛门堵塞，粪便排泄受阻，有大便动作，但排不出粪便。地鳖虫食欲减退，活动及反应呆滞，机能失调。仔细观察后腹部，会发现其颜色逐渐由深变浅，至呈灰白色，且白色范围越来越向前腹部方向发展，当扩展到腹部时，地鳖虫即死亡。肠道系统受阻，肠道内粪便集聚，靠近肛门的粪便干燥，堵塞肛门，向前呈稀便，充满整个肠管。粪便呈白色，体壁白中泛黄。

3. 防治方法 一是保持充足的饮水，且饲料中要保持足够的水分；二是采用喷雾方法治疗：将大黄苏打片 2 片研磨后溶于少量酒中，然后加水至 1 升，喷雾饲养池和地鳖虫体（身湿即可），每日 1~2 次。

（四）软瘪病

又称绿霉病。

1. 病因 梅雨季节，养殖土过湿，剩余饲料发酵霉烂，使地鳖虫受到感染。

2. 症状 虫足收缩，触角下垂，全身柔软，行动呆滞，不出土吃食，发病后期体表出现暗绿色斑点，继而陆续死亡。

3. 防治方法　一是根据气温的变化及养殖土的湿度来调整饲料的湿度。梅雨季节应少喂青饲料和含水量较高的精料，经常清除剩饲料，饲料盘要常清洗消毒。二是控制养殖土湿度，保持最佳状态。三是筛虫时，筛出的地鳖虫应放入备有养殖土的器具内，让地鳖虫钻入土中，避免虫体相互挤压而受伤。四是发现病虫尸体，立即捡出，并更换较为干燥的养殖土。五是发现地鳖虫发病，把病地鳖虫捡出，用0.5%福尔马林溶液喷洒虫体，将发病饲养池中的健康虫筛出，用3%的福尔马林或0.1%的来苏儿溶液消毒饲养池；在喂给病地鳖虫的饲料中拌入抗生素，每千克饲料中拌入1克金霉素或土霉素粉，连续投喂3~4次，直至痊愈。

（五）卵鞘白僵病

1. 病因　卵鞘因受伤或感染而霉变。

2. 症状　卵鞘霉烂，卵粒腥臭，锯齿状一侧长出白色菌丝。菌丝会感染其他卵鞘，造成卵和幼龄若虫死亡。

3. 防治方法　一是成虫产卵后，及时取出卵鞘，清洗干净；二是养殖土保持一定湿度，孵化土的含水量应为20%左右；三是掌握好时间，合理筛虫，筛虫时尽量减少对卵鞘的损伤；四是严格做好孵化器具的消毒工作。

（六）裂皮病

1. 病因　地鳖虫代谢失调，或蜕皮时养殖土过于干燥，或饲料含水量过低所致。

2. 症状　地鳖虫不蜕皮或半蜕，不吃食物，逐渐消瘦，最后死亡。

3. 防治方法　一是饲料营养要全面，保证虫体新陈代谢正常进行，促使虫体顺利蜕皮；二是合理控制养殖土湿度和饲料的含水量，增加虫体内水分；三是地鳖虫将要蜕皮时不要筛虫，以免损伤虫体。

（七）卵鞘霉腐病

1. 病因　由真菌引起。由于保存卵鞘的容器不清洁，当湿度过大时霉菌滋生，引起卵鞘发霉。

2. 症状　发霉的卵鞘流出白色的液体，在放大镜下观察可以看到白色霉丝，发霉的卵鞘有臭味。

3. 防治方法　一是采集的饲养土必须经过暴晒消毒才能使用；二是每5～7天收集一次卵鞘，收集的卵鞘经过去杂、洗净、晾干，然后取3％的漂白粉1份、石灰粉9份，用纱布包好，撒在卵鞘上，30分钟后筛去药粉，把卵鞘保存好。

（八）卵块曲霉病

1. 病因　缸（钵）内高温、高湿，促使曲霉菌大量繁殖，造成卵和若虫死亡。

2. 防治方法　保持饲养土干燥，湿度不超过20％，卵块隔10天收一次，用3％漂白粉1份、石灰粉9份混合后，撒在卵块上，消毒30分钟后，用筛子筛净粉剂，将卵块与细沙拌匀，放入缸内孵化。出虫后，每隔3天筛出幼虫，放入幼虫缸内饲养。孵化期不投食，以免因食物霉烂变质加重曲霉菌的繁殖。

（九）胃壁溃烂病

1. 病因　此病若虫少见，成虫发病较多，多因喂食不当而引起，如长期喂纯精料或过多喂动物性饲料，或食池内霉变腐败饲料所致。

2. 症状　腹下部（腹板）中段有黑斑点，胃壁粘连节间膜，严重时节间膜溃破，流出臭液。地鳖虫胃内积食，长期不能消化，从而不再取食而死亡。

3. 防治方法　每千克饲料中加入酵母片20片（磨成粉）、

氟苯尼考和复合维生素片（或液）适量拌食。同时还应合理搭配精、粗、青饲料，暂时停喂动物性饲料，注意保持饲料新鲜、卫生。

（十）粉螨危害

1. 病因　螨虫的大量产生主要是喂食饲料过多，长期剩食，以及饲养土过湿，温度过低引起。当气温在 25℃以上、坑泥较湿、喂料过多时极易滋生螨虫，螨虫的繁殖力极强，每 14～16 天繁殖一代，每只雌螨可产卵 200 余粒，极易造成危害。粉螨的幼虫和成虫寄生在地鳖虫的胸、腹部及腿基节的节间，叮咬地鳖虫的身体，吃掉刚孵化出的地鳖虫若虫和正在蜕皮的若虫，若不及时消除螨害，往往会造成地鳖虫的大批死亡。

2. 防治方法

（1）经常检查，如发现养殖土表面有白色蠕动的成堆小螨虫时，立即清除，将养殖土全部取出弃掉，或置于烈日下暴晒以杀死粉螨，并将地鳖虫全部筛出，换新养殖土。在放新养殖土池之前，取生石灰 1 份、硫黄 2 份、水 14 份，混合后煮 1 小时，过滤的药液，均匀喷洒饲养土，经 1 周后将饲养土放进饲养池饲养地鳖虫。

（2）养殖池附近不要放置棉子和稻草等，以免其中寄生的螨虫爬入池中。每次投喂的饲料不可过多，并要及时清除剩余的饲料残渣和地鳖虫尸体、卵鞘空壳等。

（3）诱杀粉螨，可用油饼、肉、骨作饵，白天放入池内，每隔 1～2 个小时取出一次，将上面附着的螨用开水烫死，连续多次效果更好。另外，在白天也可用火将池壁及养殖土表面的螨烧死。

（4）发现带螨的地鳖虫，可立即加工为成品。

（5）改进喂食方法，麸皮、米糠用沸水浸熟或放在锅内烘炒后再投喂，避免食物带螨。

（6）利用地鳖虫昼伏夜出的习性，白天在料板上放上油条和炒过的白糖等，放在饲养土表面，螨虫会去取食，2小时后取出进行处理，杀死螨虫。连续几次，则可减轻螨害。

（7）如果螨虫在饲养池中已大规模繁衍，则先用筛子将地鳖虫筛出，让地鳖虫在盛有细沙的盆中爬行30分钟左右，这样可磨掉寄生螨虫，然后取出地鳖虫，再换入饲养土即可。

（8）如不能彻底消除虫螨，在更换饲养土时，可选用30％三氧杀螨砜或20％螨卵脂农药，以1∶400倍溶液掺拌干燥饲养土中，每隔5～7天喷一次，连续3次，具有很好的杀螨效果。凡使用药剂治螨，应注意池内地鳖虫的安全，保证其不接触药物。

六、地鳖虫药材的采收与加工

（一）采收

采收对象，分为高龄的雄若虫、雌若虫和雌成虫三类。采收时间根据地鳖虫发育生长的特点，可分别进行采收。

1. 采收要求　采收虫体按照中药药材要求，只有雌虫方可入药，包括雌成虫和雌若虫。但从人工饲养采收来看，除雄性成虫外，雄若虫、8～10龄雌若虫和雌成虫均为采收对象。雄若虫可结合去雄工作，留雌虫数25％的健壮雄虫满足交尾的需要，采收剩余的雄虫。雌若虫在大规模人工饲养情况下，是采收的主要对象。地鳖虫在人工饲养条件下，以8～10龄若虫体重增长率最高，此时虫体充实、健壮，炮制加工后，干品率可达38％～41％，而正常雄若虫和雌成虫的干品率只有30％～33％。对雌成虫，应首先采收已过产卵期的衰老体弱虫体；其次，凡在前一年开始产卵的雌成虫，可按产卵先后次序，依次成批采收。采收方法可选用不同筛孔过筛，把需要继续饲养的卵鞘、小若虫和成虫留下继续饲养，将种虫（雌、雄）留足，分坑饲养，以备产卵繁殖，传宗接代。采收次数不宜过多，经常翻池过筛，会使地鳖虫受惊，影响其生长发育。在采收过筛时不要伤害虫体，避免不必要的损失。

2. 采收时间　宜在夏、秋地鳖虫发育繁殖旺季进行，其中以 9～10 月为主要采收季节。各地可根据当地气候以及各虫态的生长发育进度，灵活掌握。若饲养规模较大或全年加温饲养，在不影响种用的情况下，随时都可采收。但不论何时采收，均应避开蜕皮、交尾、产卵高峰期，以免影响繁殖。

（二）加工

地鳖虫可供食用和药用。目前食用地鳖虫较少见，主要是药用。药用地鳖虫的加工方法有晒干、烘干两种。

晒干法比较简单，将采收的地鳖虫用开水烫死，洗净，置阳光下暴晒 3～4 天，达到体干、无杂质即可，也可用清水洗净，再用盐水煮过或用沸水烫死，然后晒干。一般雌虫干品率为 38％，雄虫为 30％～33％。

烘干法就是将洗净的虫子放在烘箱内烘干或放在锅内用小火炒拌，温度控制在 50℃左右，待虫体的足尖微黏锅铲时便停火。将地鳖虫放在比锅略大的铁丝网内，撤掉炒锅，将网架在灶上，借灶膛中的余热将虫体烘干，即成商品地鳖虫。贮存于低温、干燥和通风处，防止地鳖虫腐烂变质，影响药效。

因采集季节、虫龄及健壮程度不同，鲜干折合率有一定差异。经统计，最大的雌成虫 140 只重 0.5 千克，干的雄成虫需 1 400只才 0.5 千克；地鳖虫鲜干折合率最大雌虫 37％，青年雌虫 38％，老雌虫 41％，8 龄雄若虫 38％。优质地鳖虫成品的标准是：虫体干燥，完整不碎，不含杂质。

第十节　斑　蝥

斑蝥属节肢动物门、昆虫纲、芫青科的昆虫，又名老虎斑毛、斑毛、斑苗、花壳虫、夜豆虫、芫青、斑蝥或地胆等。其品种有南方大斑蝥（又称大斑芫青）、黄黑小斑蝥（又称眼斑芫青），入药的为其干燥虫体。主产于广西、河南、安徽、江苏、湖南、贵州等省份。

斑蝥，性温味辛，有毒。具有抗肿瘤、破症散结、攻毒蚀疮的作用，用于治疗肝癌、食管癌、贲门癌、胃癌以及瘰疬、恶疮、顽癣等病证。

药理研究表明，斑蝥的斑蝥素具有抗肿瘤、局部刺激、抗病毒、使白细胞增多等功效。广泛用于治疗肿瘤疾病。

一、斑蝥的生物学特性

（一）形态特征

南方大斑蝥：呈长圆形，成虫长 1.5～3 厘米，宽 0.5～1 厘米。头及口器向下垂，有较大的复眼及触角各 1 对。头呈三角形，额中央有一条光滑纵带，复眼略呈肾形；触角呈棒状，11 节，其末节基部狭于 10 节；胸部背面具有革质鞘翅 1 对，呈黑色，有 3 条黄色或棕黄色的横纹，鞘翅下面有棕褐色薄膜状透明的内翅 2 片。胸腹部乌黑色，胸部有足 3 对；腹部呈环节状。足关节处分泌黄色毒液，皮肤触之起水泡，故不能口尝。

黄黑小斑蝥：成虫体小，长 1～1.5 厘米。其触角末节基部与第 10 节的端部等宽。其余同南方大斑蝥。

（二）生活习性

斑蝥为复变态昆虫（即经过卵、幼虫、假蛹、真蛹、成虫多次变态），一年仅繁殖一代。南方大斑蝥以幼虫在土中越冬，次年 7～8 月成虫羽化；黄黑小斑蝥则以卵在土中越冬，次年 4～5 月陆续孵化成幼虫，幼虫期为 29～58 天。7～8 月初为斑蝥羽化盛期。成虫主要以豆科植物花为食,喜群栖,白天活动,飞行力弱。成虫取食后多群集于禾本科植物及杂草的顶端或叶背面,无论烈日,还是狂风暴雨都难改变其栖息处所。

(三)繁殖特性

斑蝥幼虫以蝗虫卵为食料,经过 4 次蜕皮发育成 5 龄虫。1 龄幼虫行动敏捷,爬行力强,觅到蝗虫卵块就不再爬行。发育成 5 龄虫掘穴入土定居,直到羽化。羽化后 3～10 天交配,且多在 14:00 到晚上进行。一般交配 1～4 次,交配时间可长达 2～7 小时。交配后 5～10 天产卵,卵多产于较湿润的微酸性土壤里,产卵时间平均达 100 多分钟,一般产卵 40～240 粒。9 月至 10 月中旬成虫相继死亡。南方大斑蝥的卵在室温 25℃左右、湿度 60%～75%的条件下,经 21～28 天孵化。而黄黑小斑蝥的卵则需 263～275 天才孵化。斑蝥的孵化率低,仅 57%,而且只有 12%～34%的幼虫可发育为成虫。

二、斑蝥生态养殖的场地建设

斑蝥的饲养可分为室外饲养和室内饲养。

室外饲养多采用饲养棚饲养,一般根据所养殖的斑蝥种类,选择不同的场地,并设计大小不同的饲养棚,棚内种植大豆等斑蝥喜食的植物作为天然饲料。也可在棚内放置饲养箱或饲养瓶等。饲养棚及饲养箱都用窗纱等封住,以免斑蝥逃出。同时,在饲养棚中饲养蝗虫,并种植蝗虫喜食的植物,以供斑蝥取食蝗虫的卵块,蝗虫的种类依斑蝥的种类而定。

室内饲养相对室外较精细、系统,但成本较高。一般选用饲养瓶或饲养箱饲养。将斑蝥放入烧杯等容器内,杯底铺上 5～10 厘米厚的细沙,每天投喂饲料,待其产卵,然后将卵取出孵化,1 龄幼虫投喂蝗卵,供其取食。

三、斑蝥饲养管理技术

在斑蝥的人工养殖中，主要是幼虫较难饲养。斑蝥1～4龄幼虫为取食生长期，幼虫仅以蝗虫卵为食（或寄生蜂巢），表现出一定的专一性。如豆斑蝥幼虫喜食稻蝗卵，十四点斑蝥幼虫喜食小翅曲背蝗卵，可见幼虫的饲料是个难题。另外，斑蝥幼虫有自相残杀行为，在其取食蝗卵时，若两只幼虫相遇，则会互相撕咬，个体大者往往会存活。因此，幼虫的饲养空间要足够大，或者隔离饲养，以免自相残杀。再者，斑蝥多为一年繁殖一代，5龄幼虫为不吃不动的滞育性假蛹，自然条件下该阶段约持续6个月，这将大大制约斑蝥的繁殖速度。因此，打破滞育也是斑蝥养殖中必须解决的问题。

下面介绍影响斑蝥幼虫生长发育的几个因素：

（一）温度

温度对斑蝥各虫态的生长发育都有较明显的影响。经研究表明，在适温区内，当各虫态发育起点温度一定时，斑蝥常随着日平均温度升高而发育周期缩短，当人工孵化时，必须注意保持温度，当日平均气温低于13℃时，应立即采取保温措施，否则将影响孵化率，而幼虫的发育起点温度应高于14℃，卵发育速率最快时的温度为33℃。

（二）土壤含水量

尽管温度起着决定性的作用，但其他的生态因子也影响虫态发育。当温度合适时，土壤含水量的高低直接影响幼虫的寻食、入土及生长发育。斑蝥各虫态对土壤含水量的要求不完全相同，其中以含水量17％～20％时幼虫生长发育较好，含水量过高或过低都不利于幼虫生长，使死亡率增大。在适应范围内，成虫个体随含水量的增加而增大，幼虫入土深度随含水量的增大而减少。

(三) 光照

研究发现,充足的光照及良好的通风条件有利于斑蝥幼虫及成虫的生长发育。

(四) 饲养密度

成虫适宜的饲养密度为 15~30 头/米^3,其交配率、产卵率和孵化率均随密度的增加而降低。另外,因为取食期幼虫(1~4龄)有自相残杀习性,所以一个塑料杯内只可饲养 1 只幼虫。

(五) 饲料

成虫饲料:豆斑蝥属昆虫喜食的食物有马铃薯叶、西红柿、马兰叶、辣椒叶、大豆叶、豇豆叶、天胡荽叶等;眼斑蝥可用南瓜花、大豆花、豇豆花、牵牛花以及苹果和梨的果肉作为饲料。

幼虫饲料:1~4 龄幼虫以蝗虫卵为食或寄生于蜂巢内。凹角豆斑蝥幼虫以中华稻蝗卵作为食物;红头豆斑蝥及褐边齿爪斑蝥幼虫喜食竹蝗的卵块;大斑蝥和眼斑蝥等斑蝥属幼虫可以棉蝗卵作为食物;十四点斑蝥幼虫以小翅曲背蝗卵作为饲料。以上是用天然饲料饲喂斑蝥,若要实现斑蝥的人工养殖技术,开发人工或半人工饲料是需要解决的关键问题。

(六) 投食方法

将采回的新鲜的饲料(植物的花或叶)用清水洗净后放入饲养箱(饲养瓶或饲养棚)内,每天更换饲料,并清除饲养箱(饲养瓶或饲养棚)内剩余饲料和虫粪,饲养箱(饲养瓶或饲养棚)内水每天换一次,以保持饲养环境清洁。

(七) 食物量

斑蝥的幼虫为捕食性,幼虫采食量与生长发育有着密切的关系。斑蝥对食物量有一定适应范围，在营养缺乏的情况下，也能完成个体生长发育，但个体瘦小。而采食量大，营养丰富，则个体发育良好，成虫体大。研究表明，幼虫的采食量与其生长期、入土深度、成虫个体大小呈正相关，而与死亡率呈反比例关系。

四、斑蝥常见疾病的防治

饲养过程中，要注意防范斑蝥在自然界中的天敌，如蜘蛛、寄生蜂（姬蜂、跳小蜂、土蜂等）进入室内和笼中。如发现应立即处理、杜绝隐患。饲养过程中如发现土壤产生异味或被病菌、其他昆虫等寄生，应立即更换土壤和塑料杯。

五、斑蝥药材的采收与加工

（一）采集

7～9月，清晨露水未干时，斑蝥翅湿不能起飞。这时应戴手套捕捉（避免刺激皮肤），或用蝇拍打落，再用竹筷夹入容器之中；日出后可用捕虫网捕捉。将捕得的斑蝥用开水烫死，然后晒干或烘干。

在人工饲养的条件下，无论是雌性，还是雄性个体，应在斑蝥成虫羽化后12天左右采收，此时体内斑蝥素含量达最大值，为最佳入药状态。

（二）加工

实验证明，用米炒法炮制的斑蝥，其斑蝥素的损失率最低，又可去掉一定的毒性。具体方法是：2.5千克斑蝥，配0.5千克米，将米浸湿后，用湿米贴锅加热，冒烟时放入斑蝥，在米上轻轻翻炒至黄色条纹变为棕黄色时，取出米粒，去其足、翅，即可。

第十一节　冬虫夏草

　　冬虫夏草为麦角菌科真菌冬虫夏草寄生在蝙蝠蛾科昆虫幼虫上的子座及幼虫尸体的复合体，是一种虫生真菌。属于真菌门、核菌纲、麦角菌科、虫草属，又称虫草、冬虫草、冬虫菌。

　　冬虫夏草，性温味甘，能补精髓、补肺益肾、止血化痰，用于久咳虚喘、劳嗽咯血、阳痿遗精、腰膝酸痛等症。冬虫夏草以其调节阴阳、肺肾双补之特性，补而不峻、温而不火之优势，广泛应用于免疫、心血管、呼吸、泌尿生殖、消化、神经系统疾病的治疗，该药对于肺结核、咯血、气喘、盗汗、腰酸背痛、阳痿和遗精等病症均有疗效，长期以来被视为珍贵的强壮滋补中药。

　　我国冬虫夏草的商品规格有3种：①炉草，产于四川西康一带，以康定为集散地，品质最好；②灌草，产于四川松潘一带，以灌县为集散地，品质次之；③滇草，产于川南、滇西北一带，以昆明为集散地，品质最差。

　　研究表明，冬虫夏草含多种氨基酸、蛋白质、脂肪、粗纤维、碳水化合物、D-甘露醇、甾醇类、有机酸、奎宁酸、冬虫夏草素等，有强壮、镇静、抗菌、抗癌的作用。

一、冬虫夏草的生物学特性

（一）形态特征

　　冬虫夏草菌之子座出自寄主幼虫的头部，单生，细长如棒球棍状，长3～11厘米；不育柄部长3～8厘米，直径1.5～4毫米；上部为子座头部，稍膨大，呈圆柱形，长1.5～4厘米，褐色，除先端小部外，密生多数子囊壳；子囊壳大部陷入子座中，先端凸出于子座之外，卵形或椭圆形，长250～500微米，直径80～200微米。每一子囊壳内有多数长条状线形的子囊，每一子囊内有 8 个具有隔膜的子囊孢子。

冬虫夏草菌的寄主为鳞翅目、鞘翅目等昆虫的幼虫，冬季菌丝侵入蛰居于土中的幼虫体内，使虫体充满菌丝而死亡，夏季长出子座。冬虫夏草为虫体与菌座相连而成，全长 9~12 厘米。虫体如三眠老蚕，长 3~6 厘米，粗 0.4~0.7 厘米。外表呈深黄色，粗糙，背部有多数横皱纹，腹面有足 8 对，位于虫体中部的 4 对明显可见。断面内心充实，白色，略发黄，周边显深黄色。菌座自虫体头部生出，呈棒状，弯曲，上部略膨大。表面灰褐色或黑褐色，长达 4~8 厘米，直径约 0.3 厘米。折断时内心空虚，粉白色，微臭，味淡。以虫体色泽黄亮、丰满肥大、断面黄白色、菌座短小者为佳。

（二）生活习性

冬虫夏草主要分布于青海、西藏、四川、云南等，生长在海拔 3 500~5 000 米，地表年平均温度为 4.4~9℃ 的山地阴坡、半阴坡的灌木丛和草甸之中。肥沃疏松、土层深厚、湿度 40%~60% 的土壤最适合冬虫夏草生长。以坡度 15°~30°，pH5~6.5 的土壤中生长的产量较高。

虫草蝙蝠蛾幼虫的植物食性较广，主要啃食蓼科植物中头花蓼、珠芽蓼和大、小黄等杜氏草属、发草属、蒿草属、黄精属的地下部分。幼虫在土中的活动位置随季节而变化，多在 5~50 厘米深的土层中活动。幼虫入土不食 19 天也不会饿死。幼虫也能耐寒，在 0℃ 时 6 天不会冻死，−3℃ 时，5 小时也不致死。幼虫活动时形成隧道，化蛹时筑土室。冬季，冬虫夏草菌丝侵入蛰居于土中的幼虫体内，使虫体充满菌丝而死亡。夏季长出子座，形成冬虫夏草。

（三）繁殖特性

虫草蝙蝠蛾完成一代需 3~5 年。成虫出现于 6~8 月，白天潜伏在叶背和石块背阴处，寿命 3～12 天。成虫将卵散产于土表，每只雌蛾可产卵 500 粒。卵孵化期间，室温 11.4℃时 32～47 天，12.5℃时为 37～43 天。幼虫期长达 2.5～3 年，蛹期15～42 天。幼虫在冻土层下越冬。

二、冬虫夏草生态养殖的场地建设

冬虫夏草的栽培方式很多，可采取室内外箱栽、床栽、露地栽培等方式。

（一）室内栽培

1. 箱栽　适合于家庭栽培，可利用大小木箱、塑料盆等进行栽培。木箱底部和四周要有塑料薄膜，防止水分散失。为了提高房屋空间利用率，可将木箱重叠起来。

2. 床栽　室内床架栽培适于大批生产，可充分利用室内空间进行层架栽培。床架宽 100 厘米，长度自定，采用竹、木制作，每层四边高 12 厘米用于挡土。

（二）室外栽培

室外栽培关键要选好场地，首先要选择疏松沙壤土，通气良好无积水的地方作为栽培场地，还要避免阳光直射和雨水冲刷，能遮阳、排水、防旱、防人畜踩踏。栽培方法有平地式和畦式两种。平地式栽培是将荒地铲除表土 15 厘米，宽 100 厘米，长度不限，四周要有排水沟，有树林或阴棚遮阳；畦式栽培的畦宽100 厘米，深 50 厘米，长度不限，四周能排水，畦旁用竹拱弓，上盖草帘遮阳和降温。畦式栽培可避免阳光和高温，适宜农村栽培。

三、冬虫夏草人工繁殖技术

冬虫夏草的生长环境特殊，人工培育成功需要具备一些必要条件：①菌种用真正无性阶段菌株（含无性孢子），或用成熟的天然生的子囊孢子作接种体；②寄生幼虫的饲养技术；③具备能满足虫与菌生理、生化要求的特定条件，使虫能够浸染寄主，以便长成虫草子实体。

（一）虫草菌的获取及其母种的制备

菌种多是来自自然界的冬虫夏草，按常规进行分离培养而取得。一般来说，虫草菌对温度的要求与别的食用菌不同，为低温发菌，高温结实型，整个生育期温度不能超过 20℃，否则就不能正常生长甚至死亡。无论是虫草菌，还是蛹草菌，都不能寄生在未经免疫处理的幼虫上（蝙蝠蛾幼虫除外）。

冬虫夏草属无性世代繁殖，一般通过以下两种方法获得其菌株：一是取新鲜虫草，洗净消毒后，切取僵虫小块置琼脂培养基上，在 15～20℃温度条件下培养 1～2 个月长出菌落，再经提纯复壮获取其纯菌株。二是运用子座组织分离或通过其子囊孢子培养出虫草菌。虫草菌对营养的要求不是很严格，普通的琼脂培养基即可满足其需求，但加入少量的蛋白胨、蚕蛹粉及微量元素能加快其菌丝的生长速度。培养基的配方为：葡萄糖 10 克，蛋白胨 10 克，脱脂蚕蛹粉 10 克，磷酸二氢钠 1 克，磷酸二氢钾 1.5克，琼脂 20 克，蒸馏水 1 000 毫升，pH 6.8。将配制好的培养料打溶后装入试管，再放入高压锅内灭菌 30 分钟，取出冷却后，接入蛹虫草菌种，置于 12～18℃温度下培养，一般 10～15 天菌丝即可长满试管斜面。

（二）菌瓶的制作和培养

虫草菌在试管内只长菌丝不能形成子座，因此，必须将其母种转接于特殊固体培养基上才能完成生殖生长。试验证明，以蚕蛹为主料，辅以必要的营养液和微量元素能满足菌丝的营养要求，并能促使子座的形成。先取新鲜、无病害蚕蛹放入清水中，以中等火煮至熟而不烂，再将上述其他原料定量配比混合均匀后装入罐头瓶，每瓶装重 50 克，用高压膜或牛皮纸封口包扎，置于高压锅内灭菌 30～45 分钟，取出冷却，在无菌条件下接入母种，一般每支试管接 5 瓶。菌种的发菌环境力求阴暗、通风和清洁，温度控制在 20～25℃，严防异常温度的影响。经过 3 天左右时间，菌丝开始萌发，并以球状向周围扩散，菌丝洁白色，伴有少量气生菌丝；再培养 10～12 天，菌丝布满瓶的 1/2，并不断向上生长；一般情况，菌丝需要 30 天左右满瓶，并逐渐进入生理成熟。

（三）子座的培养

子座即冬虫夏草中所谓的"草"部分，其实也就是虫草菌的子实体，具有严格的寄生性，通常是从寄主的躯体上形成的。

冬虫夏草的人工培植技术关键在于诱发子实体原基的形成。虫草菌吃透培养料后，若继续处于黑暗条件下，则菌丝只是密度加大和颜色增白，但始终无法形成原基，因此，必须给予光线、湿度、温差等外界刺激。先将菌瓶给予光照刺激 7～10 天，每天 10 小时以上，若光照太弱或没有光线，会使菌丝徒长，子实体原基形成受阻。光照刺激后，培养基表面或四周会逐渐出现橘黄色色素，这时再进行通风换气和温差刺激。每天通风 3 次，每次数十分钟。通气不足是畸形草产生的重要原因，严重的可导致菌丝缺氧自溶。温差刺激的温度范围是 10～20℃，每天低温刺激不得低于 6 小时。这样，经过 15 天左右，在培养基表面蛹虫体上的菌丝扭结，形成圆丘状隆起原基，只要控制好温度和通风换气，半个月后子座即可形成。当子座长高至 5 厘米左右，顶上出现许多小刺，表明已经成熟，用无菌镊子采出子座，清除罐头瓶表面的蛹虫体，然后再加入 2～3 毫升营养液，重新包扎瓶口，经培养复壮半个月后可长出新的子座，全程可采收子座数十枚。

四、冬虫夏草栽培管理技术

冬虫夏草的栽培首先要有优良的纯菌种，目前品种很多，要选择纯度高、无杂菌、无老化的菌种。同时，要选择感染力强，有较强的生命力，能使昆虫迅速感染发病死亡的品种。还要求适应范围广，特别是对环境湿度变化和其他杂菌感染有一定抵抗能力。

冬虫夏草的栽培方式有很多种，可采取室内外箱栽、床栽、露地栽培等方式。栽培前先培养菌虫，使昆虫在入土前感染具有致病性的菌液。将已制好的液体菌种用喷雾器喷在幼虫身上，见湿为止，每天喷 2 次，3 天后受菌液侵害的幼虫出现行动迟缓，处于昏迷状态，即可进行栽培。还要配制栽培土：麦麸皮 20％，阔叶树木屑 50％，菜园土 20％，白糖 1％，石膏粉、过磷酸钙各 4％，增产灵 0.7％，多菌灵 0.3％，加水拌匀至含水量 55％～60％。冬虫夏草栽培的各个环节必须严格地在人为条件下完成，而基本上不依赖自然条件。

（一）室内栽培

1. 箱栽　先将栽培土铺 5～7 厘米厚，再均匀地放入菌虫，每只虫之间相隔 2～3 厘米，上面再盖栽培土 3～5 厘米，表面用塑料薄膜保湿。每周揭开换气一次，有阳光照到的地方要用麻袋或其他东西将光线挡住，到菌丝长薄变成棕黄色，有少量子实体出现后，去掉薄膜，每天少量喷雾施水 1～2 次，等子实体达到如上标准就及时采收。

2. 床栽　栽培时先铺一层塑料薄膜，再放入栽培土 5～7 厘米，拍平，放入菌虫。其他与箱栽相同。

（二）室外栽培

平地式栽培是将荒地铲除表土 15 厘米，宽 100 厘米，长度不限，然后填上 5 厘米厚的栽培土，按上述方法放入菌虫，再盖栽培土 5～7 厘米，外用塑料薄膜覆盖。畦式栽培，在畦底部先铺 5 厘米厚的栽培土，再按上述方法放入菌虫，盖栽培土 5 厘米，最后覆盖塑料薄膜。每 7～10 天透气一次，每次 1～2 小时，到白色菌长满，然后变成灰白或棕黄色后，开始慢慢长出子实体。此时将薄膜升棚拱起。晴天时每天用喷雾器喷水 1～2 次，到子实体长到棕黄色变成棕黑色时可采收。收后如前盖膜管理，可收 3～5 茬。

（三）管理技术

1. 温度 冬虫夏草要求的温度范围比较宽，一般是先低后高。菌丝生长以 12～18℃ 为好，温度低，长势慢，但杂菌少，成活率高。能经受 -40℃ 低温，但高于 40℃ 就会死亡。在后期子座生长阶段，20～25℃ 有利于生长。

2. 湿度 湿度管理是冬虫夏草生长发育的关键。虫体内的营养和湿度基本能满足生长要求，只要外界环境能保持虫体本身不干燥即可（一般，要求沙土含水量达 60%）。若干燥，可喷少量的清水。

3. 光照 冬虫夏草栽培以避光为好，后期子座发育时给以散光，室外栽培应采用种树、人工搭棚、草帘覆盖等方式遮阳。

4. 空气 冬虫夏草菌丝生长阶段不需要很多空气，在子座快出时揭去塑料薄膜，增加空气，以利子座的生长，并保持空气相对湿度 75%～95%。

五、冬虫夏草疾病的防治

主要是虫草蝙蝠蛾幼虫体内有线虫寄生，或绿僵菌、白僵菌、放线菌、细菌等对幼虫危害严重。此外，还受鼠害、鸟类、寄生蜂、寄生蝇等天敌的危害。一旦发现，应立即清除危害源。对天敌，可用纱罩预防侵入。

六、冬虫夏草药材的采收与加工

在自然条件下，冬虫夏草生长期一般为 9 个月，成熟标准是子座出土伸高 3～5 厘米，顶端发育成子囊果"毛笔尖"。

（一）采收

用竹、木杆轻轻刨开沙土，将冬虫夏草挖出来，放在筐内，注意不要把虫体与子座刨伤，更不要把虫体或子座弄断。采收后用水冲净泥沙，及时放在太阳下晒干或烘干。冬虫夏草易受潮，必须充分干燥，干燥后立即装入塑料袋或瓶中封闭，防潮保存。

（二）加工

封装冬虫夏草是用散虫草作原料加工而成。即散虫草回潮后，整理平直，每 7～10 条用线扎成小把用微火烘烤至完全干透后即可，48 个小把装入三层铁格，每层 16 个以上，挤封后，经过熏硫和烘干，加上商标用红丝绳捆扎牢固。要求每封虫草重量在 125 克左右，用木箱装，内衬一层防潮纸，外用铁带捆扎，放在通风、凉爽、干燥、25℃以下环境保存，要勤检查，发现虫蛀、受潮要及时除虫、烘晒。

第十二节 蚂 蚁

蚂蚁属于节肢动物门、昆虫纲、膜翅目、蚁科的昆虫。拟黑多刺蚁（鼎突多刺蚁）、黑蚂蚁、被胎蚁，是目前人工养殖的优良品种，广泛分布于我国广东、广西、贵州、福建、浙江等长江以南地区。当前我国各地普遍饲养的种类为拟黑多刺蚁，此蚁也是我国唯一得到卫生部认可，可作为食品新资源用于保健食品、中药保健品的蚁种。本节是以拟黑多刺蚁为主进行介绍的。蚂蚁的全体和卵均可入药，可以鲜用，也可焙干后应用，入药称黑蚁或玄驹。

蚂蚁，性平味咸，功能消肿解毒。蚁卵，性平味甘，功能益气催乳。研究表明，蚂蚁含游离氨基酸 26 种，含微量元素 28 种，并含有多种维生素及钙、磷、铁、锌等矿物质，还含有多种甾族类化合物、三萜类化合物、草酸、蚁醛和蚁酸等。蚂蚁制剂可促进免疫器官和免疫细胞增生，同时促使生殖细胞增生，提高性功能。能有效增食欲、助睡眠、去疲劳、提精神、益气力、泽颜容、壮筋骨、抗衰老、延寿命。对风湿性和类风湿性关节炎、恶性肿瘤、慢性肝炎、乙型肝炎、痛风、失眠、恶疮、肺结核、阳痿、遗精、月经不调、坐骨神经痛、神经炎、病后脱发、神经官能症等多种疾病有较好的疗效。

蚂蚁作为中药材，与其他中药配伍使用，用量较小，只要合理采收生活在自然界中的群体，即能满足需要。但如果作为药膳，或提取蚁酸等成分，开发成商品，则需求量较大。单靠野外采集，日久必然降低蚂蚁种群数量，破坏生态平衡。大多数种类的蚂蚁还是植物害虫的天敌。因此，应大力发展人工养殖。蚂蚁适应性比较强，饲料来源广泛，养殖蚂蚁具有投资少、见效快、饲养简单、管理方便等优点。

一、蚂蚁的生物学特性

（一）形态特征

拟黑多刺蚁的身体分为头、胸、腹三部分。蚂蚁的头部通常比较宽大，主要由颚、眼和触角三部分组成。蚂蚁的胸部比较明显，位于头部和腹部之间，主要由胸腹节、翅膀和足三部分组成。蚂蚁足部肌肉发达，一只蚂蚁能够举起超过自身体重 400 倍的东西，还能够托运超过自身体重 1 700 倍的物体。蚂蚁的腹部位于并胸腹节之后，腹部和并胸腹节后端有腹柄。

拟黑多刺蚁一生经历卵、幼虫、蛹和成虫 4 个时期。卵长 0.9～1.0 毫米，宽 0.4～0.5 毫米，初产时粉红色、椭圆形，后渐成乳白色。卵粒常数十粒聚集在一起，呈疏松球状体。初孵幼虫体长 1.0～1.2 毫米，宽 8 毫米左右，长椭圆形；以后虫体渐长成圆锥形，体前端尖细，弯曲成钩状。老熟幼虫长 7～10 毫米，宽 2.0～2.2 毫米。前期幼虫常群聚，长大后渐渐分散。幼虫成熟时，吐丝结茧化蛹。茧棕黄色，椭圆形，长 6～8 毫米，其中雌蚁茧较大，雄蚁茧和工蚁茧较小。蛹为裸蛹，体长 5～6 毫米，宽约 2 毫米，复眼红色，前期体乳白、后期渐呈黑色。成虫体呈黑色，有光泽，有古铜色或金黄色刚毛。

成虫具有多型现象，分为雄蚁（蚁王）、雌蚁（蚁后）和工蚁 3 种个体。

1. **雄蚁** 雄蚁是蚁群中的雄性个体，体型比雌蚁小，体格粗壮，体长 6～7 毫米，身颜体色一般较深。头部较小，复眼、单眼和触角发达，触角 14 节，胸部发达，腹部末端较尖，有外露的生殖器。柄腹节背面 1 对刺状物较明显，有 2 对翅，翅不脱落。绝大多数雄性个体不参加劳动，雄蚁的职能是与未来的"蚁后"进行交配。雄性蚂蚁在交配后即死亡。

2. **雌蚁** 发育完全的雌蚁是蚁后。一般体型较大，体长 7.5～8.5 毫米。有复眼和单眼，有翅膀，触角 13 节。胸部特别发达，前胸背板、胸腹节及腹柄结节各有 1 对刺状突起，但不如工蚁那么明显。雌蚁具有膜翅目昆虫的胸部构造及 2 对翅，翅膀在婚飞交配后脱去。蚁后主要是产卵繁殖后代。雌蚁接受雄蚁的精子 1 次，终生产受精卵。

3. **工蚁** 工蚁是指不具生殖能力的"雌蚁"，体型较小，体长 5.5～6.5 毫米。胸部构造比较简单，无翅。复眼不发达或缺少。触角膝状，12 节。胸部圆而凸起，前胸刺向前外方下弯，并胸腹节刺无钩。足细长，胫节内侧有 1 列短刺。一般不产卵，少数也能产卵。其卵巢部分退化，没有贮精囊。

兵蚁也是不能生育的雌蚁，体型比工蚁大，数量不多，特别善于战斗。

（二）生活习性

拟黑多刺蚁为社会性昆虫，成虫分工明确，于各种环境中营群体社会性生活。通常一群蚂蚁由 1 个或 1 个以上的雌蚁（蚁后）和许多工蚁、兵蚁所组成，但一年中的某个时期蚁巢中也含有雄蚁。雌蚁长居巢内，与雄蚁交尾后产卵繁殖后代，除迁移筑新巢外，极少外出活动。蚂蚁恋巢性很强，在果树、桐树、松树等树间筑马蜂窝状蚁巢。蚁巢呈不规则或近圆形，由幼虫所吐的丝将植物残体、虫尸、泥沙等黏结而成，巢表面有数个出入孔，巢内分许多层及小室，孔道交错。巢距地面 10～30 厘米，每巢蚂蚁总数为 3 000～5 000 只，其中幼蚁（卵、幼虫、蛹）约占 32.2%，成蚁约占 67.8%（其中 94.7% 的成蚁为工蚁，0.9% 为雌蚁蚁后，4.4% 为雄蚁）。

工蚁每年 4 月开始筑造新巢，特别是雨后初晴时更盛。筑巢前，工蚁先外出寻找筑巢场所，当发现一个合适的地方时，再把成熟幼虫搬到新的筑巢场所。用上颚咬住幼虫体中部，使幼虫的前端能够自由活动而吐丝。同时，另外一些工蚁从附近取来草屑、松花、虫粪、土粒等，用幼虫所吐的丝黏结在一起构成蚁巢。初筑的蚁巢较小，以后随着蚁群的壮大，蚁巢也不断加大。随着季节的不同，筑巢位置常常发生变化，秋末由于临近越冬，工蚁常常将巢筑在近地面的茅草丛中；夏季由于雨水偏多、空气湿热，工蚁常将巢筑在马尾松树上，有时高达 2～3 米，甚至高达 6 米。当蚁群数量不断增加，原来的巢无法容纳时，蚁群就会出现分巢，此时，只有部分雌蚁、工蚁和幼蚁在新巢筑好后从老巢搬至新巢。当老巢受到外界干扰、巢内发生变化（如发霉）、天敌入侵等影响后，蚁群常常会舍弃旧巢，另筑新巢而移巢。而当种群数量下降、气温降低或准备越冬时，会出现并巢。

拟黑多刺蚁属于杂食性昆虫。主要采食活的或死的昆虫,如松毛虫、卷叶螟等农林害虫,以及蚜虫和蚧虫的分泌物,有时也能采食蜘蛛及其他脊椎动物如鸟类、鼠类等的尸体。另外,也采食各种植物花粉、花蜜、果实汁液等。

(三)繁殖特性

拟黑多刺蚁在气温达到 15℃以上时,卵和幼虫开始正常发育,成虫开始活动,20℃以上则活动频繁。5~11 月工蚁陆续从蛹内羽化出来,工蚁终年存在于蚁巢中。8~11 月雄蚁羽化出来,寿命为 6~9 个月。雌蚁只在 10 月羽化,10 月下旬雌、雄蚁交配,雌蚁婚飞交配后,入蚁巢并脱翅成蚁后。同一巢蚁中可有多只蚁后,即存在多后现象。无翅的雌蚁终年存在于蚁巢内,进行产卵,产卵高峰在 5~6 月和 8~10 月。在 30℃条件下卵经6~7 天孵化幼虫。幼虫发育成成虫:温度为 35℃时需 28 天,温度为 28℃时需 42 天。室温 26~27℃,各虫态发育的时间为:卵(23.8±2.5)天,幼虫(20.4±4.0)天,工蚁蛹(19.0±5.5)天。在不同的地方,气温不一样,蚂蚁繁殖一代所需时间也不一样。

二、蚂蚁生态养殖的场地建设

(一)场址的选择

选择好适当的蚂蚁养殖场地,是建场前的一项重要工程。选择场址时,需要考虑的基本因素包括蚂蚁的生活习性要求、生产上的实际需要、地形、水源与水质、土质、交通运输、电力、排灌、饵料供应等。

1. 蚂蚁的生活习性要求 蚂蚁的昆虫膜翅目、野生群居性、以"家庭"为单位、喜温暖及杂食性等生活习性要求,决定了选择蚂蚁场地应考虑空气新鲜、温暖、清洁卫生、安静、水质无污染等因素,如选择室内封闭式立体养殖,还要考虑防逃措施等。

2.地形 养殖场地最好稍向东南方向倾斜,这样冬天阳光直射面大,光照强,地温、水温上升较快,夏季可受东南季风的影响增加空气中的湿度,对蚂蚁的生长繁殖有利。

3.水源与水质 水源是一个重要方面,因为封闭式立体养殖蚂蚁,防止外逃措施之一就是水隔离法。场地要保证旱时要有水,涝时不受淹。水质也比较重要,在选择场地前要确保水质未受污染。

4.土质 不同种类的土壤,其组成、pH、含盐种类及数量、含氧量、透气性和肥瘦程度往往有所差别。一般可分为砾土、砂土、黏土、壤土和腐殖土5个类型,最适于建场的是壤土或腐殖土,因为其含丰富的养分,可为蚂蚁提供更多的微量元素。同时,这些土壤透气性好、含氧气较多、湿度也比较大,有利于蚂蚁建巢、繁殖。

5.交通运输 大型的蚂蚁养殖场,饵料的运输量比较大,为了降低运输方面的费用开支,应尽量把蚂蚁场建在交通方便的地方。

6.电力 蚂蚁养殖场应建在有电力供应的地方。一些设施也是离不开电力的,如水泵、粉碎机、烘干机、日用照明等。

(二)养殖方式与场地

1.养蚁架养殖 养蚁架的制作:用长50厘米、宽30厘米、厚1厘米的木板,在木板的4个底角各钉1只高约20厘米的小木脚,每只脚垫一个水碗防逃。架的一端放一个用水泥烧制的养蚁盒,盒的体积为长15厘米×宽10厘米×高2厘米。盒内有两个小室,一个小室为圆形,直径8厘米,高1厘米,用于放养蚂蚁;另一个小室为长方形,体积为长8厘米×宽3厘米×高1厘米,用于贮水增加蚁室的湿度。在饲养盒上盖一块比盒子稍大的玻璃板,以便观察蚂蚁的活动和保持蚁室的湿度。在养蚁架的另

一端放一个培养皿放饲料用。

2. **环水立体养殖** 用砖块和水泥砌成一个长1米、宽1米的饲养池，周围砌一条环形水沟，沟深15厘米、宽25厘米。饲养池内用木条或竹竿搭成宽70厘米、高约1米的四方形养殖架，架周围钉几十枚铁钉，供挂蚁巢用。可饲养40～50窝蚂蚁。养殖架也可用砖砌成。人造蚂蚁巢可用当年生直径7厘米左右的梧桐杆或竹节，截成20厘米的木段，梧桐木段髓心要凿成4厘米以上的空心，然后排放在养殖架每层的四周供蚂蚁栖息。采用这个方法很简便，易管理，适用于室外人工饲养。

3. **木箱饲养** 用2～3厘米厚的木板做成长70厘米×宽50厘米×高40厘米的木箱。箱的内壁最好抹一层水泥，防止木板受潮霉烂。箱内钉上1～2层横木架，架上打20～30枚铁钉悬挂竹筒，供蚂蚁做巢。箱的正面用木条横隔为上、下两半，上半部中间位置设一个活动小门，以便投食、喂水、打扫卫生等，门的左、右两边钉上细密的铁纱网防逃，又可通风透气。下半部装一块玻璃板，以便观察蚂蚁的活动情况。箱内底面应铺一层10厘米厚的饲养土，土上设置1个食盆和1个水盆，这样就可放养蚂蚁了。木箱饲养法的优点是简便、搬动容易，可随意设计或叠放，可以充分利用房内空间，扩大养殖量。

4. **塑料大棚饲养** 塑料大棚可用于规模化、无休眠养殖。大棚的支架可以就地取材，棚长30米、宽6米、高约2米，顶部呈弧形。棚顶和周围用无毒塑料薄膜覆盖。棚的四周筑一条浅水沟，保持水深15厘米，水面宽25厘米，以防逃和调节湿度。棚内两侧边架设饲养架或饲养箱，中间留2米宽的人行道。大规模饲养时，将几个大棚排在一起，以便集中管理，节省劳动力。根据气温变化调节棚内温度。比如夏季大棚气温升高，应在棚顶上盖遮阳网；若棚内温度升至30℃以上时，必须将四周的塑料裙边打开通风，棚内地面洒水降温。天气寒冷时，大棚加盖塑料薄膜，薄膜接口要严密。棚内通过加温保持温度在20℃以上，保证蚂蚁安全越冬。

5. 林地放养　选择较隐蔽的马尾松林、灌木林、竹林或果园，将拟黑多刺蚁种巢每隔一定距离挂 1 个，每 700 米² 可放养 200～300 巢。蚁巢挂放的地点应选在植被比较茂盛的潮湿处，这样能保证蚂蚁有丰富的食物。蚂蚁在自然状态下繁殖速度较慢。可将种蚁巢打散迫使蚂蚁离巢，另筑新巢，这样蚂蚁能提早分巢，达到加快繁殖的目的。采用这一方法，一窝种蚂蚁经过 1 年的饲养，可繁殖出 30～50 窝蚂蚁。

（三）饲养土的配制

配制饲养土可以选用菜园土、腐殖土、沟泥、灶土、砂土、黏土、壤土等，加适量（20％左右）的鸡粪、猪粪、焦泥灰或糠灰混合而成。这样的土质肥沃、疏松，可满足蚂蚁需要。取土时将土翻开打碎，暴晒杀菌消毒，然后用筛子（2.6 毫米×2.6 毫米）过筛，清除土块和杂质，使其成为松散的细粒，便于蚂蚁在土中活动。

适合蚂蚁生活的饲养土含水量为 10％～20％，含水量超过 25％的饲养土则黏结成团，不利于蚂蚁钻进、爬出，还会导致细菌、螨类、蚤类滋生，以致发生感染和霉变。低于 10％则使蚂蚁体内水分消耗太多，影响生长发育。

饲养土的厚度根据不同养殖方式而定。使用养殖架饲养的，在每层架上铺一层塑料薄膜，再铺上 2～3 厘米厚的饲养土，饲养土上排放人造蚂蚁窝。视饲养土的清洁程度和污染情况确定更换时间，一般 3～6 个月更换一次。

三、蚂蚁人工繁殖技术

南方地区的蚂蚁几乎一年四季都可以交配繁殖。长江以北地区，每年只有 2～3 个月可以交配繁殖。繁殖最适温度为 25℃以上，相对湿度为 70％～80％。在繁殖期间，雌、雄蚁飞向空中寻找异性交配，称婚飞。繁殖的过程一般分为交配、产卵、分窝3个部分。蚂蚁的繁殖量在很大程度上受食物条件、环境因素和气候的影响。

1. 交配 蚂蚁的交配一般在晨昏或夜间进行，很少在白天进行交配。在天气晴朗的日子，带翅膀的雌蚁从蚁巢飞向 200 米以上的高空，许多带翅膀的雄蚁紧随雌蚁之后以求交配，只有一只雄蚁有幸和雌蚁交配，雄蚁交配后落地而死。全过程长 30～40 分钟，最长不超过 1 小时。在人工养殖条件下，为了更好地让蚂蚁进行婚飞，培养土应再加厚 5 厘米，多放些树干、树墩、竹筒、干草让其营巢。应用铁丝网、纱布等将门窗、池顶遮挡，以免生殖蚁大量外逃。有的养殖地、箱较小，蚂蚁不经过婚飞，也可以进行交配、产卵，然后在土中、树干、干草、竹筒中营巢。

2. 产卵 雌蚁受精后寻找一个适宜的地方脱去翅膀，产第一批受精卵。一只雌蚁可携带 3.2 亿个精细胞，1 次交配后雌蚁终身受孕，所产卵都是受精卵。雌蚁把这些卵孵化成工蚁和少数几个兵蚁后，组成了新的家庭，才能成为名符其实的"蚁后"。

交配后 8～21 天雌蚁开始产卵。每次产卵 50～100 粒，第一批产卵 200～300 粒。第一批的卵需要雌性蚂蚁利用自己体内的食物和剩余的气力来喂养幼虫、照料蚁蛹、抚育幼蚁。幼蚁经数次蜕皮后成为成蚁，从卵到小工蚁大约经过 14 天，小工蚁就开始进行衔泥作窝等职能，以后就会任劳任怨地反哺蚁后和接替抚育幼蚁的任务。

3. 分窝 分窝是蚂蚁繁殖的关键环节，蚂蚁属营群居生活的昆虫，一般以一窝为一个家庭。每窝有一个或数十个蚁后；工蚁数量为窝中最多；兵蚁数量不多。一窝蚂蚁最多可容纳几万只，一般有几千只，可产蚂蚁干 1 千克。它们到了一定程度会自行重建独立新窝。窝与窝之间的蚂蚁从不来往，即使蚁后出自同一窝中。兵蚁把守窝口，每个进出的蚂蚁都必须是自己窝内的，大多通过气味来相互识别。

蚂蚁的寿命比较长，个别蚂蚁的寿命长得惊人，有的工蚁可活7年，蚁后寿命可长达20年。但一只离群的蚂蚁只能活几天。这是由于蚁群内部明确分工和各负其责、相互依存的群体结构所致。这是其繁荣的基本因素。

四、蚂蚁饲养管理技术

（一）饲料

蚂蚁为杂食性昆虫，麸皮、玉米面、花生饼、果核、蚕蛹、地鳖虫、黄粉虫、蚯蚓、蜘蛛，猪、牛、羊、鸡的肉渣和骨头，以及鱼粉、饼干、剩饭、米粒等都是它们的食物。所用的食物都不能与农药及有毒器械接触。要按照蚂蚁营养需要配制适口性强、易消化、营养全面的饲料以供蚂蚁采食。在饲料配制中，能量饲料占60%，蛋白质饲料占18%，青绿饲料或者青贮饲料占18%，矿物质添加剂等占4%。在不同的季节，饲料组成和所占比例可以适当调整。如玉米粉10千克、豆饼2千克、骨粉1千克、鱼粉1千克、麦麸5千克、青饲料（按干重计算，粉碎）5千克，配制时加水适量，搅拌均匀，湿度为饲料用手握成团、在手中晃动即散为好。另外，也可用琼脂5克、鸡蛋1枚、水500毫升、蜂蜜62毫升、维生素混合物250毫克、微量元素250毫克、抗坏血酸5毫克配制饲料。配制时取琼脂溶于250毫升沸水中，其余成分用250毫升水溶解，将琼脂倒入，搅拌均匀，并分装于培养皿中，凝固后切成米粒大小方块与其他饲料混合使用。

（二）饲喂

蚂蚁的食量比较小，每只每天平均为0.1毫克。每天投料数量可根据蚂蚁总量来决定，估计每窝蚂蚁数量和窝数，计算投食量。也可试探性投料，以吃完为宜，以后逐渐增加饲喂量，刺激蚂蚁的食欲，增强蚂蚁的群体优势。投料太多会造成浪费，投料太少，容易因抢食互相残伤。投料时要选用投料盘。投料盘可用铝合金板或塑料板制作，长 20 厘米、宽 7 厘米，料盘上有便于悬挂的铁丝或绳子。水槽中加水不宜过深，水上盖上布片，蚂蚁通过布片吸取水分，以免蚂蚁淹死。喂蜜糖类时，一定要稀释并投成星点状，量少而点多，便于蚂蚁采集。每次投饲完后，要注意蚂蚁采食、排泄、活动等情况，以便及时调整饲喂量。

（三）管理

1. 温度的控制　适当的温度是保证蚂蚁正常生长繁殖的基础。一般在 15～40℃ 都可正常生长，但最佳温度为 25～35℃。夏季应注意降温，可采用加强通风、遮阳、增加湿度、勤洒水等措施。冬季低于 10℃ 蚂蚁就进入冬眠，超过 15℃ 才能正常活动，因此，在冬季要采取增温保暖措施，如设置火炉、暖气、地火、炉道等。

2. 湿度的调节　适当的湿度是蚂蚁生长和发育的必要条件。调整蚂蚁生长活动的湿度主要体现在两个方面：一是土壤湿度应控制在 10%～20%；二是空气相对湿度应控制在 70%～90%。湿度过高可采取添换干土、通风等措施，湿度过低可通过向地面喷洒水或用水蒸气来增加湿度。

3. 饲养的密度　蚂蚁的放养密度受气温影响。气温高时放养密度要小些；气温低时，放养密度要大些。当密度大时，要及时采收、加工，一定要留有足够（可按数量的 10%）空闲窝，便于蚂蚁分窝，也会避免蚂蚁因窝不足而争斗。

4. 粪便、残料和污染物应及时清除　蚂蚁的粪便和剩余的残料，如不及时清除就会腐烂发臭，当气温达到 25℃ 以上时会导致螨虫和致病细菌等病虫害感染，因此，要注意更换饲养土。同时，要注意其他污染物的清理工作，保持室内小环境清新，才能有利于蚂蚁的生长和繁殖，达到预期的目的。

五、蚂蚁常见疾病的防治

（一）腐烂病

1. 病因　腐烂病由细菌感染引起。
2. 症状　蚂蚁或幼虫组织腐烂，有的坏死，体色变深。
3. 防治方法　使用抗生素如链霉素、青霉素等。可用 0.5～1 克的抗生素溶解于 500 毫升水中，喷洒在食物上或加入饮水中。

（二）黑腹病

1. 病因　黑腹病由真菌黑僵菌引起。
2. 症状　发病初期病蚁腹部变黑色，腹胀，食少，活动少。严重时腹部出现黑色病斑并死亡。
3. 防治方法　发现黑腹病的蚁巢，要及时将病蚁捉出烧死，以防蔓延，并用 1%～2% 福尔马林溶液消毒饲养箱、池。或用链霉素 0.5 克、酵母片 1 克拌 50 克饲料，喂至病愈。或将链霉素 0.2 克配制成溶液，浸在海绵上让蚂蚁自由吸食至病愈。注意调节蚁巢的湿度，防止湿度过大，及时清理食盆残留饲料，不投喂变质饲料。

（三）绿僵病

1. 病因　绿僵病是由真菌绿僵菌引起。
2. 症状　病蚁死后 2～3 天身体长出白色菌丝，最后变为绿色。此病多发于秋季。
3. 防治方法　发现绿僵病的蚂蚁立即挑出隔离，另箱饲养，并更换饲养土。用漂白粉消毒防治，每天撒 1 次，一直撒到不见因绿僵病死亡的蚂蚁为止。加强饲养箱、池的通风，减少病害。

（四）螨病

1. 病因　由螨大量寄生引起。
2. 症状　可用肉眼直接观察到蚁体上爬行的螨虫。
3. 防治方法　一是更换饲养土，以达到减少螨虫的效果。二是用药物扑杀，可采用杀螨药粉撒在饲养土表面。

（五）天敌危害

蚂蚁的天敌很多，如棕熊、猿类、犬类、穿山甲、刺猬、土豚、蟾蜍、蚁狮、蜉蝣、椿象、斑蝥、蜘蛛等。在人工饲养时，要注意天敌的侵入，以免造成不必要的损失。

六、蚂蚁的采集与加工

（一）采集与加工

一般拟黑多刺蚁的采集不困难，除越冬期外，其他时间都可采到，但相对来说 9～10 月蚁群较集中，空巢较少，此期蚁体内养分积累也较多，采集的蚁干质量较好，人工养殖的蚁群一般也在此时采集。常用的采蚁方法主要有两种：

1. 捕捉法　将蚁巢直接取下装入口袋中，蚁群受惊出巢，可封闭塑料袋放在阳光下暴晒。养蚁场采蚁时，一般将蚁巢装入口袋后，用手拍几下，待蚁群大部分出巢后，留下一定数量的后代，再将巢取出放回原址供作留种。

2. 诱集法　人工养蚁大多采用此法，用一块大塑料布铺在蚁群经常出入的地方，上面撒上蜜水或糖水，当大量蚁群聚集在塑料布上取食时，用毛刷迅速扫入小簸箕里，装在塑料袋内，扎紧袋口，窒息而死，晒干即可。也可用坛子、罐子等容器，在内侧涂上一层食物，或在容器内放置鸡肉、骨头等，埋入养殖池内，口与地平，很快就可诱到一些蚂蚁。不可水煮蚂蚁，否则降低药效。

（二）商品蚂蚁质量要求

以干蚁肢体完整，黑色有光泽，无杂质，无霉变，无虫卵，无特殊臭味（翘尾蚁有臭味不能作为商品），无农药污染，干燥（含水量＜10％），蚁酸味浓烈为佳。密封保存，防潮、防霉、防蛀、防鼠咬。

第十三节　螳　螂

螳螂属于节肢动物门、昆虫纲、螳螂科的无脊椎昆虫，亦称刀螂。世界已知螳螂1580种左右，中国已知约51种。在自然界中，螳螂主食棉铃虫、蝗虫、蚜虫、家蝇、黄粉虫等害虫。螳螂不仅是我国农、林植物害虫的重要天敌，也是一种药、食两用昆虫。螳螂的卵鞘入药，药材名为桑螵蛸。螳螂目昆虫种类众多，但能入药的却只有枯叶大刀螂、中华大刀螂、薄翅刀螂、勇斧刀螂和巨斧刀螂等少数品种。

桑螵蛸，性平味甘、咸、涩，具有补肾助阳、固精缩尿的作用，主治体虚无力、阳痿遗精、尿频遗尿、痔疮及神经衰弱等症。临床与其他中药配伍还可治疗风湿及类风湿性关节炎。

螳螂含有18种氨基酸，其中有8种为人体必需氨基酸，并含有7种磷脂成分，属于高蛋白昆虫。长期食用还能起到预防和减轻动脉粥样硬化和促进红细胞的合成发育等功能。近几年随着螳螂的产品价值逐渐被开发，桑螵蛸的价格在逐渐上涨，我国部分地区采用网棚笼罩对螳螂人工试养获得成功。

一、螳螂的生物学特性

（一）形态特征

螳螂头呈三角形且活动自如，复眼大而明，触角细长，咀嚼式口器，上颚强劲，颈可自由转动。前足腿节和胫节有利刺，胫节镰刀状，常向腿节折叠，形成可以捕捉猎物的前足。前翅皮质，为覆翅，缺前缘域，后翅膜质，臀域发达，扇状，休息时叠于背上；腹部肥大。

枯叶大刀螂后翅有不规则横脉，基部有黑色大斑纹，末端稍长于前翅。中华大刀螂前半部中纵沟两侧有许多小颗粒，侧缘齿明显，后半部中隆起线两侧颗粒不明显，侧缘齿列不明显，后翅黑褐色，有透明斑纹。薄翅螳螂后翅末端超过前翅。

（二）生活习性

螳螂的发育过程为不完全变态。初孵出的若虫为"预若虫"，蜕皮 3～12 次变为成虫，每次蜕皮为 1 龄。

1. 若虫期　卵在鞘内经胚胎发育为若虫后，挣脱卵膜孵化出来，并借助于第十腹板上分泌的胶质细丝，将卵壳及虫体粘连悬挂着，有时可拉成 10 余只的长串。不久，早孵化的个体，即借微风荡漾，用足抓住周围物体各奔东西。螳螂 1～2 龄若虫自相残食的习性较强，在自然环境中一般为 10%～30%，在人工饲养条件下可高达 70%～90%。

2. 成虫期　每年 7～10 月为成虫的发生期。成虫羽化时间一般在早晨和上午。羽化为成虫后，经历 10～15 天就可进行交配，螳螂一生可交配多次，交配时间 2～4 小时。交配时常出现雌虫攻击雄虫并咬食雄虫头部的情况，但并不影响交配，人们称为"妻食夫"现象。

（三）繁殖特性

螳螂为雌雄异体，每年 7 月中旬以后，多数螳螂种类即陆续进入成虫期，于 8 月下旬雌雄交配。雌虫选择在树木枝干或墙壁、篱笆、石块石缝等处产卵。卵产于卵鞘内，每 1 个卵鞘有卵 20～40 个，排成 2～4 列。每个雌虫可产 4～5 个卵鞘，卵鞘是泡沫状的分泌物硬化而成，多黏附于树枝、树皮、墙壁等物体上。初产的卵鞘为白色或乳白色，比较柔软，经 5～10 小时后即变为土黄色或黄褐色。翌年 6 月初，越冬卵开始孵化，一直延续到 7 月上旬。

常见的几种螳螂，在华北、华东地区均为一年一代，长江以南少数地区一年两代。以卵在卵鞘中越冬，一般 5～6 月卵孵化。8 月上中旬开始出现成虫，成虫羽化后 10～15 天开始交配。螳螂成虫一般在 9 月上中旬开始产卵，9 月下旬开始死亡。个别成虫可活到 10 月底至 11 月初。人工养殖情况下在饲料充足时，交配和产卵的时间可适当提前。在螳螂养殖过程中，通过环境调控，模拟温、湿度，增加光照时间，人为创建自然环境，打破其休眠习性，进行人工反季节养殖，可增加经济效益。

二、螳螂生态养殖的场地建设

（一）建棚

建棚的位置最好选择在室外通风、向阳的地方，采用 10 米×5 米×2 米大网笼罩饲养。建棚时可选用木桩、竹批、铁丝等捆绑成骨架，再罩上用丝网结成的网罩，四周用土埋实即可。螳螂喜欢栖息在植物上，笼棚内移植或栽种矮小树木和棉花等隔离物，供螳螂栖息，减少个体间接触机会，避免自相残杀。

（二）工具准备

饲养工具包括直径 30 厘米、高 50 厘米的铁皮框网罩数个；直径 35 厘米的花盆及盆栽植物数盆；人工饲料盒及刀具。

三、螳螂人工繁殖技术

（一）引种

人工养殖时要选择个体大、产卵多、生长迅速、市场畅销的品种，如枯叶大刀螂和中华刀螂等。初次养殖时，种源可自己采集或从养殖场购买，以后自己留种繁殖即可。多种螳螂均以卵块在树枝、树干、草茎、墙壁或石块上过冬。一般在9月至第二年2月均可开始采卵。采卵时，选择卵块大，表面保护层较厚，光泽性强，卵块外无破口、磨损或被寄生虫蛀孔的优质、健壮卵，连同与卵块粘连的一段枝条剪下，插入放少许水的罐头瓶中。卵鞘内的卵开始孵化前（气温升至20℃前），应做好饲养前的准备工作。将盛有种卵的容器集中放置在事先准备好的网棚内，要勤观察，若有小螳螂出鞘活动，要及时投喂饲料。

（二）管理

在卵蚜即将孵化时，将与卵块粘连的枝条一起移至笼内或罩中。大笼可按每平方米50只左右的密度投放，或先将1个有效卵蚜固定在枝条上，同时将有蚜虫的寄主及蚜虫移入，并在笼顶上放竹帘或苇箔等遮盖物。晴天揭，雨天遮，早晚揭，中午遮。初孵出的螳螂小若虫10多小时后即开食。3龄前虫体弱小，应投给糊状人工饲料，并涂抹于小枝或布条上，初投宜少，根据采食情况再增加。要防止蚁、螨类侵入。若虫发育到3龄后，即可投入人工配制饲料，用小纸筒或橡皮塞固定在笼壁或枝条上，经常更换，保持新鲜，并及时放入活蝇等饲料动物（可防止螳螂自残）。

四、螳螂饲养管理技术

（一）饲养方式

1. 阶段性饲养　从野外采集5龄幼虫，放置在人工模拟的饲养环境中，给予适当的饲料，使其生长发育为成虫后进行采收；或使其交尾、产卵，收集卵块（螵蛸）作为药用。这种饲养方法时间短，投资小，见效快。但由于螳螂是多种农林害虫的天敌,对消灭田间害虫起着很好的作用,因此,不宜过多捕捉。

2. 全周期饲养 从野外采集少量的卵蚓,在人工控制下孵化成为若虫,通过饲养与保护,减少自然死亡率,发展数量,壮大种群。这样,既达到取得药用产品的目的,又不损害野外螳螂的种群与数量,不会影响自然生态平衡。本法应予提倡。

(二)饲料

螳螂属于捕食性昆虫,喜欢捕捉活虫,特别喜食运动中的小虫。3龄前的幼小若虫,如无活虫为食,成活率很低,因此,在螳螂卵块孵化前,应准备活虫饲料,如蚜虫和家蝇等。蚜虫繁殖力极强,且易饲养。可预先在花盆或小型塑料棚中,种植十字花科植物,待出苗后,接种上菜缢管蚜,让其繁殖待用。其他饲料昆虫有棉铃虫、蝗虫、家蝇、玉米螟、菜粉蝶、地鳖虫、黄粉虫等。

3龄后的螳螂若虫食量较大,只靠有限的活饵料很难满足需要,因此,必须配制人工饲料。下面介绍3个人工饲料配方。

配方1:先将250毫升清水倒入容器中,将5克酵母片捣碎放入水中溶解,然后将50克鸡蛋黄、20克蜂蜜、20克蔗糖全部倒入,经过搅拌均匀后,放入锅中蒸沸,冷却后备用。

配方2:将100克鲜猪肝(其他动物肝脏也可),洗净切碎剁烂成糊状,加入蔗糖50克,拌匀备用。

配方3:水100毫升,鲜猪肝40克,蚜虫粉20克,豆粉5克,蔗糖20克,琼脂20克,酵母片1克,拌匀备用。

采用以上3种配方时,要十分注意卫生、消毒。配好的饲料经冷却后,可放入冰箱内短时间保存,按需取用。如大量饲养,最好根据用量隔日配制一次。

五、螳螂常见疾病的防治

在螳螂养殖过程中,要注意防止其在自然界中的天敌,如多种鸟类、哺乳类动物，以及蜥蜴、蜘蛛、蝎子、寄生蜂、寄生虫等的侵袭。若虫期的螳螂更易受到其他多种昆虫的捕食，在饲养过程中尤其要注意。另外，螳螂有自相残杀的习性，在饲养过程中要注意螳螂的饲养密度，并提供充足食物。

六、桑螵蛸药材的采收和加工

螳螂成虫根据用途不同可随时进行采收、炮制。取原虫整理干净，用2％～5％的食盐水溶液拌匀，闷润，蒸2小时取出，晒干或文火炒干即可。

螳螂的卵鞘可在每年的秋季至翌年春季采收。采后清理杂质，于沸水中浸杀或蒸30～40分钟，以杀死卵鞘中的卵，蒸透晒干或烘干即为中药桑螵蛸。注意必须把虫卵杀死，否则孵化出幼虫后，药效降低，影响质量。

第十四节 家 蚕

家蚕属于节肢动物门、鳞翅目、蚕蛾科的昆虫，又叫桑蚕、蚕。我国是世界上养蚕最早的国家，5 000多年以前，我们的祖先就将野蚕蛾驯化成了家蚕，并掌握了种桑、养蚕和纺丝技术。入药的主要是僵蚕，是家蚕4～5龄幼虫，在未吐丝前，因感染白僵菌而致死的干燥体。蚕的幼虫排的粪便也可入药，称为蚕沙。另外，蚕蜕、蚕蛹、蚕茧亦可入药。

僵蚕，性平味咸、辛，具有熄风止痉、祛风止痛、化痰散结的作用，用于惊悸抽搐、头痛、目赤、咽喉肿痛、瘰疬痰核等病证。蚕沙具有祛风湿、活血止痛的作用，主治风湿痹痛、风疹瘙痒、皮肤不仁、腰脚冷痛等。蚕蜕功能清热解毒、散淤止血，主治口疮、目翳、痢疾、便血、吐血等。蚕蛹具有驱虫、生津止渴、补脾益气的功效，治疗虫积、小儿疳积、消瘦、消渴等。蚕茧与蚕蛹作用相似。

家蚕的主要产品是蚕茧，我国产茧量占世界的 65% 以上，生丝出口占国际市场 90% 以上。目前，养蚕业仍是我国农村的一项重要副业，在农业和农村经济、对外贸易、人民生活中占有非常重要的地位。我国以四川、浙江、江苏、广东四省产茧量最高。

随着科学技术的迅猛发展，养蚕业不仅为纺织业提供了珍贵的原料，同时也服务于医疗、食品工业等方面。僵蚕是一味常用中药，我国传统用药中含有僵蚕的验方较多，使用量较大，单靠自然患病死亡的僵蚕不能满足市场需求量，因此，培育加工僵蚕有相当广阔的市场。

一、家蚕的生物学特性

（一）形态特征

1. 卵　家蚕的卵一般呈椭圆形，略扁平，一端稍尖。卵的表面有浅的椭圆形的凹陷，称卵窝。如果卵窝呈三角形，则是死卵。蚕卵的大小因品种、营养条件不同而有差异。卵的内容物有卵黄膜、浆膜、卵黄和胚胎等。

2. 幼虫　蚕的幼虫外观呈长筒形，由头部、胸部、腹部组成。蚕的头部很小，一般呈扁圆形，暗褐色，上面密生刚毛。蚕的头部集中了蚕的感光、感觉、食桑和味觉、吐丝器官。蚕的胸部由 3 个体节组成，每对胸节上有 1 对胸足，第一胸节上还有 1 对气门，第二胸节背面有眼状斑。胸足主要用于食桑和结茧，在爬行时只起辅助作用。蚕的腹部由 10 个体节组成，腹部第三节至第六节上各有 1 对腹足，第十腹节上有 1 对尾足，第一腹节至第八腹节上各有 1 对气门。气门用于蚕的呼吸，腹足主要用于爬行。

不同品种的蚕其蚕体背部的斑纹不尽相同。大部分蚕有眼状斑、半月斑和星状斑，其着色深浅程度因品种不同而有差异。也有无明显斑纹的蚕,称为素蚕或姬蚕。有的蚕皮肤近于油状透明,称为油蚕。

3. 蛹 蛹呈纺锤形,分头、胸、腹三部分。头部很小,前方略呈方形的部分为额,额下方为唇基。额的两侧有 1 对向下方弯曲的触角,触角基部的下方有 1 对复眼。胸部由 3 个环节组成,分别称为前胸、中胸和后胸。前胸两侧各有气门 1 个。中胸和后胸的两侧各有翅 1 对。胸部环节的腹面各生足 1 对,分别称前足、中足和后足。腹部外观上只见 9 个环节,第一腹节至第七腹节的左右两侧各有气门 1 个。

雌蛹长 2.2~2.5 厘米,宽 1.1~1.4 厘米,表面棕黄色至棕褐色。雄蛹略小,体色稍深。雌蛹和雄蛹在腹部有明显的区别:雌蛹腹部大而末端钝,在第八腹节腹面的正中线上有一条纵线;雄蛹腹部小而末端尖,在第九节腹面的中央有一个褐色小点。

4. 成虫 成虫(蛾)体长 1.6~2.3 厘米,翅展 3.9~4.3 厘米。雌雄触角相同,呈栉齿状。成虫体分头、胸、腹三部分。头部有大型的触角和复眼,喙退化,胸部有 3 对发达的胸足,中胸和后胸各翅 1 对,呈黄白色至灰白色,翅面有白色鳞片。前翅外缘顶角后方向内凹切,横线不明显,端线与翅脉灰褐色,后翅色较淡,边缘鳞毛稍长。雌虫腹部粗壮,有 7 个环节,末端钝圆;雄虫腹部狭窄,有 8 个环节,末端稍尖,有外生殖器,在前胸和第一腹节至第七腹节两侧各有 1 个新月形气门。

(二)生活习性及繁殖特性

家蚕是完全变态的昆虫,它完成一个生命周期要经历蚕卵(蚕种)、幼虫(蚕)、蚕蛹和成虫(蚕蛾)这些外观形态和内在机能完全不同的四个阶段。

蚕卵又叫蚕种、蚕籽,它是家蚕胚胎发生发育形成幼虫的阶段。

蚕是家蚕的幼虫,它是家蚕摄取营养的生长阶段。刚从蚕卵中孵化出来的蚕，一般呈黑色，也有呈褐色的，身被刚毛，形状像蚂蚁，称为"蚁蚕"。蚁蚕食桑后，从桑叶中吸收养分而不停地生长，刚毛变稀，体色变浅，生长到一定程度后，体皮紧张限制其进一步生长时，就必须蜕去旧皮换上新皮，这就是"蜕皮"。蚕在蜕皮期间，不吃不动，头胸昂起，称为"眠"。眠是划分蚕龄期的分界线。蚁蚕食桑后至第一眠称1龄蚕，第一眠至第二眠称2龄蚕……以此类推，蚕每眠1次就增加1个龄期，生产上所养的蚕品种大多是4眠5龄蚕。由于蚕体内激素的作用，自5龄第3天开始蚕体内丝腺迅速增长，到一定时期蚕通体成透明状，蚕体稍收缩，蚕粪为绿色，头部左右摆动，找结茧场所，这时的蚕称为熟蚕。熟蚕吐丝结茧，经数天后在茧内蜕化成蛹。习惯上，我们把1～3龄蚕称为小蚕（稚蚕），把4～5龄蚕称为大蚕（壮蚕）。一般春蚕期为25～28天，夏秋蚕期为20～23天。

蚕蛹是家蚕从幼虫过渡到成虫的变态阶段。蚕用大约3天时间吐丝结茧，吐丝完毕后蚕体逐渐缩小，数天后蜕皮而化蛹。外观上蚕蛹不吃不动，但其身体内部进行着两个极其激烈和复杂的生理生化反应，一个是破坏幼虫的器官和组织，另一个是形成成虫的器官和组织。蚕蛹期间蚕蛹体色由刚化蛹时的嫩白色，渐渐变成褐黄色。刚化蛹时，体皮较脆，受到大的冲击体皮易裂开，流出乳白色体液而污染蚕茧，因此，生产上要求在蚕蛹体变成老黄时（上蔟5～7日后）采茧。家蚕化蛹后蜕皮羽化成蚕蛾（成虫），一般需用10～15天。

蚕蛾是家蚕成虫的俗称，它是蚕交配产卵繁衍后代的生殖阶段。家蚕经人类长期驯化饲养，其飞翔能力已经退化，活动能力较弱，也不会摄取营养，所以生命时间较短，一般只有1周左右。雌蛾性腺发达，能散发性信息素，诱引雄蛾交配。雌雄蛾交配后，产下的蚕卵大多为受精卵。每只雌蛾一般可产蚕卵500粒左右。

二、家蚕生态养殖的场地建设

（一）蚕室

蚕室是养蚕的场所。根据蚕的生理特点，在选址上要远离有较多病原微生物存在的场所。蚕室的结构要有利于室内温度、湿度、气流、光线等环境因素的调节，便于清洗和密闭消毒，还要便于饲养人员的养蚕操作。根据养蚕生产的用途和要求，蚕室可分为小蚕专用蚕室、大蚕室、上蔟室、贮桑室和成虫交配产卵室。

1. **小蚕专用蚕室**　小蚕专用蚕室就是指用于饲养 1～3 龄蚕（稚蚕）的蚕室。因为小蚕需要高温多湿的环境，所以要求小蚕专用蚕室具有较好的保温保湿功能。农村有条件的养蚕农户都建有小蚕专用蚕室，其他农户则用塑料薄膜等从原有住房中围出一小间作为小蚕专用蚕室。小蚕室的加温设施则要根据各农户房屋的结构，选择合适的形式。如炕床蚕室，一般能较好地达到要求。

2. **大蚕室**　大蚕室是指用于饲养 4～5 龄蚕的蚕室。大蚕室对温度、湿度控制能力的要求低于小蚕专用蚕室，但要求有足够的空间，便于通风换气。可将住房兼用大蚕室。

3. **上蔟室**　上蔟室是蚕营茧的场所，要求地势干燥、通风良好、光线明暗均匀，便于补温排湿。常与大蚕室套用。

4. **贮桑室**　贮桑室是短时间里贮藏桑叶的场所，要求温度较低、光线较暗、邻近蚕室及便于清洗消毒。养蚕农户除专用蚕室配建有地下贮桑室外，还常建简易贮桑室或选择温度较低处贮藏桑叶。而小蚕用桑一般均采用缸或塑料袋贮桑。

大蚕贮桑室要满足每张蚕种准备一次贮桑 80～100 千克（3或 4 次的给桑量）的空间。小蚕专用蚕室经消毒后也可兼作大蚕贮桑室。大蚕贮桑室以半地下室为佳。

5. **成虫交配产卵室**　用于成虫交配产卵的场所。

生产僵蚕还应配备白僵菌分离制种室、僵蚕接种培育室。

白僵菌分离制种室：该室很小，3 米^2 即可，主要用于分离、培养白僵菌。

僵蚕接种培育室：主要是将白僵菌菌液喷洒接种在 4～5 龄大蚕体上，让其患白僵病而死。该室及该室的所有用品都应与其他养蚕室严密隔离，以防传染给健康蚕体。

（二）蚕具

习惯上把养蚕所需的用具统称为蚕具。蚕具在选材及结构上必须注意以下几点：①适合蚕的生理特点，安全卫生，便于清洗消毒；②材料坚实，经久耐用；③取材容易，制作简单，成本低廉，操作方便；④便于搬运及收藏，最好能兼作日常生活和其他生产用具。

蚕具的种类很多，按用途大致可分为以下几种：

1. 消毒用具　水缸（桶）、水勺、水管、喷雾器、消毒锅、扫帚等。

2. 收蚁用具　蚕筷、鹅毛、收蚁纸（桃花纸）或收蚁网等。

3. 饲育用具　蚕架、蚕匾、蚕网、竹竿、塑料薄膜、防干纸、干湿温度计、蔟具、芦帘等。

4. 采桑、贮桑用具　采桑筐、桑剪、贮桑缸、气笼、盖桑布等。

5. 调桑给桑用具　切桑刀、切桑板、秤、给桑架、给桑筐、踏脚凳等。

6. 上蔟用具　蔟具（方格蔟、折蔟、蜈蚣蔟等）、蔟架等。

三、家蚕的人工繁殖与饲养管理

（一）催青

蚕卵经浸酸或一定温度冷藏处理人工活化后，保护在人为控制的适宜的环境条件下，使蚕卵胚胎顺利发育，直至孵化，这种人为控制蚕卵发育的方法，称为催青，又称暖种。通过催青工作，可以保证蚕卵在预定日期整齐孵化，并提高蚕卵孵化率和促使蚁体强健，为获得蚕茧的优质、高产打下重要基础。

蚕卵催青是一项时间短、技术性强、细致而又繁忙的工作，温度、湿度和光照要随胚胎发育进程而调节。目前，各地都已全面普及推广共同催青，即由蚕卵场在催青室内完成，这样即可以节省人力、物力，又便于贯彻技术措施，保证蚕卵质量。不同蚕卵的催青经历的时间不同，春用蚕卵为 10～11 天，夏秋用蚕卵为 9～10 天，多化性蚕卵为 8～9 天。

（二）收蚁

将孵化的蚁蚕收集到一定面积的蚕座里，开始给桑饲养的操作过程称收蚁。收蚁是饲养工作的开始，处理的好坏将直接影响蚕茧产量及以后的饲养管理。

收蚁方法在不伤蚁体的前提下要力求简便，对已孵化的蚁蚕能一次性收尽，又不影响未孵化的蚕卵。生产上主要有两种收蚁方法：网收法和棉纸引蚁法。

（1）网收法 感光时在原来压卵网上再加覆上一只防蝇网，然后撒上小方块桑叶，经 10～15 分钟蚁蚕全部爬上桑叶后，提取上面的一只网，移放到另一只垫好蚕座纸的蚕匾里，蚁体消毒后给桑，原来蚕匾中未孵化的蚕卵继续遮黑保护。蚁蚕给桑 2～3 次后，卷去蚕网，定座成一定面积进行饲养。

（2）棉纸引蚁法 感光时在原来压卵网上覆盖上一张棉纸，再在此棉纸上覆盖上另一张棉纸，然后在棉纸上撒一层桑叶，经半小时左右，蚁蚕爬到下层棉纸上，这时去掉上层棉纸，提取下层棉纸并翻过来，称重后平铺在蚕匾里消毒并给桑，原匾内未孵化的蚕卵继续遮黑保护。本方法可通过称重测知蚁量，在科研及种茧繁育中广泛应用。

（三）小蚕饲养

目前，生产上使用的蚕品种都是4眠5龄。习惯上将1～3龄蚕称为小蚕（也称稚蚕）。养好小蚕是获得优质、高产蚕茧的基础，故有"养好小蚕一半收"的说法。

目前，我国小蚕的饲育方法主要有覆盖育、炕床育、围台育等几种形式。在实际生产中，也经常需要几种形式相互结合应用。

小蚕的饲养应注意以下几方面：

（1）桑叶采摘与贮藏　小蚕生长发育快，对营养要求高，要根据蚕生长发育的需要采好各龄适熟叶。所谓适熟叶是指软硬和厚薄适中，具有小蚕生长发育所需的营养物质的桑叶。实际养蚕生产中，需要储备一定数量的桑叶。贮桑时要注意保持叶质新鲜，贮藏时间一般控制在24小时以内。小蚕期贮桑方法有沙坑贮桑法、缸贮法等。

（2）切叶和给桑　切叶是给桑前的准备工作。将桑叶切成一定大小后，给桑要分散均匀，便于蚕就食。一般1～2龄多切正方形叶或长条形叶，正方形的大小以蚕的体长2倍见方为标准。

给桑要适量，既能使蚕充分饱食，又不能使残桑过多。小蚕防干育和炕育时，饲育环境多湿，能保持桑叶新鲜，可每昼夜给桑3次。

（3）饲育环境　小蚕饲育温、湿度随龄期的发育逐步降低。一般1～2龄温度为26.1～27.8℃、湿度为90%～95%；3龄温度为25～25.6℃、湿度为80%～85%。同时，要适当换气，保护空气新鲜。蚕室内应保持光线明暗均匀，防止日光直射蚕座。

（4）匀座与扩座　随着蚕的生长发育，其活动范围逐渐增大而扩大蚕座面积叫扩座。使蚕座上的蚕分布均匀，叫匀座。匀座与扩座的目的是使蚕有适当的生长发育环境。小蚕要求每次给桑都要进行扩座和匀座，防止蚕座整体和局部过密或过稀。

（5）除沙　存积在蚕座中的蚕粪、残桑、糠草等混合物称为蚕沙。除沙的目的是保持蚕座清洁干燥，减少传染蚕病的机会。

小蚕期除沙采用网除法，即先在蚕座上均匀撒上一层焦糠石灰，然后加小蚕用线网，2 次给桑后提网以除去下面的蚕沙。除沙动作要轻，勿伤蚕体，发现病死蚕要投入消毒缸中，切勿乱丢。随着龄期的增加，食桑量和排粪量逐渐增多，除沙次数也要相应地增加。

（6）眠起处理　眠起处理是养蚕过程中比较重要的技术环节。眠蚕处于新旧体壁更换过程，对外界不良环境的抵抗力较弱，如果处理不当，会影响蚕的健康发育。一般分为眠前处理、眠中保护和饷食处理三个时期。

（四）大蚕饲养

4～5 龄蚕称大蚕（或称壮蚕），大蚕是提高蚕茧产量和质量的重要时期。室内饲养大蚕，按蚕放置的方法，可分为蚕匾育、蚕台育和地面育。此外，也可在室外林荫场所或搭建简易蚕棚来饲养大蚕，但要加强敌害和风雨的防范工作。

大蚕的饲养应注意以下几方面：

1. 桑叶采摘与贮藏　用含水量较少的适熟叶。大蚕的桑叶贮藏室要求低温阴湿，一般采用地面畦储法。将桑叶在贮桑室地面抖松，堆成狭长的畦状，宽不超过 1 米，高不超过 0.5 米，畦与畦之间留有工作道，以利通气和操作。人员进出要换鞋并每日用 1% 有效氯漂白粉溶液消毒。

2. 给桑　大蚕期给桑，既要考虑蚕的充分饱食，发挥其经济性状，又要注意节约用桑，提高每公顷桑的经济效益。用芽叶、片叶饲养的，每日给桑 4 或 5 次；用条桑（桑叶枝条）饲养的，每日给桑 2 或 3 次。给桑时间和给桑量主要以蚕的食欲为依据，再结合蚕座残桑情况、环境温度与湿度、桑叶的新鲜程度等具体情况决定。

3. 饲养环境　大蚕饲育温、湿度应较小蚕期低。一般 4 龄时的温度为 24～25℃、湿度为 65%～70%；5 龄蚕饲养适温为 23～24℃，湿度为 70%～75%。春季 4 龄期自然温度可能偏低，要适当加温，保持环境温度不低于 20℃，否则，蚕发育不齐。

在饲养大蚕的过程中，必须加强通风换气。特别是在高温多湿的情况下，如通风不良，势必造成室内闷热、空气污浊，使蚕的体温升高，体质虚弱，容易诱发蚕病。"小蚕靠烘，大蚕靠风"，这是人们长期以来总结出来的经验。

4. 扩座与匀座　为使大蚕能充分饱食，群体发育整齐，大蚕期也应及时扩大蚕座面积并注意匀座。大蚕的扩座、匀座在每次给桑前进行，方法是将蚕从密处连叶移到蚕座的稀处和四周，或结合除沙加网分匾扩座。一般在蚕的盛食期把蚕座扩至各龄蚕的最大标准面积。一般 1 张蚕种大蚕期的最大蚕座面积：4 龄为 14 米^2 左右；5 龄为 36 米^2 左右。

5. 除沙　大蚕食桑量多，残桑和排粪量也相应增多，为此，大蚕期要多除沙，以保持蚕座干燥清洁。一般 4 龄蚕期安排起除、眠除各 1 次，中除 2 次；5 龄蚕期起除后，每日除沙 1 次。

6. 眠起处理　4 龄蚕就眠，俗称大眠，其特点是眠性慢，入眠往往不齐，因此，加眠网要适当延迟，一般掌握见个别眠蚕时加网。可提前分批处理，做到饱食就眠。当蚕就眠后，在蚕座上撒布干燥材料。大眠眠期较长，约需 40 小时，要防止高温、保持安静、光线均匀。5 龄饲食要保证叶质新鲜，叶量适当。

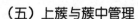

（五）上蔟与蔟中管理

上蔟室应选择地势高燥、光线明暗均匀、空气流畅、便于升温排湿的房屋。准备上蔟的面积约为蚕座面积的1倍。

蔟具对茧质的影响很大，蔟具的结构不仅直接影响熟蚕吐丝与结茧，而且还会影响吐丝结茧中的微气候环境，从而影响茧解舒、茧色等。因此，必须因地制宜地选择一种结构优良的蔟具。生产上使用的蔟具种类很多，主要有方格蔟、伞形蔟、折蔟和蜈蚣蔟（俗称草龙）等，其中以方格蔟为最好。

适熟蚕上蔟后第2天就会作好茧形，但此时仍有少数蚕未结茧而在蔟具上乱爬，称"游山蚕"。"游山蚕"的存在，会造成黄斑茧，因此，应及时捉下另行集中上蔟。

蔟中环境包括光线、温度、湿度和气流，与蚕营茧状态和茧丝品质有密切关系。熟蚕对光线敏感，表现为背光性。因此，上蔟室要求光线均匀，防止阳光直射和偏射，以自然分散光线较为好；蔟中合理的保护温度以24℃为佳，上蔟初期温度宜偏高，25℃左右；蔟中湿度对茧丝质量的影响特别显著，以70%～75%为宜，提倡上高山蔟，防止多湿环境；蚕上蔟后要注意通风换气，一般在上蔟当时不宜强风直吹，以防熟蚕向一方密集。蚕已基本定位营茧时（约上蔟1昼夜后），应开门窗通风换气，当遇闷热多湿天气，要用电扇进行人工通风，及时排除蔟室中湿气，提高蚕茧解舒率。

（六）收茧密度

采茧要适时，一般以蛹体皮色转为黄褐色时为宜：春蚕在上蔟后6～7天，夏蚕、早中秋蚕在上蔟后5～6天，晚秋蚕在上蔟后7～8天。采茧过早，蚕尚未化蛹，毛脚茧多，且易产生内印茧而影响茧质；采茧过迟，容易增加蛆孔茧；还会有蛹化蛾，增加蛾口茧的可能。采茧时要先挑出蔟中死蚕和烂茧，以免污染好茧。并按上蔟时间顺序采茧，轻采轻放。

四、家蚕常见疾病的防治

（一）病毒病

由于病毒的种类不同和侵入的部位不同，可表现出不同症状。

1. 体腔型脓病　蚕发育阶段不同，外观症状颇有差异，但发病后期，均表现典型症状。蚕体肿胀发亮，体色乳白，腹部、腹侧基部和气门周围更为明显。严重时，蚕表现不安，常在蚕座边上爬行，皮肤破裂，流出白色脓汁，在爬过的地方留下脓汁的印痕，死后尸体溃烂、发黑。

2. 中肠型脓病　病情慢，病程长，蚕带病期可维持1～2个龄期，之后才死亡。小蚕染病发育受阻，大小不一，食欲减退，身体软弱，继而胸部空虚，腹泻，陆续死亡。大蚕染病，食欲差，爬到蚕座四周，呆伏不动。胸部空虚，排出白绿混杂便，临死伴有吐液，在尸体周围有污浊液体的痕迹。本病的外部症状与软化病及细菌性胃肠病有极为相似之处，但解剖其中肠，可见乳白色隆起，并可检出大量的多角体。这是诊断本病的重要特征。

3. 软化病　外观症状与中肠型脓病相似。但本病蚕的胸部空虚特别明显，俗称"空头"。排粪稀薄或呈褐色污水样，死前吐出胃液，死后尸体软化。解剖中肠无白色粪水，镜检无多角体。

防治方法：①认真消毒，消灭病原体，切断传染途径。②拣出病蚕，勤除蚕沙，禁止在蚕室附近摊晒蚕沙，喂给新鲜桑叶。③用生石灰粉撒入蚕座（蚕体见白即可），或用生石灰混浊液（小蚕0.5%，大蚕1%）喷洒在桑叶上添食，每天1～2次。④添食抗生素对防治胃肠继发症有一定的作用。

（二）细菌病

由细菌感染或细菌毒素中毒引起。

1. 细菌性败血病 经皮肤创伤感染，感染后食欲减退，呆伏不动，继而停止食桑，体躯延伸，胸部膨大，腹部收缩。排出软粪或连珠状粪，倒伏而死，死前伴有吐液和腹泻。此外，病菌也可侵袭蚕蛹和蚕蛾而致病。在 25℃ 情况下，从感染到死亡不超过 24 小时，气温越高，死亡越快。由于感染病菌不同，又分为黑胸败血病、青头败血病和灵菌败血病等，是细菌病中发病最多、危害最大的一类急性传染病。

2. 细菌性胃肠病 食桑缓慢，逐渐停食，行动呆滞，粪便形状不正常或呈软粪、污液。蚕体软弱无力，陆续死亡。

3. 细菌性中毒病 由于发生突然，迅速倒毙，故又称"猝倒病"。突然停止食桑，前半身抬起，呈现痉挛性抖动，很快倒伏死亡。慢性病例，食欲减退，发育迟缓，多数出现空胸、腹泻、结粪等症状，一般经 2~3 天死亡。

防治方法：①加强饲养管理，增强家蚕体质。养蚕前做好清洗、消毒工作。常用的消毒剂有 0.3% 漂白粉或 2% 福尔马林溶液。②饲养中防止操作粗暴，减少蚕体创伤，以防感染。③妥善处理死蚕，将死蚕投入漂白粉液中消毒。④对被污染的桑叶进行消毒处理，可将桑叶浸在含有效氯 0.3% 的漂白粉液中浸 3 分钟，然后用清水冲洗晾干喂蚕；如污染不严重，只需用含有效氯 0.3% 的漂白粉液均匀地喷湿桑叶正反面以解毒，然后喂蚕。⑤用抗生素喷洒在桑叶上喂食。

（三）真菌病

由白僵菌、黄僵菌或曲霉菌等感染引起。

1. 绿僵病 食桑减少，行动呆滞，常在皮肤上出现黑褐色、轮状或云纹状病斑。死蚕体灰白色，菌丝和分生孢子呈绿色。

2. **黄僵病** 初期无明显症状，以后可见食桑减少，行动呆滞，皮肤上出现针状斑点，布满全身，或以气门为中心出现1～2个对称大黑斑，尤以第2、3气门和尾端几个气门发生较多，死前有吐水及腹泻等症状，死后尸体硬化，最后呈黄色。

3. **曲霉病** 高温高湿时多发。小蚕多见，发病快，体壁凹陷，死后一天即长出白色絮状菌丝及黄绿色分生孢子。大蚕发病，蚕体出现褐色大病斑，并逐渐扩大，死前头胸突出，伴有吐液。死后病斑周围逐渐硬化，其他部位易腐烂发黑。经1～2天，硬化部位生出气生菌丝和分生孢子，初呈黄绿色，数天后呈褐色。

防治方法：①养蚕前对蚕室和蚕具进行彻底消毒，常用药液有1%有效氯漂白粉溶液、0.5%百菌清、1%石灰粉混合浆、0.15%～2%防僵灵2号。②发病后注意除沙、通风换气，保持室内清洁干燥，蚕座内撒焦糠，喂新鲜桑叶。③在真菌病疫区每期养蚕过程中，可用4%百菌清防僵粉（25%百菌清1份加石灰粉24份混合）或敌蚕病消毒蚕体。④做好桑田除虫工作，消灭外在传染源。

（四）虫害

1. **蝇蛆病** 由多化性蚕蝇蛆产卵于蚕体上引起。蚕蝇蛆产卵后，被害蚕体上可见到呈黄白色、椭圆形、一端稍尖的蝇卵。经1～2天后孵出幼虫，钻入蚕体，寄生部位出现黑斑，并逐渐增大，被寄生的体节往往弯曲。3～4龄蚕被寄生后，不能蜕皮，死于眠中；5龄蚕被寄生大多能结薄茧，以后蝇蛆破茧而出，形成蝇蛆茧，不能缲丝。

防治方法：①蚕室配备纱窗，防止蛆蝇进入。②拣出受害蚕，除沙，更换蚕具。③用灭蝇剂控制蝇蛆。

2. **壁虱病** 多因虱状恙螨寄生在蚕体，注入毒素、吸取血液引起蚕中毒、死亡的一种急性蚕病。本病在棉花种植地区尤为普遍，春、夏蚕期受害严重。小蚕受害后很快停食，前半身抖动，头胸突出，体色污暗，很快死亡；眠中受害不能蜕皮而死；大蚕受害，排连珠状粪，脱肛，蚕体弯曲，头胸突出，吐水而死。

防治方法：①蚕室、蚕具禁放棉花。②对被蚕虱污染的蚕室和蚕具进行彻底清洗、消毒和熏蒸。③发现壁虱，可将蚕搬出，用毒消散熏烟 2 小时以上，然后打开门窗排烟，30 分钟后再将蚕搬回蚕室。结合用毒消散滑石粉（或干细土）混合剂撒在蚕座上驱虱，1～3 龄蚕用 50～60 倍，4～5 龄蚕用 25～30 倍，并及时除沙。

（五）原虫病

由单细胞的原生动物寄生所引起的疾病。在我国危害较大的主要是微粒子病。蚕的各发育阶段都可感染微粒子病，通常有食入和胚种传染两种途径。病蚕发育不齐，生长缓慢，体瘦，体色污暗。不同发育阶段发病，其症状有异，可出现细小蚕、斑点蚕、半蜕皮蚕、不结茧蚕。当蛹、蛾、卵感染时，症状不明显，也有蛹体表现有黑斑，腹部环节松弛，对刺激反应差，蛾有拳翅、黑翅、焦尾、秃毛、大肚等症状。

防治方法：①杜绝病原，对蚕室、蚕具、蚕种进行消毒。②对蚕沙、病蚕、残剩桑叶、废蔟等，必须认真处理和消毒。蚕沙和残剩桑叶必须堆肥后才能使用。③防止胚种传染，实行母蛾检查。凡检到有微粒子的母蛾，对其所产的卵要进行淘汰。

（六）农药中毒

蚕误食或接触被农药污染的桑叶而发生中毒。症状与接触农药的品种、浓度、蚕龄大小有关，常见蚕乱爬、吐液、痉挛、颤抖、翻滚、缩小等。

防治方法：注意了解桑田附近施用农药的情况，避免农药扩散污染桑叶，不用污染农药的桑叶养蚕。

治疗蚕病也可以选择中药，组方为：木香、麦芽、谷芽、黄柏、山楂、神曲、陈皮、元胡、党参、茯苓、贝母、生地、玄参各20克，甘草10克。药物经粉碎成末、混合均匀，按2%比例混入桑叶中喂食。本方剂既对各种痢疾杆菌、绿脓杆菌、大肠杆菌、金黄色葡萄球菌、炭疽杆菌等有明显的抑制作用，又有活血散淤、清热解毒的功效，与桑叶混合喂食，可以起到给蚕消毒，减少交叉感染，有效防治家蚕血液性脓病、软化病、白僵病、微粒子病的作用。

五、药材的培育和加工

（一）僵蚕的培育和加工

1. 成蚕饲养　饲养和加工药用僵蚕，一定要远离蚕丝业产区，与其他蚕室严格隔离，以免造成白僵病的大面积发生。全年均可饲养和加工。所喂的饲料，除桑叶外，可多加些月见草、剑蚕草、白三叶、串叶松香草等替代桑叶，以补充桑叶的不足，达到降低饲养成本的目的。对成蚕的饲养管理技术，与常规养蚕相同，需一直养至4眠。

2. 接种　当蚕4眠蜕皮后，取人工培养的或购买的僵菌粉，调成均匀的悬浮液（天冷用温水，水温不超过32℃，天热用冷水），用喷雾器均匀地喷洒在蚕体上，以蚕体见湿为度。

3. 培育　为提高菌种孢子的发芽率，接种时，饲养室要保湿、保温，以干湿温差0～1℃为标准，室温以25～28℃为宜。接种后，蚕一般3～4天开始死亡，5～6天死亡量达70%，8天全部死亡。

4. 加工　将死去的蚕及时拣出，另行摊放，并保持同样温度，使菌丝充分发育，待蚕体发僵变白后方可加工成药材。一般将死后的僵蚕及时收集，倒入石灰中，吸去水分后，晒干备用。

加工后的僵蚕要注意存放在干燥、通风透气的地方，同时注意防虫、防鼠，并及时拣除绿色、黄色、褐色的僵蚕。

（二）僵蛹的培育

目前，常用僵蛹代替僵蚕使用。取白僵菌在 25～28℃ 条件下斜面培养 10～12 天，再将菌种用煮茧液体做扩大培养。在摇床上振荡 36 小时左右，使菌液呈均匀混浊状，即可接蛹。将蚕蛹洗净、烘干、破碎后，作为发酵底物，接种上述菌液。在25～28℃条件下，经过封闭培养或半裸露培养 2～3 天，再浅盘裸露培养 5～7 天，使蚕蛹产生孢子而呈白色或白中带黄色，即成僵蛹。然后灭菌（90～100℃，2～3 小时），烘干，备用。

（三）其他药材

6～8 月收集 2～3 眠蚕的粪便，晒干，簸净泥土，除去桑叶、碎屑，即为蚕沙。蚕蜕是家蚕起眠时收集的蜕皮，可晒干应用。抽丝后从蚕茧中取出蚕蛹，晒干或烘干，为蚕蛹。

第十五节　蟾　蜍

蟾蜍在动物分类学上属脊索动物门、两栖纲、蟾蜍科的动物，别名癞蛤蟆、癞刺。主产于中国、日本、朝鲜、越南等国家。常见主要品种为中华大蟾蜍、花背蟾蜍和黑眶蟾蜍 3 种。蟾蜍是一种药用价值很高的经济动物，其耳后腺、皮肤腺分泌的白色浆液的干燥品，中药名为蟾酥；蟾蜍除去内脏的干燥全体称干蟾皮；蟾蜍自然脱下的角质衣膜叫蟾衣；另外，蟾蜍的头、舌、肝、胆均可入药，分别称为蟾头、蟾舌、蟾肝、蟾胆。

蟾酥，性温味辛，有毒，有解毒、止痛、开窍的作用，可治疗心力衰竭、口腔炎、咽喉炎、咽喉肿痛、皮肤癌等。目前，德国已将蟾酥制剂用于临床，治疗冠心病。日本以蟾酥为原料生产"救生丹"。我国的梅花点舌丹、一粒牙痛丸、心宝、华蟾素注射液等50余种中成药中都有蟾酥成分。

干蟾皮，性寒味苦，功能清热解毒、利水消肿、消积化食，用于治疗小儿疳积、慢性气管炎、咽喉肿痛、痈肿疮毒等证。近年来，用于多种癌症或配合化疗、放疗治疗癌症，不仅能提高疗效，还能减轻副作用。

蟾衣具有清热、解毒、消肿止痛、镇静、利尿等作用，还能迅速有效地增强体质和免疫功能，促进人体自然平衡，治疗食道癌、胃癌、鼻咽癌、肝癌、子宫癌、淋巴癌、心力衰竭、痈疽疮毒、乙肝、肝腹水等证。

蟾头可用于治疗小儿疳积；蟾舌能够解毒拔疔；蟾肝用于治疗痈疽疔毒；蟾胆用于治疗气管炎。另外，蟾蜍的肉质细嫩，味道鲜美，是营养丰富的保健佳肴。

蟾蜍的人工养殖十分简单，可利用废沟塘、庭院菜园、河边滩地或大田放养。蟾蜍主要捕食害虫，不但减少饲养成本，而且可消灭农田害虫。因此，养殖蟾蜍是一项一举多得、投入少、收益大、很有发展前途的药用动物养殖业。

一、蟾蜍的生物学特性

（一）形态特征

1. **中华大蟾蜍** 体粗壮，长约10厘米，雄性较小。全体皮肤极粗糙，除头顶较平滑外，其余部分均布满大小不同的圆形疣瘩（皮脂腺）。头宽大，口阔，吻端圆，吻棱显著。口内无锄骨齿，上、下颌亦无齿。近吻端有小型鼻孔1对。眼大而凸出，后方有圆形鼓膜。头顶部两侧各有大而长的耳后腺。躯体短而宽。在繁殖季节，雄性背面多为黑绿色，体侧有浅色斑纹；雌性背面色较浅，瘰疣乳黄色，有时自眼后，沿体侧有斜行的黑色纵斑；腹面不光滑，乳黄色，有棕色或黑色的细花斑。前肢长而粗壮，指（趾）略扁，指侧微有缘膜而无蹼；指长顺序为3、1、4、2；指关节下瘤多成对，2个掌突，外侧者大。后肢粗壮而短，胫跗关节前达肩部，趾侧有缘膜，蹼发达，内跖突长而大，外跖突小而圆。雄性前肢内侧3指有黑色垫，无声囊。

2. 花背蟾蜍　体长平均6厘米左右，雌性最大者可达8厘米；头宽大于头长；吻端圆，吻棱显著，颊部向外侧倾斜；前肢粗短，指细短；后肢短，胫跗关节前达肩或肩后端，左、右跟部不相遇，足比胫长，趾短，趾端黑色或深棕色；趾侧均有缘膜，基部相连成半蹼。雄性皮肤粗糙，前肢粗壮，内侧3指基部有黑色婚垫，有单咽下内声囊。头部、上眼睑及背面密布不等大的疣粒，雌性疣粒较少，耳后腺大而扁；四肢及腹部较平滑。雄性背面多呈橄榄黄色，有不规则的花斑，疣粒上有红点；雌性背面浅绿色，花斑酱色，疣粒上也有红点；头后背正中常有浅绿色脊线，上颌缘及四肢有深棕色纹。两性腹面均为乳白色，一般无斑点，少数有黑色分散的小斑点。

3. 黑眶蟾蜍　黑眶蟾蜍最大的外观特征是自吻部开始有黑色骨质脊棱，一直沿眼鼻腺延伸至上眼睑并直达鼓膜上方，形成一个黑色的眼眶，故命名黑眶蟾蜍。体型中等至大型，显现明显的两性异形，雄性平均体长5～6厘米，雌性可达9厘米或以上。黑眶蟾蜍有不同的体色，背部多为黄棕色或灰黑色等，上面布满黑褐色的杂色花斑，腹部则为乳黄色。皮肤粗糙。吻端钝圆，头略宽，上、下颌附近均有黑色线，单咽下内藏声囊。眼后有香肠状的耳后腺，鼓膜显著。除头部外，全身均布满大小不一的疣粒或小瘤，疣粒及小瘤均有黑色角质刺。在受惊吓时，除耳后腺会分泌出白色毒液外，全身疣粒亦会分泌出毒液以自卫。前肢较细长，后肢则较粗短，均呈圆形，无蹼或仅有半蹼，指尖亦呈黑色。

（二）生活习性

蟾蜍喜湿、喜暗、喜暖。蟾蜍是冷血动物，夏、秋季节，蟾蜍白天隐匿在潮湿的石块下、草丛中或土洞内，早晨和黄昏出来活动。多在夜间捕食小动物，如蜗牛、蝗虫、蝼蛄、蟋蟀等，有时也吃蚯蚓、小虾，甚至也能吃小蛇，食性广泛，食量大。产卵季节因地而异。卵在管状胶质的卵带内交错排成 4 行。卵带缠绕在水草上，每只蟾蜍产卵 2 000～8 000 粒。其蝌蚪喜成群朝同一方向游动。当气温下降到 10℃ 以下时，蟾蜍就钻入砖石、土穴中或潜入水底冬眠。待第二年气温回升到 10℃ 以上时结束冬眠，出蛰后就在静水塘或流动性小的水沟中抱对、产卵、受精。

（三）繁殖特性

蟾蜍为雌雄异体，雄性生殖器官包括睾丸、输精细管、中肾管，雌性生殖器官包括卵巢、输卵管、子宫。蟾蜍是脊椎动物由水生向陆生过渡的中间类型。体外受精，卵生，卵在水中发育。自然繁殖季节大多在春天，出蛰后成体就在水中抱对，当雌蟾蜍产卵时，雄蟾蜍随即排精，在体外完成受精过程。受精卵在水中孵化出蝌蚪，形似小鱼，用鳃呼吸。约经 60 天的变态发育，蝌蚪尾消失，变为幼蟾蜍，营陆栖生活，用肺呼吸，同时皮肤分泌黏液帮助呼吸。其内部器官系统逐渐完善，经 16 个月左右达到性成熟，发育成成体。

二、蟾蜍生态养殖的场地建设

蟾蜍对养殖场的要求不是很严格。因为蟾蜍喜湿、喜暖，所以场地要选择在有水塘或水池、虫源比较丰富、气温比较暖和的地方。水沟、池塘、江河岸边或庭院菜园等场所都可进行蟾蜍的养殖。无环境污染、无噪声干扰和昆虫生长繁盛的地方最为理想。大规模养殖应建产卵池、蝌蚪池、成蟾池。一般养殖户根据现有水面，对池塘、渠道、水沟、水田进行改造即可。蟾蜍下水较少，占用水面较小，水池最好保持细水长流，也可用雨水或含锌、铝、铁较少的井水。如用自来水，应日光暴晒驱氯后再用。一般成蟾池每平方米水面可养殖 40 只左右。成蟾池面积一般 660～1 320 米^2，蝌蚪池 10～40 米^2，产卵池 10 米^2。成蟾池要保持空隙地和水面的比例为 1：1，池深保持 80 厘米，池周筑高 80 厘米以上的土墙并保持光滑，也可用纱网、竹编作围栏，以防蟾蜍逃跑。在进水口、出水口处用塑料纱网封堵，以阻拦小蝌蚪外逃。水池上方搭遮阳棚，或栽种丝瓜、佛手瓜、葡萄等蔓类植物，水池周围应有 2～3 米的土地，栽种玉米、大豆及耐湿的花草等，这样既可为蟾蜍提供栖息场所，又利于蟾蜍捕食草丛中昆虫。

　　利用现有果园，人工养殖蟾蜍，一是蟾蜍可以消灭果园害虫，减少农药的施用，提高果品质量；二是利用蟾蜍本身，可生产蟾酥、蟾衣和蟾肉等产品。果园养蟾蜍，设施简单，只要用小竹片在果园四周做支架，支架上覆盖 60～70 厘米高的塑料薄膜作防逃墙即可。可以在果园挂几盏黑光灯（日光灯亦可），晚上引诱林中害虫，如蚊蝇、飞蛾、甲壳虫等扑向灯边，使蟾蜍自行捕食。如在树下堆上些土杂肥、厩肥、稻草、秸秆等，任其滋生蚯蚓、蛆虫和其他小虫子，供蟾蜍择食。这样不仅解决了蟾蜍的食源问题，还减少了果园害虫。果园养蟾蜍可对果林少施农药，又能增加土壤肥力，提高果品质量、产量，从而提高经济效益。一般每公顷放养蟾蜍 4 500～7 500 只。总之，果园养蟾蜍，设施简单，成本低，管理方便，工作量小，单位面积的经济效益高。

三、蟾蜍人工繁殖技术

（一）选种

　　每年 3 月下旬到 4 月下旬蟾蜍产卵盛期，解决苗种的方法主要有 3 种：一是在产卵季节的雨后到静水处寻找蟾蜍卵块，捞回放在池中孵化或直接放在没有蟾蜍的养殖池中，每平方米放 2 500 粒卵，温度控制在 18～25℃，3 天就可孵出小蝌蚪。经过人工培育，选择体大健壮、发育良好、行动活泼的蟾蜍作种。二是在惊蛰后，气温稳定在 10℃ 以上时，到野外潮湿的地方捕捉越冬蟾蜍，选择个体大、健壮、发育良好、行动活泼的蟾蜍作种，按雌雄比 3∶1 放到产卵池中养殖，让其自然交配、产卵、受精、受精率可达 90％ 以上。三是到养殖单位购买优良种蟾。

（二）繁殖

蟾蜍大多在春季交配产卵，当气温达到 15℃ 以上时开始发情。每只雌性蟾蜍一次可产卵 5 000～6 000 枚，产下的卵成行地排列在管状胶质的卵带内，卵呈黑色。卵带长可达 1～3 米，缠绕在水草上，这时可收集蟾蜍卵进行人工孵化。将收集回的蟾蜍卵放在准备好的孵化池或水缸里，水的温度应保持在 18～24℃，孵化期间应注意换水和调节光照。经 3～4 天后，蟾蜍卵开始孵化出小蝌蚪，这时的蝌蚪体质最弱，死亡率极高，最关键的就是要保证新鲜的水质和稳定的水温，如遇有暴雨或寒流等恶劣天气，应加强保温工作，可用塑料薄膜覆盖孵化池或水缸来进行保温。刚孵化出来的蝌蚪在 2～3 天内开始进食，先以卵膜为食，以后吃一些动植物碎屑或水生浮游生物。经 2～3 个月后，蝌蚪经变态发育成蟾蜍，开始登陆生活。

四、蟾蜍饲养管理技术

（一）蝌蚪的饲养管理

蝌蚪的饲养管理是养殖蟾蜍最关键的环节。蝌蚪生长发育的最适温度为 16～28℃，平时要注意水温的变化，加强保温工作。养殖蝌蚪的水量要大，以防水温变化过大。可养于大水缸或水池中，而不可养于盆中或小水缸中。饲养密度为：刚孵化的蝌蚪每平方米2 000～4 000枚；20日龄的，每平方米500～1 000枚；1月龄的，每平方米200枚。蝌蚪食量很广，喜食口感适宜的水生小动物、浮游生物和微生物。同时，也可适量饲喂猪血、猪内脏、牛内脏、麦皮、蔬菜屑、废弃食物及嫩草等。也可用玉米面、豆饼粉、麦麸等混合饲料煮烂后投喂。还可用切碎的猪肉、牛肉或羊肉投喂。一般5～20天左右的蝌蚪每天喂1～2次，20～30天左右的蝌蚪每天喂3～4次。注意不可喂的过多。应及时把过剩的食物捞出，以防水质变坏。经1个多月后，可喂蚯蚓、蝗虫、蚱蜢、蚂蚁及其他昆虫幼虫。

（二）蟾蜍的饲养管理

蟾蜍的生命力较强，容易进行饲养管理。蟾蜍的食料主要是昆虫，喜食蛾类、蜗牛、蚂蚁、蚜虫、地蚕、蝇蛆、金龟子、蚯蚓等。还可在养殖场内设置黑光灯诱虫或人工捕虫，供蟾蜍捕食。此外，繁殖藻类及其他浮游生物，也可解决蟾蜍的主食。也有将猪粪尿、牛粪尿、人粪尿、蔬菜下脚料、厨房废水、屠宰场和食品厂的废弃物、肥水或糠等投入繁殖和饲养田一角，让其滋生虫子，供蟾蜍捕食。也可以到潮湿的地方寻挖蚯蚓或配套养殖蚯蚓，或到无农药处理过的厕所里捞取蝇蛆冲洗干净投喂或配套培养蝇蛆。如饵料仍不足，可用30%饼类、30%屠宰下脚料、5%鱼粉、30%麸皮、5%大豆粉做成配合饲料。与动物性饲料结合驯食、投喂。夏、秋季节水质易变坏，应根据水色变化，及时灌注新水，保持水质清爽。在养殖场内不能放养鸡、鸭等家禽，也不可使用石灰、农药等有毒物品。对于小蟾蜍，可放在养殖场内放养，放养密度为每平方米30～100枚。

冬季是蟾蜍的冬眠季节。蟾蜍在自然环境中，一般在田野、池塘边潮湿、避风、阳光照射比较充足的地方越冬，如环境不适，越冬死亡率很高。人工饲养，要做好越冬的保护工作。蟾蜍越冬是人工养殖蟾蜍的关键环节之一，越冬存活率的高低直接关系到饲养蟾蜍的产量和效益。因此，9～10 月必须准备好蟾蜍的过冬场所，多投喂一些蛋白质和脂肪含量高的动物性饵料，使蟾蜍在冬眠期间得到充分的营养供应。可准备些土块、石块做成假山状，多留缝隙，使蟾蜍在内安全过冬。还可以建造室外越冬池，选择日照时间长、避风条件好、不积水的地方，挖一个长135 厘米、宽 135 厘米、深 50 厘米的池，用木板做一个长 130厘米、宽 130 厘米、高 70 厘米的木框，装入池内，最底层堆填落叶、稻草和土的混合物，中层填落叶，上层覆盖稻草，可使蟾蜍安全过冬。

五、蟾蜍常见疾病的防治

蟾蜍的抗病力很强，不易患病，但平时也要注意疾病和敌害的防治。饲养前应对饲养池、孵化池及饲养场地进行消毒（可选用生石灰），消毒后的场地经 1 周后才可开始放养蟾蜍。平时应加强管理，防止凶猛鱼类、家禽、鸟类、蛇类、鼠类的侵入，给蟾蜍创造一个安全、舒适的环境。

（一）脱皮病

1. 病因　脱皮病俗称烂皮病。多因饵料单一，维生素 A 缺乏，上皮组织代谢异常，皮肤腺分泌物减少，皮肤湿润度降低而显干燥，进而出现斑纹、腐烂而感染各种溶血性病菌所致。本病发病快，传染性强。

2. 症状　皮肤干燥，光泽差，先是背部出现斑裂、脱落，继而大面积脱落、溃烂，厌食，一般经 7～10 天死亡。

3. 防治方法　平时加强饲养管理，保证营养全面、饵料多样化，多喂动物性活饵料及含有维生素 A 和其他维生素的饲料。定期更换池水，并对池水进行消毒。

成体投喂鱼肝油胶丸，每日 1 粒，连喂 3～5 天。严重脱皮的，用5%食盐水局部清洗或用青霉素溶液（每升水加50万国际单位青霉素）浸洗，每日2次。

（二）气泡病

本病主要危害蝌蚪。

1. 病因　水温和气温过高，池水过肥，水中氧气、氮气饱和，蝌蚪吸入气泡使胃肠充满气体，引起腹部胀满而发病。

2. 症状　肠道充满气体，腹部膨胀，身体失去平衡，仰浮于水面。

3. 防治方法　勤换水，保持池水清新。池中水生植物不宜过多，池水不可过肥。

立即转池或者更换池水。池内泼洒2%的硫酸镁溶液。

（三）胃肠炎

本病主要危害蟾蜍幼体和成体。

1. 病因　多因饵料腐败变质，栖息环境恶化所致。多发生于春夏和夏秋之交。

2. 症状　病蟾蜍初期焦躁不安，东爬西窜，喜欢钻泥。后期常躺在池边，伸腿闭眼，不食不动，反应迟钝，不怕惊扰，捕捉后很少挣扎，往往缩头弓背。

3. 防治方法　加强饲养管理，不饲喂霉变饵料，保持饵料台、池水的清洁卫生。

每天拌食投喂酵母片2次，每次每千克饵料中拌入半片，连喂3～5天。对病蟾蜍池用漂白粉溶液泼洒消毒。

（四）鳃霉病

1. 病因　由于饲养池水质恶化，霉菌侵入蝌蚪的鳃组织所致。

2. 症状　鳃霉菌侵入蝌蚪鳃组织后出现充血、出血，后期鳃丝变成苍白色。蝌蚪多因呼吸困难而死。

3. 防治方法 平时加强管理，定期更换、消毒饲养池池水，控制水体有机质含量。

用铜铁合剂浸洗消毒蝌蚪，浓度为 0.7 毫克/升，浸洗 10～20 分钟。

（五）舌杯虫病

本病主要危害蝌蚪。

1. 病因 由舌杯虫侵入蝌蚪的腮和皮肤引起。

2. 症状 肉眼可见与水霉菌感染相似的体表毛样物，患病蝌蚪行动迟缓，甚至停食。

3. 防治方法 经常换水，定期清洁消毒。保证适宜的放养密度，科学饲喂。患病蝌蚪用 3‰ 的食盐水浸泡 15～20 分钟。对养殖池进行清池、消毒。

（六）车轮虫病

本病亦称烂尾病，主要危害蝌蚪。

1. 病因 由车轮虫寄生引起。

2. 症状 肉眼可见尾鳍黏膜发白，严重者尾鳍被腐蚀。患病蝌蚪浮在水面喘息，食欲减退，行动迟缓。

3. 防治方法 与舌杯虫病相同。

六、药材的采收与加工

（一）蟾酥的采收与加工

1. 蟾酥的采收时间 在刮浆蟾蜍出蛰后经 10～15 天的恢复期，即可进行浆液的采收，一直到其冬眠前 15～30 天停止，以利于蟾蜍进行体能储备而越冬。因此，浆液采收时间一般在春季到秋季之间，采浆的高峰期为 6～7 月，在采收季节，一般每 2

周采浆一次。

2.采收用具　采收蟾蜍浆液忌用铁质器皿,以免浆液变黑,影响蟾酥的质量。采收浆液的用具包括:采浆用的铜制或铝制的夹钳、竹片,盛浆用的瓷盆或瓷盘。另外,还应备好手套、口罩、眼镜等,以防采浆时浆液飞溅进入眼、鼻,引起肿痛。如操作不慎,使浆液进入眼、鼻,可用煎好的紫草水清洗,也可用甘草、白及片各 30 克,煮浓汁内服。

3.采收部位　蟾蜍浆液最多的部位是紧靠耳后的 1 对扁圆形大疣粒,即常称的"耳后腺"(雌、雄蟾蜍均有);其次是背部的皮肤腺瘤状突起。采浆时,一般先采收耳后腺的浆液,然后才是皮肤腺,以免蟾蜍挣扎喷溅较多的浆液,造成损失。

4.采收方法

(1)挤浆法　在挤浆前,应将捕到的蟾蜍体表洗净,风干或晾干。然后,左手抓住蟾蜍的后腹部,背部向上,拇指压背部,其余四指轻轻压腹部,使其耳后腺及皮肤腺充满浆液,此时,右手持夹钳夹挤耳后腺和皮肤腺,使浆液溅射到盛浆器内。夹挤腺体时,用力要适度,以腺体张开口为宜。如用力太轻,腺体的浆液难以全部挤出;如用力过重,又容易挤出血液或将蟾蜍腺体附近的皮肤撕伤,造成蟾蜍发炎、死亡。一般每个腺体夹挤 2～3 次即可。为了提高产量,在挤浆前,可轻击或用竹签刺痛蟾蜍头部,也可用辛辣物质如蒜、辣椒捣碎放入其口中,或将其置于四面放镜的缸中让其惊恐急躁,还可用 75%～95% 的乙醇涂擦耳后腺和皮肤腺等方法。

(2)刮浆法　用竹片或竹夹刮取蟾蜍的耳后腺和皮肤腺的浆液,刮取 2～3 次即可。操作方法同挤浆法。采浆后的蟾蜍,切勿直接放入水中,以防腺体伤口发炎,造成死亡。要在旱地饲养,加强饲养管理,待恢复 2～3 天后,方可进入潮湿、有水的环境。

5.蟾酥的加工　采取浆液后,要在 24 小时内进行加工,以免变质。如采取的浆液干净、无杂质，可直接进行加工；如采取的浆液有杂质，则需要用铜丝筛或尼龙丝筛进行过滤。铜丝筛为80目或100目，尼龙丝筛为60目或80目。如浆液太浓不易过筛，可加入15%的洁净水搅匀后过筛，以加快过滤速度，易于筛出杂质。待筛面全剩下杂质时，刮净筛底背面的浆液，与滤出的浆液放在一起进行加工。

蟾酥的加工有3种形式：

（1）片酥 又称片子酥、盆酥。是将过滤后的纯净浆液，用竹片直接涂在洁净的玻璃板或竹板、瓷盆上阴干或晒干而成。常见的片酥有2种：一种是圆形浅盘状，边缘突起，中央平坦，分层，半透明，坚而硬；另一种是长方形片状，四边和中央厚度基本一致，厚2～3厘米，不透明。2种片酥每块的重量均约15克。

（2）棋子酥 又称杜酥。是将过滤后的浆液置于玻璃板或其他器皿上，加工成扁圆形、似围棋子形状的蟾酥，每块重约15克。

（3）东酥 又称团酥、块酥。是将过滤后的浆液倒入圆形模具中，经晒干而成。其外观圆饼状，边缘较薄，中央较厚而凸出，下面凹入，直径6～10厘米，中央厚2～3厘米，每块重60～100克，为主要的出口产品。

大量生产蟾酥的养殖场，在进行蟾酥加工时，尤其是遇阴雨天气时，可将滤过的纯净浆液置于通风处或阳光下晒至七成干，再轻轻从盛器中取出，于60瓦灯泡下或60℃烘箱内烘干。这种方法，能够在较短的时间内将较多的浆液加工干燥，从而保证了蟾酥的质量。另有一种加工方式，即在采收的浆液中拌入适量面粉，晒至七成干时，做成小圆饼，中间穿孔，用线穿起来后吊挂于通风处阴干。这种蟾酥因加入面粉影响了其纯度，投入市场时应加以说明，以便使用时掌握用量。

6. **蟾酥的贮藏** 因为蟾酥易发霉、黏结，所以加工干燥后的蟾酥应密封保存，以免变质，并适时投入市场。贮藏方法：
称取 0.5 千克干石灰粉放于密封缸底部，石灰上面铺一层干草
或几层卫生纸，然后，把用牛皮纸包好的蟾酥一包一包整齐地
放在上面，最后加盖密封。封存贮藏的蟾酥，越陈越黑，品质
越佳。

（二）蟾衣的采收

把活蟾蜍倒入大水缸或水泥池内，干养 3 天，不喂食物，让
其排泄肠内污物，剔除瘦弱者。第 4 天挑选排尽污物的蟾蜍，加
入配制泔水（淡水加入 5％米泔水），使蟾蜍漂浮，促使其自然
运动，不喂食物。12～24 小时内不换水。第 5 天把浸泡后的蟾
蜍移入室内，放入塑料盆或水桶内，加入淡水和适量白酒，深度
20～30 厘米，上加透气盖，不让其逃走。每平方米内可放活蟾
蜍 1 千克。每隔 20～30 小时换水一次。容器中放的蟾蜍越多，
所产蟾衣质量越差，也越碎。气温达 23～25℃时，第 5 天部分
蟾蜍开始陆续自然脱衣于水中，第 6～7 天达到高峰，一般第 8
天完毕。因蟾蜍在水中无法自己吞吃蟾衣，在水内也吃不了食
物，所以整个过程中不喂食。

在蟾蜍脱衣期间，每天分数次用捞斗将蟾蜍脱下的漂浮的蟾
衣捞起，放入清水盆内，洗掉杂质。然后，将洗净的蟾衣挑起，
凉于瓦片上晒干即可。如要将蟾衣加工成标本出售，可轻轻地
把蟾衣在水中漂散，一手用镊子夹住，另一手用一块玻璃入水
中，慢慢移托上去，将蟾衣拼合成整体形状，晾干即可，也可
移到白纸上拼合成标本。待蟾蜍脱衣后，要把其放归自然环境
中，或放在饲养场围养，必要时投喂一些食物，最好在晚上点
灯诱虫让其自然摄食，使其健壮，有利于下次脱衣。若要制作
高质量标本，事先要挑选出体型大的蟾蜍单养于水盆中让其单
独脱衣。最好是一个方格式容器，单个放养，这样蟾衣不会被
扯坏。

（三）蟾蜍的采收与加工

采收一般在夏、秋季。捕获后，先采取蟾酥，然后将蟾蜍杀死，直接晒干，即成为干蟾；或将蟾蜍杀死后，除去内脏，将体腔撑开晒干或烘干，即为干蟾皮。

第十六节　林　蛙

林蛙在动物分类学上属脊索动物门、两栖纲、蛙科的动物，又名哈士蟆、田鸡。品种有中国林蛙和黑龙江林蛙，我国大部分地区均有分布，主要分布于黑龙江、吉林、辽宁、内蒙古等地的林区。林蛙是药食两用的珍贵蛙种，其药用部位为雌性输卵管的干制品或林蛙整体的干制品，前者称为林蛙油或哈士蟆油，后者称为哈士蟆。

哈士蟆，性凉味咸，具有养肺滋肾的作用，治疗虚劳咳嗽。林蛙油，性平味甘、咸，具有补肾益精、养阴润肺的作用，主治病后虚弱，产后虚弱、神经衰弱、盗汗、不孕、产后无乳等病证。

除药用外，林蛙肉可食用，其肉质细嫩、味道鲜美，是上等佳肴和名贵滋补品，是著名的四大山珍野味之一。提取林蛙油后的残体，又可作珍贵动物紫貂、水獭等的饲料。

研究表明，林蛙油含有丰富的蛋白质、维生素、脂肪酸、微量元素，还含有蛙醇、多糖、磷脂及多种激素等，能促进胸腺、脾脏发育，还可提高吞噬细胞和 T 细胞活性，在免疫识别、调控、自我稳定及纠正老年个体免疫力低下等方面发挥积极作用，还有助于清除体内衰老变性和突变细胞及免疫复合物，有抗衰老之功效。另外，林蛙油在抗肿瘤、抗感染、防治风湿病和乙型肝炎方面也可以发挥重要作用。

由于化肥、农药的大量使用，环境日渐恶化，森林植被不断遭到破坏，林蛙的自然生存环境逐渐缩小，野生林蛙的数量也逐渐减少，再加上无计划地滥捕乱捉，更使得林蛙的野生资源日渐减少，市场价格不断上升，单靠野生资源远远不能满足人们的需要，只有依靠人工养殖，才能解决这一供求矛盾。林蛙养殖投资少、见效快、无风险、经济效益显著，适于家庭养殖，是发展庭院经济的好项目。目前，我国除了东北各省养殖较多外，华中、华南、西南地区也在发展林蛙的养殖，取得了明显的经济效益和社会效益。

一、林蛙的生物学特性

（一）形态特征

林蛙身体较宽短，雌蛙体长 7～9 厘米，雄蛙体长 5～7 厘米。头部扁平，长度与宽度相似，吻端钝圆而宽，略突出于下颌，吻棱明显；鼓膜较长，直径等于或大于眼径的 1/2，鼓膜处有一深色或黑色三角形斑纹；锄骨较小，位于内鼻孔后方，呈两短斜行；雄性咽侧有一对声囊。林蛙头部与胸部紧连，背部皮肤较粗糙，背上分布有一些大小不等的疣粒，背侧皱褶不呈直线，在鼓膜上方向外侧倾斜到肩部后，又折向中线，再到达股基部；背部及体侧呈黄白色、金黄色、棕褐色等。林蛙腹面较光滑，色较浅，呈灰白色、橘红色，略带有浅色不规则的花斑。林蛙前肢短粗，有 4 个指，关节瘤和内外掌突均明显，雄蛙第 1 指内侧有发达的灰白色婚垫；后肢长而细，约为前肢长度的 3 倍，趾间蹼发达，关节部瘤明显。

（二）生活习性

中国林蛙分布于我国东北、华北、青海、四川等地区，黑龙江林蛙主要分布于东北地区。林蛙为两栖动物，能适应水和陆地生活。陆栖生活时期从 4 月下旬至 9 月下旬，生活在阴湿的山坡林间、农田、草丛中，能完全离水生活。水中生活时期从 9 月底至第二年 4 月，在水中冬眠及产卵、繁殖。当气温下降至 0℃以下时，林蛙便选择水源充足的河流深水湾或泥洞等作为冬眠场所，冬眠时游入河底石块下、水草间、泥洞及树根下，多为群居。停留在森林里的林蛙，当气温下降至 0℃以下时，便选择向阳的山坡，潜入林下枯枝落叶层和土壤里，进行地下冬眠。林蛙春季解除冬眠，上岸较早，比青蛙早 20～30 天，比较耐寒。

（三）繁殖特性

当环境温度平均在 5℃时，林蛙即解除冬眠，进入池沼、小水塘等安静的水中准备交配。3 月末至 5 月是林蛙的配对产卵期。一只雄蛙可与 3～5 只雌蛙交配，成蛙一次产卵 1 000～2 300 粒，卵粒聚集在一起形成卵块，受精卵在环境温度达 14～14.3℃时，经过 15 天左右可孵出蝌蚪，若环境温度升高至 20℃，则 6～10 天即可孵出蝌蚪。孵出后 2 天即要采食，40 天后进入变态期，从蛙卵产出到变态为幼蛙需 60～70 天。刚孵出的蝌蚪靠卵胶膜为其提供营养，同时以浮游生物为食，也吃未孵化出来的蛙卵，幼蛙登陆后则主要以山林中的活昆虫为食，也捕食蜘蛛、地螨、蚯蚓、蜗牛、甲虫等动物，日摄食量为体重的 5%～10%。20～30℃是林蛙的适宜生长温度。林蛙 2～3 年可达性成熟。

二、林蛙生态养殖的场地建设

林蛙是一种两栖动物，需要水陆两种环境。根据其特点可采用人工放养。场址应选择在树林茂密、植被良好、水源充足、背风向阳、湿度较大、冬暖夏凉、昆虫较多、环境安静、交通方便的山林地。根据林蛙不同生长阶段的需要，建造一系列规格和用途不同的水池。

（一）产卵池

供成蛙产卵用。建在饲养池周围或中间，面积占全场面积的1/50～1/20。

（二）孵化池

用于孵化受精卵。建在饲养池周围或较中间，面积不宜过大，水深50～80厘米，不放水草，池上方建占池子的2/3左右的遮阳棚。

（三）变态池

用于饲养蝌蚪及供蝌蚪变态用。变态池面积要比孵化池稍大些，以长8米、宽3米、高1米为宜，在池的一侧建一个坡度为10°～15°的小斜坡，供蝌蚪变态成为幼蛙时登陆用，斜坡地上放一些草丛、木板、石块等做成隐蔽场所，让幼蛙藏身。

（四）饲养池

供幼蛙和成蛙用，但是由于成蛙攀援和穿洞能力强，池周围要砌筑1.5～2米高的围墙，稍向内倾斜，墙内要光滑，以防林蛙攀爬逃遁。

也可以把农产品（粮食、瓜果、蔬菜）的种植场作为饲养林蛙的生态养殖场。长江以北地区可选择在速生林（杨树）养殖林蛙，林中还可种植牧草，长江以南地区可选择在常绿果园里养殖林蛙，其主要优点表现在以下几个方面：①林蛙是各种害虫的天敌，在农作物下养殖林蛙可以有效减少农作物虫害的发生，无需再施农药灭虫，有效提高了农作物品质。②林蛙排泄物是一种有机肥料，农作物根系可吸收，减少了肥料成本和人工投入。③农作物为林蛙的生长提供较好的环境，彼此之间形成互补共生关系。

三、林蛙人工繁殖技术

(一) 种蛙的选择

应选择黑褐色、体背有"人"字形黑斑的蛙作种蛙，种蛙应为 2 年生以上、体型肥大、无损伤、跳跃灵活、无畸形。2 年生的种蛙体重不低于 27 克，3 年生的体重不低于 40 克，4 年生的体重不低于 56 克。一般 2 年生林蛙产卵 1 300～1 600 粒，3 年生的产卵 1 500～2 000 粒，4 年生的产卵 2 300 粒。实践证明，以 2 年生的雌蛙作种蛙比较合适，主要是其体躯灵活，产卵质量好，成活率高。

土黄色或花色林蛙抱对产卵期死亡率高，一般不宜选作种蛙。

(二) 产卵

当气温升至 7～10℃，水温在 5℃以上时，即可将雌、雄林蛙按 1∶1 的比例放入产卵池配对产卵。实践中，有些雄蛙配对能力差，不能及时抱对，可将雄蛙比例增加 20％左右。不同年龄林蛙混合配对时，因体长和体重的差异而导致配对效果差，一般先按年龄分组，最好是 2 年生雌蛙与 2 年生雄蛙或 3 年生雄蛙配对，3 年生雌蛙与 3 年生雄蛙或 4 年生雄蛙配对。

1. 箱式产卵法　产卵池用塑料薄膜覆盖，水深为 10～20 厘米，即有深水区与浅水区，将规格为 60 厘米×70 厘米×50 厘米的产卵箱放入产卵池中。箱内放 30～50 对种蛙，装好种蛙的产卵箱放在产卵池的静水处，即要离流水口远一点，以便提高卵的受精率。产卵箱框架为木质结构，底为 16 目铁纱网，周围用塑料薄膜钉严，上面不加盖，箱内保持 10 厘米水层。也可将产卵箱斜放，使箱内一侧水深，一侧水浅，供抱对种蛙活动。产卵箱之间距离为 20 厘米。在 10～11℃的水温下，一般配对 5～12 小

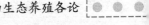

时，雄蛙鸣叫不止，相互追逐，抱对，预示着雌蛙即将产卵，产卵时间大约集中在黎明之前。产卵后，要用小捞网（网眼1厘米^2）每隔1小时捞取卵团1次，及时送到孵化池孵化。此种方法能有效地调控林蛙按照生产计划进行产卵。

2. **圈式产卵法**　产卵池四周池埂要用塑料薄膜覆盖，地上部分高1.0～1.3米，地下部分深25厘米，以防止林蛙攀缘或穿洞逃跑。产卵池面积为20～30米^2，池底铺垫大颗粒沙石，按1：1的雌雄比例，每平方米放50对种蛙。产卵后按时捞取卵团移入孵化池。

由于产卵池面积较大，随时捞取已产卵的雌蛙比较困难，可在池埂上放置枯枝落叶供产后雌蛙暂时休眠之用。一般产卵3～4天后应对产卵池进行一次清理，将已产卵的雌蛙和部分雄蛙移走，送入生殖休眠场。否则，强制其在水中，会出现死亡。此法产卵面大。

3. **蛙卵的孵化**

（1）孵化条件

①水质　要求水质清新，不含泥沙，因为泥沙可污染卵团，导致形成沉性卵，降低孵化率。应尽量保持静水环境，pH为6～7的中性水质。

②水温　温度是影响蛙卵孵化的直接外界条件。温度高，胚胎发育速度加快，孵化期短，反之，胚胎发育速度慢，孵化期延长。当水温增加1℃时，孵化时间就缩短22小时。但是，在孵化过程中，胚胎发育各阶段对温度的要求是不同的，从卵裂开始到囊胚期，卵对低温条件有很强的适应性和抵抗能力，这个阶段适宜水温为5～7℃，原肠胚阶段水温在12℃左右，神经胚之后一直到孵化结束，适宜的水温应为10～14℃。

（2）孵化方法

①孵化筐孵化法　孵化筐是用枝条编织而成，直径为80厘米，高30厘米。将孵化筐密集放到塑料膜孵化池里，每个孵化

筐内放 10～12 个卵团，孵化池水深 25～30 厘米。当胚胎发育到尾芽期时，进行人工疏散。

②散放孵化法　将孵化池建造在塑料大棚内，大棚大小依卵团多少而定，池底铺薄膜，将卵团放于池内，水深 20 厘米，每平方米放卵团 10～15 个。此法孵化池温度变化大，应经常调节和掌握水量，使池水保持一定温度。孵化初期温度不能过高，白天气温高时可通风换气和注水，达到降低水温的目的。此法孵化率较高，可达 95% 以上。

四、林蛙饲养管理技术

（一）蝌蚪期的培育

1. 清池消毒　在放养蝌蚪之前，要严格做好蝌蚪池的清池、消毒工作。将蝌蚪池放干水，清除杂草、垃圾、石块、池周附生物等，清洗干净、消毒（可使用 10% 的生石灰）。消毒后需要 15 天时间，待生石灰药效散失后重新注入新水才能放养蝌蚪。

2. 控制放养密度　刚孵出的蝌蚪，放养密度可大一些，每平方米水面放养 2 500 尾左右。随着蝌蚪生长发育，个体增大，在孵化后的第 10 天、第 20 天、第 30 天进行分级饲养，逐渐使饲养密度降至每每平方米 500～100 尾。以后的密度为：刚变态的幼蛙每平方米 100 只，幼蛙每平方米 50 只，成蛙每平方米 20 只，种蛙每平方米 1 组（即 4 雌 1 雄）。

3. 饲料和投喂　刚开食的小蝌蚪先以卵胶膜为营养来源，之后就会采食其他食物。孵化后 5 天可投食豆饼，也可投喂用玉米面、糠麸加工的混合饲料和少量动物性食品（如肉屑、鱼粉等）。每公顷水面每天可投喂 15 千克混合饲料，并投喂少量蔬菜、野菜和切碎的青草，以池内不空缺饲料为度。投放方法：用 1 米长左右的蒿秆等，把饵料黏在其上，投放到水中，让其漂浮在水面上。如果饲料不足，蝌蚪之间会出现自相残杀现象。在蝌蚪生长初期，动物性饲料比例应高一些，孵化后的20～30天，蝌蚪生长发育加快，食量不断增加，应注意增加投料次数，也可适当增加青饲料的用量。各时期投喂的饲料量视蝌蚪的采食情况而定，要充分满足需要，应以采食后有少量剩余为合适。

4. 蝌蚪期的管理　蝌蚪常成群聚集在浅水区活动。水温较低时，在阳光照射的地方活动。水温高时，多栖于不受阳光照射的水域。夜间气温下降，蝌蚪通常沉于水底，静止不动。养殖过程中要注意观察蝌蚪的动态，特别是高密度精养时，要注意池水的变化，防止水质污染、变质和缺氧。一般7天左右换水一次，将老水放掉1/4，再注入等量的新水。若发现浮头现象，则表明水中缺氧，要加快换水速度，或采取其他增氧措施，同时要及时清除水池中易腐败耗氧的物质。晴天要避免池水干涸，造成蝌蚪缺水死亡。雨天要防止池水过满而漫过池面，使蝌蚪逃跑。发现防逃网破损时，要及时补上、更换。

（二）变态期的饲养管理

水温对蝌蚪的发育速度影响很大。水温达12～24℃时，蝌蚪在孵化后第25～30天开始长出后肢芽，第40天已基本长到最大长度，人工疏散到变态池中，每平方米400～500只。在45～50天蝌蚪进入变态期，前肢逐渐长出、长全。这时蝌蚪脱掉唇齿，长出大口，开始经鼻孔用肺呼吸，食性也由吃水中植物性饲料逐渐转变为食陆地上的动物性饲料。这时的蝌蚪适应陆地生活的机能很弱，水质要保持清洁，每2天换水一次，最好有微流水。水面上放一些浮草（如浮萍等），以利用蝌蚪在草上呼吸，以免在水中淹死。池周围要有草地，供变态期的蝌蚪爬上陆地后，在草地寻找弱小的昆虫为食。这时期还要给予一定的饲料，特别是变态期的蝌蚪中有些没有变态，必须进食饲料。同时，要防止陆生动物，如鸡、鼠、蛇、鸟的伤害。

（三）幼蛙与成蛙的人工饲养

在孵化后 60 天左右，变态期的蝌蚪逐渐脱掉尾巴变成幼蛙，完全变态的幼蛙多在夜间或阴雨天登陆。初登陆的幼蛙对外界不利因素抵抗力很弱，反应迟钝，烈日暴晒和干旱可造成大批死亡，因此，这一时期要加强管理，给幼蛙创造良好的生长发育条件。可在幼蛙池周围种一些树木和灌草丛，创造阴暗、潮湿的环境。幼蛙或成蛙主要以昆虫为食，解决饲料的方法是在幼蛙池附近堆放一些猪粪、牛粪、豆渣等，待其发酵后培养蝇蛆，供幼蛙采食。也可以用黑光灯诱集昆虫，让林蛙采食。或者养殖蚯蚓、黄粉虫等喂林蛙。或者喂食配合饲料，配合饲料应大小适宜，表面光滑，但遇水不化，有湿滑感，与平时常见的活食相似，以林蛙一口能吞食为宜。营养要求：蛋白质 30%～35%，粗脂肪 3%～5%，无氮浸出物 35%，钙 15%，磷 10%。

（四）越冬期的管理

每年 9 月底开始，天气逐渐转冷，树林中的昆虫日渐减少，林蛙从陆地陆续进入水池，寻找适合的冬眠场所。因此，在林蛙越冬前，要做好准备工作。多投喂一些蛋白质含量较高的饵料，如蚯蚓、黄粉虫等，使林蛙长得肥壮，贮备大量的营养物质。改善越冬的环境条件，可在池塘四周泥埂挖开深 1 米左右的洞穴；也可在池塘无水区建地下室：用砖头作支撑物，上面加盖木板或水泥板，上放 30～50 厘米厚的泥土，留一个小口，建成长 2 米、宽 1 米、高 0.2 米的地下室。池塘内要有 40 厘米厚的淤泥，提高水至 1 米，多放一些水草。

如有条件，可以在林蛙养殖地搭盖塑料大棚，用锅炉加热保温过冬，或者引入温泉水，这样林蛙在冬季也能正常生长繁殖，可以缩短养殖周期。

五、林蛙常见疾病的防治

(一) 蝌蚪期常见疾病

1. 气泡病

(1) 病因 由于受阳光强烈照射，池内水温增高，水生植物的光合作用和有机质的分解作用加强，使水中溶解的气体过多，达到过饱和状态，气体以气泡的形式附于饵料或水生动植物体上，蝌蚪在取食过程中，不断地把气泡摄入体内而发生气泡病。

(2) 症状 患病蝌蚪漂浮于水面，轻者腹面向下，重者腹面向上，游泳缓慢、混乱，不能下沉，不采食。

(3) 防治方法 投喂时，干粉饵料先用水稍加浸湿，植物性饵料煮熟以后投喂。勤换水，及时清除池水沉淀的饲料残渣，保持水质清新，控制池中水生生物数量。发现气泡病，可以将发病个体分离出来，放到清水中，2 天不喂食物，以后少喂一点煮熟的发酵玉米粉，几天后就会痊愈。另外，可以向养殖池加入食盐进行治疗，每立方米水体加食盐 15 克。

2. 车轮虫病

(1) 病因 是由车轮虫和小车轮虫寄生于蝌蚪所引起的一种原生虫病（寄生部位是体表和鳃部）。多发生于密度大、活动缓慢、营养不良的蝌蚪群中。

(2) 症状 体表和鳃出现青灰色的斑点，尾部常发白，游泳迟钝，常浮于水面喘息，食欲减退。

(3) 防治方法 放养蝌蚪前，用生石灰对蝌蚪池进行消毒。控制放养密度，保持池水洁净。发病初期，每立方米水体使用硫酸铜 0.5 克和硫酸亚铁 0.2 克。

3. 弯体病

(1) 病因 水中重金属含量过多，危害蝌蚪神经与肌肉；或钙和维生素等营养物质缺乏，导致神经肌肉活动异常，从而产生

S形弯体病。

（2）症状　蝌蚪身体呈S形，全身僵硬。

（3）防治方法　经常换水，改善水质，去除重金属盐类。补充富含钙和维生素的饵料。

4. 舌杯虫病

（1）病因　饲养密度过高，缺乏科学管理，水质较差。

（2）症状　患病个体鳃成苍白色，有的充血或出血。体表泛白，行动迟缓，采食困难。肉眼观察，可见蝌蚪尾部和体表长满毛状物，形似水霉；显微镜检查时，可见有许多杯形虫体，杯口向外并有张合现象。

（3）防治方法　对患病蝌蚪池，每立方米池水使用0.7～1克硫酸铜。

5. 烂鳃病

（1）病因　由黏球菌引起

（2）症状　患病蝌蚪鳃部腐烂，鳃丝充血，鳃上附着污泥和黏液，呼吸困难，行动迟缓，不摄食，常并发其他细菌感染而死。

（3）防治方法　放养前，对池水消毒。蝌蚪在放养前也要消毒。发病后，每立方米水体使用生石灰20克或漂白粉1克。

蝌蚪一旦发病，治疗起来非常麻烦，不但要花费大量人力、物力，而且还严重影响林蛙的生长发育，降低林蛙养殖业的经济效益。因此，在蝌蚪期的疾病防治工作中，我们坚持"无病先防、有病早治、防重于治"的方针，采取"预防为主，治疗为辅"的措施，减少或避免蝌蚪发病。

（二）幼成蛙期常见疾病

1. 红腿病

（1）病因　养殖密度过大，环境卫生差，使细菌侵入蛙体内引起。多数是由假单胞杆菌引起。

（2）症状　精神不振，低头伏地，不食。后肢内侧腹下皮肤

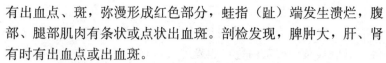

有出血点、斑，弥漫形成红色部分，蛙指（趾）端发生溃烂，腹部、腿部肌肉有条状或点状出血斑。剖检发现，脾肿大，肝、肾有时有出血点或出血斑。

（3）防治方法　将病蛙捞起，放在10％～15％的盐水中浸泡5～10分钟，2天后可痊愈，定期对蛙圈进行消毒；定期在饵料中添加预防性药物。

2.胃肠炎

（1）病因　林蛙食入腐烂变质食物或感染细菌所致。变态幼蛙开食过早也可能引起该病。

（2）症状　发病初期，林蛙东窜西爬，喜欢钻入泥土中。后期，林蛙瘫软无力，不食不动，反应迟钝。当捕捉时，很少挣扎，往往缩头弓背，伸腿闭眼。剖检发现，胃肠道有充血、发炎现象。

（3）防治方法　肠炎的发生多与水体和食物不洁有关，因此，要定期换水，以保持水质清新；不投喂发霉、变质的饵料，并在饵料中加拌一些大蒜、生姜、黄连等。另外，暴饮暴食也会引发胃肠炎，因此，饵料投喂要定时、定量、定点。

3.旋转病

（1）病因　由脓毒性黄杆菌所致。本病多发生在高温季节，高温水体是其最佳传染介质。

（2）症状　活动迟缓，食量减少。当幼蛙受刺激时，其向一侧旋转跳动，出现神经性症状。剖检发现，肝脏颜色加深，有时发黑，脾脏缩小，脊椎两侧有出血点和出血斑。

（3）防治方法　对蛙圈进行连续5～7天的消毒；加强遮阳。当有病蛙出现时，及时隔离。

注意：青霉素、链霉素对本病无效。

4.传染性肝炎

（1）病因　本病主要发生在高温雨季。在高温、高湿条件下，环境卫生是重要诱因。

（2）症状　蛙体颜色变浅，成土黄色；有时腹胀，后肢根部水肿；有时病蛙张口打嗝，呕吐，呈痛苦状，偶尔吐出带有血丝的黏液，并常伴有舌头从口腔吐出现象。剖开腹壁后，腹水外溢，肝脏浅黄色或灰白色，胆囊肿大，心室充血，胃及小肠充满脂肪色物质，肾脏充血肿大，脂肪体增大，黑色素细胞减少，黄色素细胞增加。

（3）防治方法　在饵料中添加林蛙用添加剂，投喂时不可过饱，八成饱即可。常消毒蛙圈，保持清洁，可以铺一层新腐殖土。及时隔离病蛙。

5. 腐皮病

（1）病因　主要是由于饵料单一，缺乏维生素 A，造成皮肤溃烂，然后又感染细菌所致。

（2）症状　头皮溃烂，呈灰色，表皮脱落、腐烂，脚面溃烂，关节肿大、发炎，皮下、腹下充水，取食减少，重则不动不食，有时伴有烂眼症状。剖检发现，腹腔积水，肝脏、肾脏有病变，但不十分明显。

（3）防治方法　保持蛙圈清洁。使饵料多样化，平时，在饵料中添加蛙用饲料添加剂；在饵料中添加适量猪肝汁；每千克饵料中添加维生素 A、维生素 B_6 各 200 毫克。

6. 水霉病　在南方冬季气温比较高时，在中国林蛙越冬期、蝌蚪期常发生水霉病。该病病程长，死亡率低，病变多见于蛙的四肢，如果不及时治疗常致蛙残疾，并引发其他疾病。

（1）病因　蝌蚪和越冬期的成蛙易患本病。病原体是水霉，由于有外伤而引发。

（2）症状　水霉的内菌丝生于动物体表皮肤里，外菌丝在体表形成棉絮状绒毛，菌丝吸收蝌蚪和蛙体的营养物质，使蝌蚪和蛙体消瘦，烦躁不安。菌丝分泌的蛋白水解酶还使菌丝生长处的皮肤、肌肉溃烂。

（3）防治方法　在运输、分池过程中小心操作，谨防造成蛙外伤。进入场地前用 10 毫克/升的高锰酸钾溶液浸泡 10 分钟；

定期用 0.5 毫克/升漂白粉溶液进行全池消毒。发病后可以用浓度为 20 毫克/升的高锰酸钾溶液浸泡 10 分钟，每天 2 次；也可向水池内加福尔马林，浓度为 20 毫克/升。

六、药材的采收与加工

（一）采收

林蛙的生长期一般为 5～7 年，以 3～4 年龄的雌蛙油质最佳。采收时间在每年的 9～11 月，霜降前后采收的雌蛙油质量最好。少量捕捉时最好在黄昏和晚上进行，用手电筒照射林蛙的眼睛，林蛙受到强光刺激就静止不动，可捞网迅速捕捉；大量捕捉时，可拉网或将池水放干，用捞网逐一捕捉。运输时，可用木箱、竹篓、泡沫箱等容器来装，先洗净消毒，放少量水草，再装入林蛙，留 1/3 空间，使林蛙不拥挤、不重叠，途中每 2 小时洒水一次，保持湿润。

（二）加工

1. 哈士蟆　将捕捉到的雄蛙和瘦小的雌蛙剖腹，除去内脏（雌蛙包括输卵管），洗净，挂起风干或晒干即得。

2. 林蛙油（哈士蟆油）　林蛙油的剥取方法有鲜剥和干剥两种。

（1）鲜剥　将雌性林蛙洗干净后横向破腹，可见腹内两侧白色朵状的输卵管（林蛙油），取出后呈肠状。或将林蛙烫死后，剖腹取输卵管。鲜剥时，注意不要将输卵管撕断或将蛙卵的卵粒和蛙血混入输卵管中。

（2）干剥　目前，常用的方法是干剥法。本法所剥的油能成团，且油质好。下面具体介绍取油方法：

①干燥　在盆、罐等容器中准备 60～70℃的热水，将林蛙放入水中烫死，立即提出水外。用细铁丝或麻绳从蛙眼处或上下颌处穿透，连成长串，每串 30～60 只。穿串时要按蛙的个体大

小进行分类，然后腹部向外挂在通风阴凉处晾干。注意防雨防冻，避免太阳直射，也不能用火烤、水烫，否则会影响油的质量。将穿好的林蛙串两端固定在支架上，架杆间纵向距离为30～40厘米，横向距离为20～30厘米，最下层距地面1米以上。林蛙干燥方法有室外自然干燥法、室内干燥法和机械干燥法。具体方法根据饲养者条件及当时天气情况而定。

②剥油　晾干后，剥油之前要软化，软化时将林蛙干放于60～70℃的热水里，浸泡5～10分钟，然后取出放在盆或其他容器里，用湿润干净的厚布或麻袋等物覆盖，放在温暖室内进行闷润。10小时左右，待蛙体皮肤和肌肉变软，即可取油。剥油场所及用具使用前、后要彻底消毒，保持环境卫生清洁、湿润。

具体剥取林蛙油时，主要有以下三种方法：A. 先用剪刀在其下腹端剪一"十"字形口后或直接将下肢向背后折至头部，再剥开腹部外皮两侧，用手或刀片轻轻撬起暴露的输卵管一端，将油剥下；B. 将蛙头自颈部向背面折断，从蛙体背侧将蛙体的背面连同脊柱一起撕下，取出油；C. 从腰部向背侧折断，撕下胸骨及脊柱，从背面剥开腹部取出油块。以上不管哪种方法，都要取出所有油块，尤其是延伸到肺部附近的小油块。并将黏附在油块上的内脏、卵粒、血管及筋膜等杂物剔除干净，放于盘内，置于通风良好、有阳光的地方晾干。干燥时注意防冻，以免影响蛙油质量。也可放在通风温暖的室内或烘干箱内进行烘干，待蛙油含水量稳定在10%～12%时即可。为防霉变，可用75%的乙醇对干燥好的林蛙油喷洒消毒后，再进行验收、包装、保存。

第十七节　蛤　蚧

蛤蚧在动物分类学上属脊索动物门、爬行纲、壁虎科的动物，又叫大壁虎。主要分布于广西、广东、云南、福建、台湾等省区，其原产地是在北回归线附近及以南地区。蛤蚧的药用部位

是除去内脏的干燥全体，药材名为蛤蚧。

　　蛤蚧，性平味咸，功能补肺益肾、定喘止咳，广泛用于治疗虚劳、肺结核、咳喘、咯血、阳痿、早泄、神经衰弱、小儿疳积、尿频、年老体虚等疾病。以蛤蚧为主药配制的各种中成药有蛤蚧大补丸、蛤蚧定喘丸、蛤蚧补肾丸、蛤蚧酒等。

　　现代研究表明，蛤蚧的主要成分为蛋白质和脂肪，其乙醇提取物有雄性激素样作用。

　　由于滥捕滥杀、环境污染等问题，野生蛤蚧这一药用资源日渐枯竭，价格逐年上升。近年来，人工养殖蛤蚧取得了很大进展，其中以庭院式饲养的养殖户较多，大型的蛤蚧养殖场还相当少，发展蛤蚧的人工养殖，大有可为，是很好的致富门路。

一、蛤蚧的生物学特性

（一）形态特征

　　成年蛤蚧体长 30～35 厘米，体尾等长。头呈三角形，长大于宽，吻端凸圆。鼻孔近吻端，耳孔椭圆形，其直径为眼径之半；眼大而突出，不能闭合。头及背面鳞细小，呈多角形，尾鳞不规则，近于长方形，排成环状。指、趾间具蹼，指趾膨大。雄性有 20 余枚股孔，左右相连；尾基部较粗，肛后囊孔明显。皮肤颜色和色斑与其生长环境有关，栖息在黑色石山上的体色偏黑，栖息在浅色石山上的体色较灰，栖息在树洞中的体色近青色。皮肤缺少腺体，很干燥，也很粗糙。

（二）生活习性

　　蛤蚧喜居于山岩、树洞或居住在天花板、墙壁上，随气候的变化和觅食的需要，在活动区内上下左右移动。蛤蚧的洞口长20～30 厘米，宽约 5 厘米，但洞深变化较大，有的深 50 厘米，有的深达数米。蛤蚧喜清洁，在洞外排粪。性喜干燥，栖息环境的相对湿度为 70% 左右。

　　蛤蚧是变温动物，喜暖怕冷，活动期与气候有很大关系。在我国南方地区，蛤蚧活动期为 3 月初至 11 月底。在北方地区，蛤蚧活动期为 5 月中旬至 10 月中旬，而 6 月至 9 月是蛤蚧活动最活跃的时期。寒冷时，蛤蚧很少活动或停止活动，当气温降至 15℃以下时，蛤蚧进入深洞中冬眠。开春气温回升至 15℃以上时，蛤蚧解除冬眠，出来活动。气温 18～20℃时蛤蚧开始摄食，20～30℃时活动最活跃。

　　蛤蚧的活动和觅食多在黄昏，天刚亮就在黑暗处躲起来。蛤蚧视力不强，但听觉灵敏，动作敏捷。蛤蚧是肉食性动物，喜食活饵，以活的小虫为主要食物，一般不吃死虫。自然界中的蛤蚧喜欢捕食蝗虫、蝼蛄、蚱蜢、金龟子、蝶蛾类、白蚁、蚕、蚯蚓、蜘蛛、蟑螂、蝇、蚊等。蛤蚧喜在夜间鸣叫，蛤蚧之名来自其鸣声，3～5 月鸣声频繁。遇到敌害时尾能自断，断下的尾巴在原地跳动以吸引天敌，蛤蚧则趁机逃脱，尾的断端可再生，但再生长度不及原来的长度。蛤蚧有咬物至死不放之特性。

　　（三）繁殖特性

　　蛤蚧生长 3～4 年达到性成熟。雌、雄夜间交配，交配前表现不断地鸣叫，雌雄相投的一对找个安静、阴暗、无声响的地方交尾。每只雌蛤蚧一年可交配 4～5 次，每年产一次卵，每次产卵 2 枚，卵最大者可达 2.2 毫米。卵刚产出时是软壳，在空气中暴露半小时左右变为硬壳。卵硬化之前雌蛤蚧一直守护，任何生物接近都会受到其攻击。蛤蚧卵不需要雌、雄蛤蚧孵化，只需要适宜的温度（30～35℃）和湿度条件（相对湿度 70%～80%），经过 70～80 天即可自然孵化出小蛤蚧。

二、蛤蚧生态养殖的场地建设

　　蛤蚧舍宜建造在干爽通风、阴凉安静、地势开阔、虫源丰富的地方。由于蛤蚧生长慢且繁殖力低，人工饲养蛤蚧要想取得较大的经济效益，必须尽量降低成本，充分利用天然饵料。因此，当选择场地和设计房舍时，应该对这方面的因素加以考虑。如选择适宜的田地饲养蛤蚧，不仅可以降低养殖费用，提高成活率，还可以利用蛤蚧喜食昆虫的天性，消灭田地里的大量害虫，既可以增产，又减少了农药的使用，从而保护自然生态环境。

蛤蚧舍可分为内室和外室两部分。内室主要是用来做白天的隐蔽处和产卵场所，四周及顶部用铁丝网围好。外室是蛤蚧晚上活动和取食的场所。内室与外室相通，便于蛤蚧出入。

内室与人居住的平房相似，也可利用现成的平房改造，面积大小视饲养规模而定，一般长4米、宽2.5米、高2.2米，每室可养400条蛤蚧，总的原则是夏季阴凉通风，冬季能保暖，坚固牢实。墙壁要用石头或火砖筑成，泥砖或泥墙不利于蛤蚧的爬行活动。若房顶是瓦面的，最好能安装天花板或于顶部安装铁丝网（网孔大小以0.8厘米×0.8厘米较为适宜）以防蛤蚧逃逸。窗户也要钉上铁丝网。室门除木门外，最好加装一扇铁丝网门，以利于夏季通风。室内墙上可钉木板格架，并用黑布或麻袋遮挂保持阴暗，以适宜蛤蚧栖息。四周内壁下方距地面1米处，砌成数个1米见方的凹窗，可供饲养蟑螂；室内放置清水供蛤蚧饮用。设小水池供蛤蚧洗澡。室四壁贴一层草纸，挂若干麻布片，便于蛤蚧产卵及隐伏。

外室在与内室门相对的墙壁处，开一扇门和几个小孔连通内室，供蛤蚧出入并利于空气流通。外室其余三面围以矮墙，墙高2～2.4米，面积大小约与内室相当。外室顶部用铁丝网盖封，以市场出售的4目铁丝网为好。外室内设一个饮水池。外室地面可栽植瓜果、蔬菜或小灌木类。外室活动场顶部安装黑光灯20瓦，开灯诱虫，下面装接虫漏斗，昆虫经漏斗落入活动场内供蛤蚧食用。

因为大、小蛤蚧要分开饲养，所以还要建一间小蛤蚧饲养舍，其结构与上述大蛤蚧内室相同，但面积可小些。

若场地不宽裕，可将饲养舍的内室筑成平顶，在顶上用铁丝网封围起来，建成一个网室作为外室，供蛤蚧活动和取食用。内室开几个出入口通向外室。外室的一面另开一个可活动的铁丝网门供人出入。

三、蛤蚧人工繁殖技术

（一）交配、产卵

蛤蚧的繁殖季节为5～9月，其中6～8月为产卵高峰期。蛤蚧3～4年龄性发育成熟，体长13厘米，体重50克即可繁殖。雌雄比例以4∶1为宜，有条件的应设法降低饲养舍内蛤蚧的密度，以防雄蛤蚧为争偶而互相咬斗致伤残。交配在夜间进行，交配时，雄性靠近雌性，爬到雌性背面，雄性尾根部绕到雌性尾根部下面，迅速交合，几秒钟就完成交配，然后各自分开。产卵也在夜晚，雌蛤蚧将卵产在石缝、树洞中。在人工养殖条件下，蛤蚧喜欢在房屋和木板架的顶壁、顶角及侧壁的暗角处产卵，常可见几只卵堆积在一起，互相黏边，形成卵群。

蛤蚧每年产一次卵，每次产卵2枚。但经解剖观察，产卵季节的雌蛤蚧卵巢内有8～10只未成熟的卵，因此，只要加强饲养管理，可促使蛤蚧多产卵。从春天开始，就需要在饲料中加入钙、磷、蛋白质、盐类等。在产卵前半个月要多投放昆虫饲料，这样会促使蛤蚧多产卵。将待产卵的雌蛤蚧饲养在笼内，用纸格分开，纸格内贴一层薄纸，蛤蚧产卵于薄纸上，扯下薄纸便可取卵。笼外要用布遮光，创造安静的环境。

（二）雌、雄鉴别

蛤蚧雄性个体大而粗壮，头也较大，颈及尾部细小，雌性则相反。在生殖期，雄性身体后部不膨大，雌性身体后部明显膨大。雄性后肢部腹面有"人"字形排列的股孔（又名股窝），雌性没有。雄性尾基部腹面紧靠泄殖腔处有两个椭圆形隆起，称半阴茎囊。交配时，雄性半阴茎由开孔伸出，当用拇指和食指向泄殖腔方向挤压时，可见半阴茎翻出体外，雌性没有半阴茎。

（三）繁殖期管理

供蛤蚧繁殖用的饲养室，要求光线充足，空气流通，环境安静，不受雨淋。蛤蚧爱清洁，室内要经常打扫，及时清除腐败死亡的昆虫和粪便，保持饮水卫生。经常检查饲养室，堵塞洞隙，以防蛤蚧外逃或者鼠类、蛇类入室伤害蛤蚧。猫和黄蚂蚁是蛤蚧的天敌，要严加防范。

蛤蚧有吃卵的恶习，这点必须注意，要尽量设法避免这种情况的发生。较好的办法是在蛤蚧产卵的地方贴上一层纸，让其产卵在纸上，然后连同纸一块撕下，集中存放。如果有些卵产在没有贴纸的地方而无法取下，必须用铁纱网罩住，待孵出幼蛤蚧后，及时转移到小蛤蚧室中饲养。在自然条件下，卵的自然孵化期较长，卵内胚胎发育历时 90～250 天。一般 7 月以前产的卵能当年孵化，孵化期 100 天左右；7 月以后产的卵，一般要到第二年才孵出。若在人工控制的条件下，保持恒温 35℃，相对湿度 80%，孵化期可以缩短到 75 天左右，为当年产卵、当年孵化出幼蛤蚧创造了有利条件。在繁殖期间，蚂蚁是大害，它们啃吃蛤蚧卵，咬死小蛤蚧，因此，必须注意防范。

（四）子代的培育

因为刚出壳的小蛤蚧可被成年蛤蚧吞食，所以应及时将大、小蛤蚧分开饲养。6 个月内的蛤蚧最好放在箱内饲养，利于防寒保暖。小蛤蚧的饵料以小昆虫为主，用个体较小的黄粉虫幼虫、蝇蛆、蚕饲喂最为理想。

四、蛤蚧饲养管理技术

（一）蛤蚧的饲料

蛤蚧饲料有昆虫、人工饲料和人工配合饲料三个来源。蛤蚧习惯吃活的昆虫，不吃死虫，但在饥饿的情况下也会吃些已死但是未腐烂发臭的昆虫。在昆虫活动季节，一盏20瓦的黑光灯，一晚上诱捕的昆虫可满足400条蛤蚧一天的食用。也可用纱布、白布做成昆虫网，到野外去捕获昆虫。还可人工繁殖蚯蚓、黄粉虫、蟑螂、蝇蛆和地鳖虫，供给蛤蚧食用。活食短缺时，应训练蛤蚧吃人工饲料。人工饲料：可用玉米粉30％、大米粉30％、面粉20％、南瓜（或红薯）15％以及适量的鸡蛋、鱼粉、贝壳粉、维生素、酵母片、微量元素等，煮成糊状，或做成馒头状。饲喂人工配合饲料，一般是从小蛤蚧慢慢训练，为了让蛤蚧习惯吃静止的食物，可先饿几天。如果这种训练能够成功，其好处是不仅能够补充食物，而且能够在饲料中添加蛤蚧生长发育所需要的各种营养成分、预防和治疗疾病的各种药物。

由于蛤蚧多在晚上活动、摄食，因此，在傍晚投料最佳。蛤蚧的日摄食量相当于其体重的5％左右，可根据所饲养的蛤蚧总重量来估算投喂量。另外，在投喂时注意观察，灵活掌握投喂量。如果饵料剩余太多，可以适当减少投喂量。如果饵料在短时间内就被抢光了，就适当增加投喂量。对于黑光灯诱捕的昆虫，随其自然攀爬，让蛤蚧自由追捕采食。对于飞翔能力不强的活饵料如蚯蚓、黄粉虫、蝇蛆、蚕，以及人工配合饲料，则可用木槽、盆子装起，放在内室中的固定地点，让蛤蚧采食。

（二）蛤蚧的养殖管理

1. **控制场地环境温度和湿度**　蛤蚧的耐寒性较差，也不抗热。蛤蚧在15℃以上才开始活动，17℃以上开始摄食，22～30℃时最活跃，蛤蚧养殖场地应保持适宜的温度。冬季是蛤蚧成活的一个大关，此时饲养舍内室的门窗应紧闭，室内木架上放麻袋草席等保温，或在室内设炭炉增温。室内温度应保持在10℃以上（对小蛤蚧和瘦弱蛤蚧则需保持在13℃以上），以保证冬眠的蛤蚧顺利越冬。夏季室温如超过32℃，则应泼水降温；进风口挂湿纱窗，加人通风，舍顶盖淋湿厚草遮阳；增设饮水用具，供给饮水。夏天，相对湿度应保持在60%～80%，以70%最佳。湿度过大时，打开门窗通风排湿；湿度过小时，洒水增湿。

2. **注意清洁卫生**　蛤蚧喜欢干净爽洁的环境，故应经常打扫场地，及时除去腐死的昆虫和粪便，保持清洁。夏天要保持通风，防霉防臭，防止病菌侵入。要经常换饮用水，保持洁净。还应定期对环境进行消毒，一般每半个月用适量石灰消毒，对食用器具也应每周用高锰酸钾溶液浸泡消毒。

3. **大、小蛤蚧分养**　因为成年的大蛤蚧有吞食或咬死小蛤蚧的习性，所以大、小蛤蚧必须分开饲养。少数在大蛤蚧饲养舍孵出的幼蛤蚧，要及时转移到小蛤蚧饲养舍内。小蛤蚧活动的时间多为每天5:00～7:00、18:00～23:00，且以晚上为主，雨天一般不外出活动。要注意供给小蛤蚧丰富的食物，使之营养充足，身体健壮，有利于生长和安全越冬。

4. **越冬管理**　蛤蚧在冬眠前，应多投喂蛋白质含量高、营养丰富的饲料，以增强蛤蚧的体质。在蛤蚧冬眠期间，要做好防寒保暖工作，可将蛤蚧集中在保温性能好的舍内一起越冬。关闭门窗，多用泡沫板、麻袋等物遮挡。开春季节，气温上升到15℃以上时，蛤蚧解除冬眠。此时气温尚未稳定，要注意防止倒春寒的侵袭。

五、蛤蚧常见疾病的防治

(一)农药中毒

1. 病因　主要是由于饲养蛤蚧的农田喷洒过农药，部分昆虫带毒未死，被蛤蚧捕食后引起中毒。

2. 症状　昏迷，有呕吐反应，严重的几小时后发生死亡。

3. 防治方法　在蛤蚧生态养殖基地，禁止使用农药进行灭虫、除草等行为。当附近农田喷药时，晚上应关掉黑光灯，不再诱虫。蛤蚧中毒时，应及时灌服相应的解毒药物。

(二)口角炎和口腔炎

1. 病因　主要是由于缺乏维生素而引起。或因感染铜绿色假单胞菌所致。

2. 症状　不食，严重时张口困难，口角、鼻根、上下颌红肿，严重者约1周后死亡。

3. 防治方法　预防办法：平时在饲料中添加维生素 C 和维生素 B_2。对已经患病的蛤蚧，应及时隔离治疗，可用 0.01％的青黛散或高锰酸钾溶液清洗患处，每天 3 次，加喂维生素 C 和维生素 B_2，每天 3 次。

(三)眼病

1. 病因　主要是由于缺乏维生素 A 而引起。

2. 症状　表现为眼球突出、红肿或呈灰白色，视力减弱，爬行不规则，乱闯乱窜，不避障碍物，严重者 15～20 天后因衰竭死亡。

3. 防治方法　平时在食物中添加一些维生素 A、B 或鱼肝油可以避免该病的发生。在饲料中添加鱼肝油可缓解症状，也可用兔肝加水煎汤灌服。

（四）软骨病

1. 病因　主要是由缺钙引起的。

2. 症状　表现为全身软弱无力，不食，不愿活动，一连几天伏在石壁上不动，消瘦，一般10天即可死亡。

3. 防治方法　在饲料中添加钙质如葡萄糖酸钙、骨粉或贝壳粉，也可用鸡蛋壳烤焙至焦黄色，研末后添加于饲料中。

（五）胃肠炎

1. 病因　该病主要是由于蛤蚧采食过量的高蛋白动物性饲料，或采食已腐败变质的饲料而引起。

2. 症状　不食，不喜活动，离群爬出洞外，拉黄色稀粪，脱水。多数1周后可自愈，少数病情严重者因衰竭死亡。

3. 防治方法　注意合理调配饲料，注意环境卫生，保持饲料与饮水的新鲜、洁净。

六、药材的采收与加工

（一）蛤蚧的捕捉方法

可在夜间用手电筒照射，蛤蚧见光后趴下不动，即可戴上手套捉拿。也可用一根长60厘米、粗0.6厘米的竹竿，在梢部扎上一团头发，伸进石缝内，蛤蚧碰到头发即紧紧咬住不放，及时迅速拉出竹竿即可捕获。也可用撩击法进行捕捉，即先找到蛤蚧的栖息地，若夏季在洞口见到粪便呈黑色、长圆柱形、内有未消化的虫类残体，秋季粪便呈灰白色、卵圆形，则洞内必有蛤蚧，然后用一根铁丝在石缝中撩击，铁丝触及蛤蚧，它就会发出"咯、咯"的惊叫声。然后迅速用铁钳夹住其颈部，取出洞缝，放入铁丝笼内。

（二）蛤蚧的加工

饲养的蛤蚧达到收购规格时，要及时加工，烘制成干品出售。将捕得的蛤蚧用小铁锤等利器击打其头部致死，随即用利刀挖去双眼，再由腹至胸部剖开，掏出内脏，用布擦干（不能用水洗），用2根煮沸消毒过的竹片分别将前后肢撑至与体躯平直，再用一根长于蛤蚧体长一半的扁竹条从腹部纵向插入竹片之间，直达头部。用纸条紧密缠绕尾部和竹条，以防折断，用50～60℃烘箱烘干。烘烤时数只排列一排，头部向下，干透后取出。将大小相同的两只头对头、尾对尾合在一起，用纸条扎紧，即为成对的干蛤蚧。

在加工过程中，撑工是最重要的环节，撑工搞得好，可提高商品的等级价格。

干蛤蚧以体肥大、头尾完全、不张口或微张口、无破裂、干爽、无虫、无霉、撑板平整、上半部近方形、下半部椭圆形、长度与宽度约相等的为上品。也可将蛤蚧除去头、鳞片、内脏和眼球，直接入药或浸酒。

第十八节　蛇

蛇属于脊索动物门、爬行纲、蛇科的一支特化的爬行动物，是爬行动物中数量最多的种类，世界上约有3 000多种，其中毒蛇约占1/4。我国蛇类资源非常丰富，据统计，我国约有180种，其中毒蛇约50种。几乎全国各地均有蛇的分布，但多数分布在长江以南地区，北方蛇类分布较少。蛇是一种药用价值很高的动物，白花蛇（银环蛇幼体除去内脏的干燥体叫金钱白花蛇，银环蛇成体除去内脏的干燥体叫白花蛇）、大白花蛇（蕲蛇除去内脏的干燥体）、乌梢蛇等均是常用中药。另外，蛇的全身都是宝，蛇胆、蛇蜕、蛇肝、蛇膏、蛇毒、蛇肉等均可入药。

白花蛇，性温味甘、咸，有毒，具有祛风、通络、定惊的功能，治疗中风、肢体麻木、风湿顽痹、破伤风、皮肤顽癣、痈疽恶疮等病证。大白花蛇作用与白花蛇相同，是中成药"大活络丹"、"再造丸"的重要原料。乌梢蛇，性平味甘，无毒，作用与白花蛇相似而力量稍弱。

蛇胆具有祛风、清热、化痰、明目的功效，主治小儿疳积、痔疮肿痛。据临床报道，蛇胆汁乙醇溶液，是治疗角膜炎、角膜溃疡、角膜斑翳之良药。以蛇胆汁、川贝母、杏仁为主要原料制成的"蛇胆川贝液"，是目前临床使用方便、疗效显著的止咳祛痰良药，适用于气管炎、支气管炎等疾病引起的喘咳、胸闷气促等证。蛇蜕又名蛇皮、蛇壳，是蛇蜕下的皮膜，具有祛风定惊、杀虫、退翳消肿、清热解毒的功能，可治目翳、疮疖、痔漏、痄腮、疟疾、小儿惊痫、疥癣、瘰疬等证。蛇的内脏可以治疗肺结核。蛇卵可治疗赤白痢。蛇舌可以止痛。蛇骨可以治疗久劳体虚。蛇肉是一种名贵的菜肴，营养丰富，味美可口，富含蛋白质、脂肪、糖类、钙、铁、磷和维生素等，具有强身健骨、舒筋活血、护肤美容、提神益寿等功效。蛇肉还可泡酒。

另外，值得一提的是蛇毒的药用价值。它可以制成抗毒血清，是治疗毒蛇咬伤的特效药，不仅治疗小儿麻痹症、中风瘫痪，而且对癌症、各种疼痛都有一定疗效。蛇毒是目前国际药材市场上十分昂贵的珍奇药材。我国特产五步蛇毒液的出口价格是黄金出口价格的 50 多倍。

由于近年来的乱捕滥杀，特别是环境污染的加重，蛇的生存空间遭到很大的破坏，蛇类天然资源已日益减少，远远不能满足社会的需求，发展人工养蛇业成为必然的趋势。生态养蛇项目，将在众多的养殖业中一枝独秀，蓬勃发展，成为广大养殖户致富的好帮手。

一、蛇的生物学特性

（一）形态特征

蛇的身体细长，四肢退化，身体表面覆盖鳞片。大部分是陆生，也有半树栖、半水栖和水栖的，以鼠、蛙、昆虫等为食。蛇类的头部有1对鼻孔，位置在吻端两侧，只具有呼吸功能。有1对眼睛，没有上、下眼睑和角膜，只有一层透明的膜。蛇类没有耳孔和鼓膜，但具有发达的内耳和听骨，能感受地面微小的震动变化，所谓"打草惊蛇"就是这个道理。蛇类的舌没有味觉功能，由于蛇舌的不停伸缩，可以把空气中的化学物质黏附在蛇舌面上，送进位于口腔顶部的锄鼻器而产生味觉，其实就是在感受周围空气中细微的变化，因此，蛇的追踪能力是很强的。但蛇舌起触觉作用，有人误以为蛇舌有毒，其实无毒。

蛇一般分毒蛇和无毒蛇。毒蛇和无毒蛇的体征区别有：毒蛇的头一般是三角形的，口内有毒牙，牙根部有毒腺，能分泌毒液；一般情况下尾很短，并突然变细。我国境内的毒蛇有五步蛇（蕲蛇）、竹叶青、眼镜蛇、蝮蛇、金环蛇、银环蛇等；无毒蛇有乌梢蛇、锦蛇、蟒蛇、大赤链等。无毒蛇头部是椭圆形，口内无毒牙，尾部是逐渐变细。虽可以这么鉴别，但也有例外，不可掉以轻心。

（二）生活习性

蛇属于冷血动物，有冬眠的习性。冬季和初春是蛇的冬眠期，夏季和秋季是蛇活动高峰期。民间流传的"七横八吊九缠树"就是说蛇在7月喜欢横卧于路面，8月则喜欢吊挂在树枝头，9月喜欢缠绕在树干上。蛇的栖息环境因蛇的种类不同而不同，大致有穴居生活、陆地生活、树栖生活、水栖生活4种。蛇栖息地的环境条件是，环境安静、温度合适、隐蔽性好、离水源近、有丰富的食物来源。蛇的活动有明显的昼夜性，有昼出活动、夜出活动、晨昏活动3种。

蛇的食性非常广泛，但大多数只吃活的动物，一般不吃死的动物。从无脊椎动物的昆虫到脊椎动物的蛙、鱼、蜥蜴、鸟类及鼠类等都是蛇捕食的对象。但蛇因种类不同，食性也有所不同。蛇吃食物时，不是嚼碎后下咽，而是整个吞食，甚至能吞食比它的头部大好几倍的动物。蛇的食量很大，一次能吃比自身体重大好几倍的食物。蛇的消化能力相当强，无论吞食什么动物都能充分消化。此外，蛇的忍耐饥饿的能力也非常强，通常可以几个月甚至1年不进食也不会饿死。蛇有蜕皮的习性，一年可蜕皮3～4次。年幼的蛇由于生长速度快，蜕皮的次数较多。此外，当食物丰富时，生长也快，蜕皮的次数也较多。

（三）繁殖特性

蛇是雌雄异体的动物，体内受精，卵生或卵胎生。有的蛇一年一次生殖周期，有些两年一次生殖周期。蛇的交配季节一般在春夏之交或夏季。蛇在交配时性情暴躁，对外来的惊扰会猛烈攻击。受精完毕后，精子可在雌蛇体内存活很长时间。一条雄蛇可供10数条雌蛇交配。蛇的产卵数目与其种类、年龄、个体大小有关。一般每次产卵十几枚。一般，蛇没有做窝的本领，通常把卵产在草丛中、肥料堆中或腐朽的树根上，靠自然热来孵化。

二、蛇生态养殖的场地建设

因地制宜建好蛇场，是养蛇成败的关键。蛇喜阴凉、潮湿，怕热，怕干燥，还特别怕冷。因此，养蛇要立足当地的环境，为蛇设计出仿野生的生态环境，才能获得良好的经济效益。

人工养蛇，可采用室外、室内、室内外结合饲养和蛇箱、蛇笼饲养等几种形式。

养蛇的场地要选择在远离人、畜、村庄，地势较高且有自然坡度、靠近池塘的向阳处。室外养殖，要建 1 个露天蛇场，面积可根据养殖规模而定，一般 100 米^2 为宜。蛇场四周用围墙围成蛇园，墙高不能低于 2.5 米，结构要坚固，表面用白灰抹光滑。墙基要在 1 米左右，以防止蛇爬出。围墙设挂梯，离地面 0.6～0.7 米。墙外可砌成台阶，便于观察园内蛇的活动情况。园内要设有蛇窝、蛇洞穴、草、树木和石头等，供蛇游玩、休息、消食、脱皮、运动和越冬。园内应修建一个小水池。池水要保持清洁，池水不宜过深，一般 0.3 米左右为宜。池中可放养泥鳅、鱼和蛙类。运动场上可以种植一些灌木类瓜果和花草，切不可种植在墙边，以防蛇从树上逃跑，更不要种植高大茂密的杂草，这样不利于管理。

北方少量养蛇可采用室内饲养形式。用普通房屋改建成蛇，也可专门设计建造蛇。室顶应能通风，并有铁丝网封盖室顶。蛇室墙高不能低于 2.5 米，墙壁和地面均涂抹白灰和水泥，要求平滑无缝，墙上不开窗。室内也要有蛇窝，以及水池、水沟（两头用铁丝网封圈）和水盆等供水设施。蛇室要设交叉两道门，以保护工作人员入屋时的安全和防蛇逃跑。

无论是哪种饲养方式，饲养场均需以下设备。

1. 饲养箱　可选择玻璃、亚克力胶或木制的饲养箱。对栖息于潮湿地区的品种，不建议用木制的，因为要长期创造潮湿环境，木制的易发霉而滋生细菌。最好选择顶部和两边有网的饲养箱，以保持通风，确保饲养箱没有细小的空隙让蛇逃脱，门适当地锁上。

2. 底材　要根据蛇种的原生地、温度、湿度而配合适当的底材，可选择一些专供给爬虫类用的底材，确保对爬虫的健康和身体无害。爬虫沙、爬虫钙沙可供给洞穴栖性、干燥栖性或沙漠栖性的蛇种。热带森林的或对湿度要求高的品类，可选择一些较保湿的，如树皮、碎椰壳或水苔等作底材。树栖性的长期攀在树上，对底材要求不高，甚至只放一个水盆也可。如要为其制造一个与其原生地差别小的环境，或为感观和视觉效果，也可放入树皮、椰壳碎或水苔等。但无论什么底材，都应选择容易清洁的。对于喜潮湿性的蛇，也可使用报纸作底材，但需勤于清理和定期更换。

3. 盛水器 除了作为蛇饮水的器皿外，盛水器也充当了蛇有需要时的浸泡器皿。脱皮前，需要降温，当饲养箱的温度不合适时，蛇会自行浸泡。应选用一个可让它整个身体容入的盛水器，不容易打翻是首要的。可选择一些供给爬虫类专用的岩石水盆，外围的不平滑表面可让它在蜕皮时作摩擦用。若是喜潮湿性的蛇，可用更大的盛水器，以增加饲养箱湿度。

4. 光线设备 蛇对光线设备的要求不高，因为蛇大多数都是夜行性的，只需给它营造出日夜差别的效果就够了。

5. 加温设备 不同种类的蛇应选用其合适的加温设备，地栖型、洞穴型的可选用远红外线发热灯、陶瓷发热器、发热垫；树栖型的可用一些远红外线发热灯、陶瓷发热器。要在饲养箱中制造出温差效果，即可在饲养箱的一边加温，另一边则不加温，让蛇选择适合的温度。而日夜的温度也应稍有分别，晚间大概把温度降低 2～5℃便可（视品种而定）。

6. 躲藏处 可选用一些岩石洞或树皮洞作为躲藏处。躲藏处必须能容纳蛇卷起来的身躯，但不可过大。对移入新环境的蛇，躲藏处也是一个提供安全感的地方。细长的蛇种，可放入一些丫杈型的树枝，而体型较粗的蛇种，则以粗壮树干最为理想。树栖性的蛇不需要洞穴，可在为其提供的树干旁加入一些假叶，让其掩蔽。

三、蛇的人工繁殖技术

（一）雌、雄蛇的鉴别

分辨蛇的雌雄最简单的方法是看尾巴，即"雄长雌短"。一般来说，雄蛇的尾巴较长，并且靠近肛门的部位显得较为膨大，然后逐渐变细。而雌蛇尾巴相对略短一些，并从肛门向后一下子变细。造成这一外观上的差别是因为雄蛇在接近肛门处有 1 对交接器。科学的方法是看它的交接器，雌蛇的交接器就是它的泄殖肛腔，没有特殊构造，雄蛇的交接器则是一对袋状的半阴茎（又称双鞭），位于尾基内部，其形状因蛇种不同而有差异。不要以为必须把蛇剖开才可以看到交接器，其实，将蛇腹部朝天，然后用拇指按住肛门后几厘米处，自后向前平推，如果是雄性的话，泄殖腔的开口处就会伸出 2 条布满肉质倒刺的交接器，雌性则没有这种现象。这种方法，对于蛇的幼体来说，同样是非常有效的。

（二）性成熟及交配

一般幼蛇经 2~3 年达性成熟。蛇类的交配高峰期一般在每年的春末夏初，秋季也有交配，但明显少于前者。不同的蛇类其交配季节也不尽相同，如蝮蛇交配期多在 5~9 月，银环蛇交配期多在 8~10 月，眼镜蛇的交配期多在 5~6 月。蛇类交配前大多是雄蛇主动寻觅雌蛇，雄蛇跟踪雌蛇皮肤和尾基部性腺释放出来的雌性激素寻觅到雌蛇，两蛇相遇后交配。在蛇类的交配期间，雌雄蛇情绪均较平时暴躁许多，往往对外来的惊扰给予猛烈的扑咬和攻击。故此时期，养蛇（场）户应人为地减少进场的观望次数，尽量杜绝陌生人进入。给蛇创造较为安静的场所，让其顺利实施交配。交配后的雌蛇第 2 年才产出受精卵。精子在雌蛇体内的存活时间很长，一般达 4~6 年。雌蛇受精一次，往往连续 3~6 年可产出受精卵。一条雄蛇往往可以和十几条雌蛇交配，而雌蛇只交配一次。为保证质量，在交配季节，雌、雄比例一般为 5~8:1。在非交配繁殖季节，雌、雄蛇最好分开饲养，以防发生残食。

（三）产卵

蛇多数为卵生，亦有卵胎生的，卵胎生的都是一年产一窝，很少例外。一般在 6～9 月间产卵，蛇卵为椭圆形，有的较长，有的较短，大都为白色或灰白色。它和鸟卵不一样，没有保护色。卵壳厚，质地坚韧，富于弹性，不易破碎。壳由几层弹性纤维组成，为输卵管细胞所分泌，外层中杂有碳酸钙等无机物。刚产出的卵，表面有黏液，常常几个卵粘连在一处。蛇产卵并不一次全部产出，一般都是断断续续地产。例如，五步蛇每隔 35～50 分钟才产出一个卵。各种蛇卵的大小，千差万别，盲蛇的卵只有花生仁那么大，而蟒蛇的卵，小的像鸡蛋，大的比鹅蛋还大。绝大多数的蛇不会做窝，卵一般产在不冷不热、不干不湿、温湿度适宜于孵化、获得的热量（来自太阳光或茎叶腐烂）足够供胚胎发育的隐蔽场所。产卵地点多种多样，但多在天然洞穴、肥料堆、柴草垛、废弃的动物窝等处。人工饲养需注意及时收集蛇产下的卵，但要注意有些毒蛇有护卵的行为，采卵时需注意安全。此外，采卵时要小心采集，避免挤压或震荡，并做好标签和记录。卵胎生的蛇，其卵在其输卵管内发育，然后产一仔蛇。

（四）孵化

大多数的蛇产卵后就离开卵堆，让卵在自然环境中自生自灭。但也有一些蛇有护卵现象，眼镜王蛇能利用落叶做成窝穴，产卵后再盖上落叶，母蛇俯伏在上面不动，父蛇则在附近活动。

一般说，以 20～30℃为适宜的孵化温度，若温度偏低，则可置一个热水袋，但忌接触卵。相对湿度以 50%～70%为宜，若湿度过高，蛇卵易感染霉菌，此时可打开孵化缸盖，并置一个热水袋，促使潮气散发。

目前，常用的孵化法是陶缸孵卵法（简称缸孵法）：用来孵化蛇卵的缸，面积大小无严格的规定，应由卵的多少决定。缸底需铺土 25～30 厘米，并逐层压实。铺的泥土应是洁净的新土，不能太干或太湿，以能握之成团、撒之则散为宜，土离缸口30～

40厘米。然后，在土面上横排蛇卵，切忌竖直排放。蛇卵上可铺盖新鲜洁净的青草或苔藓。在孵化过程中，应保持适宜的温度和湿度，缸面上盖有孔竹筛或铁丝网，以防老鼠吃卵或小蛇孵出后逃逸。为了保证蛇卵四周均匀的温度和湿度，以及验卵的需要，一般要1周左右翻卵1次。翻卵时要轻拿轻放，如发现蛇卵已经夭折，不能孵出仔蛇，需及时剔除。一般孵化期多为40~50天。仔蛇出壳时，先是利用卵齿划破卵壳，呈2~4条1厘米长的破口，头部先伸出壳外，身躯缓慢爬出，经过20~23小时才完全出壳。出壳的仔蛇外形与成蛇一样，活动轻盈敏捷。但往往不能主动摄食和饮水，必须人工辅助喂以饵料。

四、蛇的饲养管理技术

（一）幼蛇的饲养管理技术

幼蛇孵出后，先不用喂食，只给饮水，10天后蜕了第1次皮后再喂食。幼蛇开始时饲养在蛇箱中，此期间切忌与大蛇混养，以免大蛇吞吃小蛇。第2年可以养在较小的幼蛇饲养场。自幼蛇进蛇场时就要雌、雄分开饲养。幼蛇箱可用木板来做，长1米、宽0.8米、深0.5米，箱盖用铁丝网，箱底铺5厘米厚的细沙，箱内放上水盆、瓦片、碎砖，供幼蛇蜕皮和隐蔽用。

饲养幼蛇，开始时都要人工灌喂。灌喂时，起初只喂鸡蛋，以后在鸡蛋中加上一些切碎的人工配制的蛇用香肠，为以后让幼蛇自己取食人工饲料打下基础。每隔5~7天，灌喂一次鸡蛋。喂1个多月后，体长能从20厘米增至50厘米，体重增加2倍。幼蛇的育成与幼蛇的运动量大小有关系，不管在蛇箱或幼蛇场，尽量让蛇有个运动场，让其多运动，才能健康成长。幼蛇越冬可在蛇箱内进行，可将30~40瓦的黑光灯放在蛇箱内定时加温。箱内要一直有饮水供应。箱内温度保持在5~8℃，蛇可安全越冬。

（二）成年蛇的饲养管理技术

在非繁殖期，蛇类应按性别、年龄分群饲养。这样，可减少蛇类互相咬伤或咬残。有些蛇类自相残杀的现象很严重，当然与饲养管理有密切的关系。在繁殖期，要一定的隔离区，将雌、雄蛇放在一起，组成交配繁殖群。种蛇在合群配种之前，应给予丰富的营养，使之保持良好配种体况。在繁殖期，雌、雄蛇混养，每 10 条雌蛇放 2～3 条雄蛇。在配种期，应该注意观察交配情况，并且要细心管理，减少伤亡，同时要保证雌蛇配上种。全部雌蛇交配后，将雄蛇移开，以免干扰怀卵雌蛇产卵和雄蛇食卵。配种后怀卵雌蛇为重点管理对象，最好单独放置在蛇园的隔离区内，供给其喜食的饲料，保持环境安静，以便使卵泡有良好的发育条件。产完卵的雌蛇，有护卵习性，一般在此时期不进食，继续消耗体内营养。如果采用人工孵化，则可使雌蛇不护卵，早进食，体质可尽快恢复。5 月、7 月、10 月要多投饲料，每周投喂一次。5 月是蛇经过冬眠后的交配产卵期，应重点补充蛇冬眠时消耗的养分，为蛇怀卵、繁殖后代打基础。7 月是蛇产完卵进入夏眠的时期，也需加强营养。10 月快到冬眠期，应及时作好蛇冬眠前的准备工作。

（三）蛇秋冬饲养管理的注意事项

蛇类 11 月初逐渐冬眠，冬眠时间为 150～160 天。在这段漫长的寒冷日子里，要确保人工养殖的蛇类在蛇场内安全越冬。

1. 注意优化环境　初建蛇场时，就要考虑采光保温问题，可建在山岭或村庄的南面向阳处。蛇类为了躲避低温会本能地寻找最佳栖息环境，一般情况下，单条独居的蛇极少，雌、雄穴的较少，七八条或数十条群蛰的最多，成群蛰居能使洞穴温度增高 3～5℃。为了利于蛇类安全越冬，应考虑把蛇场做大一些，让蛇群居冬眠。

2. 注意保温保湿、利于通风 设计建造的越冬蛇场，必须满足温度、湿度、空气流通 3 个条件，即温度稳定在 $10\sim12℃$，相对湿度控制在 $70\%\sim90\%$，蛇室顶部设有活动的盖板，以利通风。根据以上要求，越冬蛇室最好建成地下式，四周用砖砌好，设内、外两条通道，蛇室与外界连接的门成 S 形开设，蛇室四周及顶部覆盖 $1.0\sim1.5$ 米厚的土层。当温度低于 $10\sim12℃$时，用蒸气管或电热丝升温，高时可通过打开"S"门导入新鲜的冷空气，同时将有害的一氧化碳、二氧化碳气体排出。室温不能骤高骤低，应该保持恒温，否则蛇会因不能适应气温剧烈变化而大量死亡。蛇室的通道门要紧闭，以免冷空气吹进去。当外界气温下降到 $0℃$时，应采取防寒措施，即在每一格蛇室中垫上、纸屑、旧麻袋或破棉絮等，进行保温。还可加挂适量的 25 瓦蓝色灯泡来增温。

蛇可装在木箱或缸内置越冬蛇室过冬，亦可在地面铺一层细沙（绝不能铺稻草），将冬眠的蛇直接放在沙地上越冬。

3. 注意供食充足 适当增加饵料投放量，使蛇吃饱吃足，有足够的体力抵御严寒。饵料以新鲜的鱼、蛙、蜥蜴、鸟、小鼠及其他小型哺乳动物为宜。

4. 注意暂停取毒 毒液是蛇的重要消化液。它在体内不断地循环，促进新陈代谢。在蛇冬眠时，千万不要捕捉蛇，硬性地吸取其毒液。否则会使蛇体受损，影响功能恢复，以致引起死亡。

附：蛇咬伤后的急救

在蛇的饲养管理及取蛇毒的过程中，人员操作不当，容易被蛇咬伤。被蛇咬伤后，要注意以下几点：

1. 减少活动 以免血液循环加快，加速毒液的扩散。

2. 结扎 用橡皮管、绷带、纱布条、绳索等在伤口上方跨过一节结扎。

3.冲洗或烧灼伤口　结扎后用干净清水冲洗伤口，最好用高锰酸钾溶液冲洗，也可用火柴烧灼伤口。

4.扩创　用小刀或小针，沿肢体平行方向切开伤口，深度以伤口深度为限，挤压排毒。

经以上处理后，立即送医院就诊。

五、蛇常见疾病的防治

人工养蛇要注意防止疾病的发生，定期对蛇进行必要的疾病预防及检查，做到及时发现，隔离治疗。一般常用的诊断疾病的方法是，首先对蛇体进行外部观察，观察鼻、嘴、眼睛及口腔等是否正常。二是观察蛇是否食欲、活动、呕吐、排粪情况等。若发现异常，应综合分析，做好记录，找出原因，积极治疗。

（一）口腔炎

饲养者取蛇毒时用力捏蛇头，或用力碰撞杯皿，致使蛇口流血，产生细菌感染。病蛇表现为张口不合，呼吸困难，头部上、下颌肿胀，严重者蛇口有脓汁溢出。病蛇不能进食，蜿游洞外不思归。检查其口腔红肿、发炎，此为口腔炎。多见于饲养的眼镜蛇、银环蛇和百步蛇等。

预防：①进场时认真检查蛇的口腔有无红肿，毒牙有无断缺，是否发炎；②保持露天蛇场或室内箱卫生、清洁，发现病蛇，及时隔离治疗；③取毒时，勿粗暴用力挤压蛇头。

治疗：①将蛇全身药浴治疗，既简便又安全，无副作用。草药用山乌桕、毛冬青、了哥王、大叶桉树白皮，加中药儿茶、地榆、苦参、地肤子、五倍子共水煎、过滤，凉后浸蛇30分钟，每天1次，2天见效。②将患蛇装入网袋，用清水轻轻将蛇身洗净，然后用牛黄解毒片、牛黄消炎片混合，拌匀，轻扫蛇嘴，每天一次，2天见效。

（二）肺炎

家养蛇密度高，如遇高温高湿或气候突变，极易诱发肺炎。病蛇初期呈感冒状，呼吸困难，精神呆滞，离群独居，喜晒太阳。用蛇钩驱赶也不动，回洞第2天又爬出来。病蛇往往从洞中爬出1米或只爬出半身翻滚1～2分钟，随之口流黏液，张口不合，甚至发出"吱吱"声。木箱养的，连喂2天不吃，第3天在箱内翻滚，可听到"扑扑"响声。蛇口流出黏液。本病进展迅速，死亡率高。

预防：注意人为调节小气候，平时喂水时，要适量加入氟哌酸粉剂。

治疗：①迅速将病蛇隔离处理，对蛇场或蛇箱消毒。可用开水烫洗蛇具。②用大桉树叶及紫花茄梗叶水煎，凉后加阿司匹林片浸泡蛇身30分钟，每天1次，连续2天可控制病情，后视情况反复用药。

（三）霉斑病

蛇腹鳞上常见一些黑色霉斑，霉斑进一步发展可使鳞片脱落，皮肤溃烂，腹肌外露，甚至溃烂致死。多发在梅雨季节，因蛇窝过于潮湿，大量真菌生长繁殖，导致蛇患病。

预防：可将生石灰、木炭放在蛇窝内吸湿，并认真搞好蛇场卫生，保持蛇场蛇窝干爽。

治疗：发现霉斑时，可用1%～2%碘酊配涂擦于蛇的患部，每日1～2次，7天左右可痊愈。

（四）肠道寄生虫病

蛇在摄食动物性饲料时，很容易感染寄生虫。轻则使蛇的体质变弱，以致并发其他疾病，重则很快死亡。一般可以灌服南瓜子或槟榔煎剂等，达到驱虫的治疗效果。

（五）厌食

蛇类患病或食物变质、单一，容易造成蛇类厌食。其症状为厌食的蛇食量很小甚至根本不进食，生长缓慢。

防治方法：可以给厌食的蛇每天灌喂5～20毫升复合维生素B溶液，同时，给蛇灌喂蛋类流质食物，或添食新鲜的泥鳅等食物。平时注意给蛇投喂新鲜食物，且要多样化。母蛇产后要及时投喂食物。蛇的运动场应宽敞。注意及时驱除蛇体内寄生虫。

六、药材的采收与加工

（一）蛇的捕捉方法

1. **药物法**　捕蛇前先用云香精配雄黄擦手，然后用云香精、雄黄水向蛇身喷洒，蛇就发软乏力，行动缓慢，此时再用木棍、木杈压住蛇的颈部，用左手按柄，右手捏住蛇的头颈两侧，再抽出按柄的手去捉住蛇的后半身，然后再将蛇装入布袋或铁笼内保存。本法适合初学捕蛇者用。但不十分可靠，可以试行。

2. **压颈法**　压颈法是一种最普通的捕蛇法。当蛇在地面爬行或盘伏时，用一种特制的蛇钩或一般的木棍、竹棍悄悄地从蛇的后面压住蛇的颈部。若一下子压不住颈部，可先压住蛇体的任何一个部分，使其无法逃脱，这时可用一只脚帮助压住蛇体的任何一部分，使其无法逃脱，再用另一只脚帮忙压住蛇体后部，然后把工具向前移压至头颈部，左手按柄，右手捏住蛇的头颈两侧，再抽出按柄的手捉住蛇的后半身，放入布袋或加盖的竹笼内即可。

如果蛇处于高低不平的地面或位置不适于压颈，也可用蛇钩将蛇钩至适当的地方，然后按压颈法捕捉。

要是从蛇笼、蛇箱、蛇窝或蛇洞中捕捉蛇，可先用蛇钩把蛇钩出来，或用饵料引蛇出洞。蛇饵配方如下：咖啡 50 克、胡椒 15 克、鸡蛋清 3 个、面粉 30 克，混合搅匀成黏团，放在洞口等地方引蛇出洞。当蛇闻到芳香气味后就会出来寻食，然后再按上法进行捕捉。

3. **夹蛇法** 为了避免直接用手接触毒蛇，确保生命安全，可使用一种特制的蛇夹（柄较长，夹口向内略呈弧形），从蛇的后面向颈部夹起，将蛇身先放入容器内，再把头颈连同蛇夹一起放入容器底部，准备好盖子，当松开蛇夹并从容器取出时，立即把盖子盖好。用此夹蛇，蛇夹口的大小应与蛇体大小相适应，太大或太小都不易控制。

4. **网兜法** 本法适用于捕捉运动较快或在水中游动的毒蛇或海蛇。具体做法是：用一根长约 2 米的竹竿，在其顶端绑一个铁环，然后把长筒形的网袋或麻布袋的袋口张开，挂在铁环上。捕蛇时用网袋猛然迎着蛇头迅速一兜，使蛇进入网袋内，并立即摇动网柄，使网袋在袋柄上缠绕一圈，这样毒蛇再也不能逃脱了。然后，再将网袋口对准蛇笼口，倒进笼中，同时迅速把笼盖盖好。

（二）蛇毒的采集与加工

1. **蛇毒的采集** 一般情况下，凡能够产蛇毒的毒蛇都可以采毒，蛇毒是毒蛇的毒腺中分泌的一种毒液。我国主要用于采毒的毒蛇有金环蛇、银环蛇、眼镜王蛇、竹叶青、五步蛇、眼镜蛇、烙铁头、蝮蛇等。蛇毒的采收期是在每年的 6～10 月，以 7～8 月为采毒高峰期。采毒间隔时间为 20～30 天，温度在 20～30℃时产毒最多。为了取到较多的毒液，取毒前 1 周可只供水而不投饲。蛇毒的采集方法：一是咬皿采集法，即一只手捏住蛇的颈部，让蛇身顺其自然置于工作台上，使其不能扭动，另一手把取毒工具送入蛇口内，让毒蛇咬住取毒工具，毒液从毒牙滴出。

此法简单易行，适用于各种具有前毒牙的毒蛇。二是咬膜皿采集法，即用一种特别的玻璃皿膜。玻璃皿面的大小、皿边的高低、边角的倾斜度等，与毒蛇的口形相吻合。操作时，采毒人员左手提蛇，让蛇身自然地放置在工作台面上，右手握住玻璃皿的底部，皿口朝上。将皿边轻轻放于蛇口内，并尽可能深入达到蛇的口角处，待毒蛇咬紧玻璃皿，即可看到毒液流出。本法操作简单，成功率高，安全系数大，可有效避免毒蛇咬器皿时损坏口腔黏膜，还能减少毒蛇口腔内的杂物对毒液的污染，但是采毒用的玻璃皿膜要特制加工，成本较高。

2. 蛇毒的加工　新鲜毒液在常温下极易变质，在冰箱中也只能保存 10～15 天，因此，应迅速真空干燥，以免降低毒力。其方法是，先用离心机去掉杂质，然后放入冰箱冷冻，冷冻后的蛇毒再移入真空干燥器内进行干燥，干燥后的蛇毒成结晶或颗粒状。

3. 蛇毒的保存　由于干燥的蛇毒有极强的吸水性，在紫外线和高温的环境下其毒性易被破坏，因此，应迅速刮取干毒分装在小瓶中，用蜡熔封，外包黑纸或锡箔，注明蛇种、采集日期，置于阴凉处保存备用。

（三）白花蛇的加工

1. 金钱白花蛇　金钱白花蛇是银环蛇幼体除去内脏的干燥体，商品规格以小为佳。小蛇出生 7 天进行加工，规格最佳。7 天内加工的表皮光彩较差，半个月后加工的稍偏大。加工时，用一玻璃容器，盛入白酒，将小蛇放入，待死亡后取出，用小刀在腹部从头到尾剖开，去除内脏，洗净，再用白酒浸一昼夜，晒至半干，盘成圆形。定型时以蛇头为中心，把蛇体弯曲卷成圆盘状，并将蛇尾放入蛇的口中，使其首尾相接。然后，用两根细竹签，交叉横穿过蛇体，即可固定成圆盘状。用烘箱、烤箱或木炭火慢慢烘焙，直至干透即成。

2. 白花蛇　白花蛇是银环蛇成体除去内脏的干燥体。将银环蛇成体剖腹除去内脏，洗净。用竹片撑开腹部，头在中间盘成圈，烘干。

3. 大白花蛇　大白花蛇为蕲蛇（五步蛇）的干燥全体。加工时根据蛇体的大小而分别加工。个体较大的蛇，剖腹除去内脏，洗净。用竹片撑开腹部，头在中间盘成圈，圈与圈之间用麻线连缝几针，烘干。干燥后拆除麻线和竹片。个体较小的蛇，剖腹去内脏，洗净。以头为中心盘成饼状，将尾插入最后1圈内，用3根竹签等距交叉插入蛇身，固定形状，烘干即成。

（四）乌梢蛇的加工

1. 乌梢蛇　入药为乌梢蛇除去内脏的干燥全体。捕捉后，将蛇摔死。用刀剖腹，除去内脏，洗净，卷成圆盘状，烘至干透。

2. 乌蛇胆　乌蛇胆为乌梢蛇的胆汁。取胆汁前，先让乌梢蛇禁食几天，然后将其处死，找出胆囊，用线结扎胆管，在结扎处的上方剪断胆管，取出胆囊，挂在通风的地方晾干。

现在常用活蛇取胆及穿刺取胆汁技术获得蛇的胆汁。

第十九节　乌　龟

乌龟为脊索动物门、爬行纲、龟科的动物，别称龟、山龟、王八等，是最常见的龟鳖目动物之一。我国主要分布于湖北、湖南、安徽、江苏、浙江等地。乌龟的药用部位主要是其腹甲，药材名为龟板或龟甲。龟板熬成的胶也供药用，名为龟板胶。另外，龟的肉、胆等部位皆可入药。

龟板，性平味甘、咸，具有滋阴潜阳、退虚热、益肾强骨、养血补心等作用，用于阴虚潮热、骨蒸盗汗、头昏目眩、虚风内动、筋骨痿软、心虚健忘等病证。龟板是大补丸、大活络丹、再造丸等著名中成药的主要原料之一。龟板胶，性味、功效与龟板相同，滋阴之力更强，并有补血止血之效。龟肉益阴补血，治久咳咯血、久疟、血痢、肠风痔血、筋骨疼痛。龟胆具有清热利胆、明目的功效。

乌龟的卵和肉均可食用，营养丰富，味道鲜美，是进补佳品。乌龟是一种重要的经济动物，也是外贸出口的重要物资，近年来自然资源日趋枯竭，不能满足国内外市场的需求，人工养殖大有发展前途。

一、乌龟的生物学特性

（一）形态特征

乌龟，体呈扁椭圆形，头顶前端光滑，后部覆被累粒状小鳞。吻端尖圆，颌无齿而具角质硬喙，眼略突出，耳鼓膜明显，颈部细长，周围均被细鳞，颈能伸缩。头侧及喉侧有带黑边的黄绿色纵横线，头颈部背面深褐色，腹面稍浅。背腹均有硬甲，背甲及腹甲由甲桥相连，背甲稍长于腹甲，呈长椭圆形拱状，长7.5～22厘米，宽6～8厘米。背、腹甲的上面为表皮形成的角质板，下面为真皮起源的骨板。背甲棕褐色或黑色，颈盾1块，前窄后宽，椎盾5块，第1椎盾长大于宽或近相等，第2～4椎盾宽大于长，肋盾两侧对称，各4块，缘盾每侧11块，臀盾2块。腹甲呈板片状，近长方椭圆形，长6.4～21厘米，宽5.5～17厘米；外表面淡黄棕色至棕黑色，盾片12块，每块长有紫褐色放射状纹理，腹盾、胸盾和股盾中缝均长，喉盾、肛盾次之，肱盾中缝最短；内表面有骨板9块，呈锯齿状嵌接，前端钝圆或平截，后端具三角形缺，两侧有翼状向斜上方弯曲的甲桥。四肢较扁平，前肢具5指及爪，后肢具趾，除第5趾无爪外，余皆有爪，指或趾间具蹼，尾中等长度，一般为

20～30 毫米，较细。

（二）生活习性

乌龟为两栖性爬行动物，一般生活在河、湖、沼泽、水库和山涧中，有时也在稻田和潮湿的陆地活动。乌龟是变温动物，当气温下降至 10℃ 以下时（寒露以后），便蛰居于水底淤泥或有覆盖物的松土中冬眠。当气温上升至 15℃ 以上时（惊蛰以后），开始活动，觅食，繁衍后代。炎热的夏季，则又隐藏在沿岸的洞穴中避暑，最适生活温度为 25～30℃，新陈代谢旺盛，采食量大，生长快。

乌龟是杂食性动物，以动物性的昆虫、蠕虫、小鱼、虾、螺、蚌以及植物性的嫩叶、浮萍、瓜皮、麦粒、稻谷、杂草种子等为食。在饲养条件下也可以吃麦麸和豆饼等，但以投喂动物性饵料为佳。乌龟的摄食活动随季节和温度的变化而变化，一般在 6～8 月为摄食旺期，10 月摄食量逐渐减少。春、秋季节乌龟摄食时间在中午前后，可在 9:00～10:00 投放饵料，盛夏时节，可在 17:00～19:00 投放，每日摄食量约为其体重的 5% 左右。投放饵料尽量投在池塘的斜坡上，以免污染水源，还应根据天气和摄食量调节饵料的投放量。乌龟耐饥饿能力强，数月不食也不致饿死。

（三）繁殖特性

交配受精：每年的 4～5 月，在塘埂湖边，便可见到乌龟在相互追逐。有时一只雌龟后面跟着 1～3 只雄龟。起初，雌龟不理睬，随着时间的推移，力大、灵活的雄龟便腾起前身扑到雌龟背上，用前肢抓住雌龟背部两侧，后肢立地进行交配。如在水中，则雌、雄龟上下翻滚，完成交配。

产卵期：热带地区乌龟可全年产卵，我国长江流域的乌龟一般 4 月底开始产卵，直至 8 月底，5～7 月为产卵高峰期。一年中雌龟可产卵3~4次（窝），每次间隔10~30天，每次产卵3~10个。水温、气温以27℃~31℃最佳，超过35℃，则停止产卵。乌龟的产卵过程可分为四个阶段：第一阶段选择穴位，到处爬行，多选择土质疏松有利于预防敌害的树根旁或杂草中；土壤的含水量为5％~20％。第二阶段挖穴，卵穴口径为3~4厘米，穴身稍有倾斜，深8~9厘米。第三阶段产卵，把卵产在穴中，每产完一个卵，即用后肢在穴内排好。每间隔2~5分钟产一个，产完一批卵需要30分钟左右。第四阶段盖穴，用两后肢轮番作业，把穴外的泥土一点一点地扒往穴内，且每放一次土，就用后肢压一下。把土盖满卵穴时，再用整个身体后半部腹板用力压实。整个生殖过程约需8小时，其打穴、产卵、盖穴时间比例约为6∶1∶3。

胚胎发育：卵产下约30小时，壳上方有一白点，即为受精卵。自然条件下孵化，需50~70天稚龟才能出壳。

二、乌龟生态养殖的场地建设

人工饲养乌龟有池养、缸养、木盆养和池塘养殖等多种方式，各有利弊，可以因地制宜地自行选择。对一般专业户和小规模的养殖场，以建池养殖较好，因为此方式管理方便，经济效益也较大。

（一）养龟场地的选择

养龟场地的选择应以适合龟的生活习性以及生产上的需要为原则，要求水源充足、水质达到国家渔业水质的标准，排灌水方便，无环境污染。土质以保水性能好、渗透性差的黏土或黏壤土为佳。地理环境适当，交通方便，龟池环境僻静，背风向阳。养龟场最好同时建在屠宰场或方便获得各种龟饲料原料的地方附近，这样既保证了龟的饲料供应，又保证了饲料的新鲜性，降低了生产成本，提高经济效益。

（二）龟池的建造

下面以室外规模化养龟为例介绍养龟池的建造方法。

1. 亲龟池　　亲龟池供繁殖用，其形状最好为东西长的矩形池。亲龟池要求水面开阔、向阳避风，池周围不宜有高大建筑，但要有一定高度的围墙，外围墙高度以防盗为原则，内围墙一般高 50 厘米，以防各池龟相互逃窜，墙基深入土下 30 厘米，墙内侧用水泥抹光。池底要求泥土或砂质泥土，无冷浸水，无渗漏。每池面积不应过大，以 100～200 米² 为宜，池深 100～130 厘米，水深 30～80 厘米，水池三边最好为陡坡，使龟不能上下；另一边为缓坡，坡比以 1∶3 为好，30～40°的坡度，池底最低处，设排水口并加防逃网。龟池四周应多栽种树木花草，尽量模拟自然生态环境，有利于亲龟繁殖。放养密度视养殖量而定，但亲龟的放养密度不宜太大，每公顷养殖水面，放养亲龟 9 000 千克，3 只/米²。

产卵场应设在高处，以平均每只雌龟占地 0.1 米² 计算，面积占龟池面积的 1/7～1/6，坑深 30 厘米，铺垫洁净的细沙或沙土。若产卵场的底部为水泥底，除向南稍倾斜之外，还应在南墙底部设防淹龟卵的渗水孔。在产卵场顶部搭建雨棚或在附近种植阔叶树作为蔽荫，保持土壤湿润。

2. 稚龟池　　稚龟池一般要求为水泥砖石结构，室内、外均可建造。面积以 2～10 米² 为宜，池深 30～70 厘米，水深 10～30 厘米，可建成长条形池，池中也可再分成若干小格，池子长度可视生产规模而定，全池四周应有 30 厘米高的矮墙。池中水面另一边留陆地，陆地与水池以 30°斜坡相接，方便稚龟上岸晒背、休息。食台设在水池与陆地相接处的平台上，方便稚龟取食并及时清理残余饵料。水池要有进、排水系统，进、出水口要设防逃栏栅。稚龟娇小、体弱，抵御外界敌害侵袭的能力较差，因此，最好在稚龟池上罩上铁丝网，可减少不必要的损失。若稚龟

量少，也可以采用箱、盆和多层立式稚龟加温养殖柜。

3. **幼龟池**　目前幼龟养殖多采用加温饲养的方式。建造幼龟池以方便温棚架设和饲养管理为原则，面积以 10～50 米² 为宜，池呈长方形，水泥砖石结构，池壁高 1 米左右，池内蓄水深度可根据所养龟的个体大小而定。池底铺一层 20 厘米厚的细沙，池的一侧用砖块或水泥板砌成一块与水面平行的平台供幼龟栖息、晒背。紧靠水泥平台处用水泥板或木板设置饲料台，面积视放养龟的密度而定。幼龟池的进、排水系统要配套，进、出水管要安装调节阀门，能随意排放冷、热水以调节水温。也可以在陆地的一角设龟窝，用砖砌成，高出地面 5 厘米。一般加温饲养时，保持水温在 26～30℃，使幼龟常年在水温稳定的饲养池内快速生长。

4. **成龟池**　成龟池的面积不宜过大，以土池为主，一般以 333～670 米² 为宜，一般每平方米放养龟 6～7 只，也可用鱼池改造。除池内不专设产卵场外，其余条件与亲龟池基本相同，池北坡可堆放适量沙子，种植花草，沿水线用水泥抹面 50 厘米作饵料台。池中可养水葫芦、水花生等水生植物，水中也可架设一定面积的人工"龟岛"供成龟上岸休息、晒太阳或采食。

5. **温室的设计**　现在的饲养方式一般是采用人工控温，打破了龟的冬眠习性，使龟在春、夏、秋、冬四季都能正常生长，加以投喂营养全面的配合饲料加快龟的生长速度，商品龟的长成仅需 1 年左右时间。

温室的设计应注意如下几个方面：

（1）温室的朝向及布局　根据我国处的地理位置，当选用单坡透光温室时，坡面朝向南偏东 10°左右为宜，这个朝向温室冬季能增加太阳的照射，使室内温度升高，有两栋以上平行排列时，栋间前后距离应保持 5 米以上。选用双坡面透光温室时，为使两个坡面都能得到均匀的光照强度，应取温室长轴线，南北走向偏东 5°的夹角为好，平行栋间距离 1～2 米。

（2）温室的构造　从结构和功能上分为两大类：一类为全封闭温室，有砖混结构的车间式温室和利用地下人防工程改建的地下温室。全封闭温室保温性好，不受外界环境的影响，可设计为多层龟池，面积利用率高，可达到130％，但一次性投资大。室内缺乏光照，生态条件差，水体无自净能力，要勤换水，全靠电光源照明，耗电比较大。另一类为可利用阳光采热和光照的日光型温室，这一类温室保温性较差，能源消耗大，易受外界干扰，但其建设费用低，室内生态条件好，能利用太阳能，龟在阳光温室中病害相对少些。

在农村，根据情况可建设简易塑料温棚进行庭院养殖。简易塑料温棚面积为 50～300 米^2 不等，跨宽在 6 米以内，棚架用竹、木或钢管做成，外盖塑料薄膜。这类棚架可就地取材，构造简单，可用炉灶土法加温，但保温性差，且棚架结构简单，钢性差，不能抗大风。

三、乌龟人工繁殖技术

（一）雌雄鉴别

雄龟个体小，躯干部长，龟壳薄，颜色暗或黑色，背甲纹路不明显，尾柄细，尾长，有特殊臭味。雌龟个体大，躯干短，背壳厚，棕黄色，背甲纹路明显，尾柄粗，尾短，无异味。自然条件下 5 龄以上的乌龟性腺开始成熟，7 龄成熟良好。从体重看，一般雄龟 150 克，雌龟 250 克开始性成熟。

（二）亲龟的选择与培育

亲龟应体质优良，外型正常、活泼健壮，体肤完整无伤。雌亲龟宜 500 克以上，雄龟 150～250 克，如用市场收购的龟作亲龟，宜在夏、秋季节进行。雌、雄比例为 2.5～3：1。亲龟的放养密度不宜太大，每公顷控制在 7 500 千克以内。

要使亲龟性成熟早、年产卵次数多、卵数量多、卵质量好，应控制好饲料水平。小鱼虾、泥鳅、蚯蚓、螺蛳、河蚌、家畜禽的内脏、蚕蛹、豆饼、麦麸、玉米粉等，这些都是乌龟爱吃的食物。产卵前、产卵期间要多投喂蛋白质含量高、维生素丰富、脂肪含量低的饲料。开春后，水温上升到 16～18℃ 时，开始投饵诱食，每隔 3 天用新鲜的优质料促使亲龟早吃食。水温达 20℃ 以上时，每天投喂 1 次，鲜饵料投喂量为乌龟体重的 5％～10％，商品配合饲料投喂为体重的 1％～3％。

龟池水质要求保持中等肥度，水色最好呈茶褐色，透明度 25～30 厘米，经常注入新水，保持龟池的清洁卫生，并要定期进行消毒、驱蚊。

（三）产卵

雌龟 5～8 月为产卵期，旺产期为 6～7 月，产卵时间一般在傍晚至黎明，每年产卵 3～4 次。产卵前，雌龟爬到岸上，以后肢在松软处掘土成穴，卵产于穴内，每穴产卵 3～10 枚。龟卵呈椭圆形，灰白色，卵长 27～28 毫米，宽 13～30 毫米。雌龟产完卵后，再将沙土扒下覆盖卵上，用腹甲将土压平，上面留一个小孔。

（四）采卵

产卵季节，每天在早上太阳未出、露水未干时检查产卵场，看是否有产卵痕迹。发现产卵窝，要做好标记，不要随意翻动或搬运卵粒，待产出后 30～48 小时，其胚胎已固定，动物极（白色）和植物极（黄色）分界明显，动物极一端出现圆形小白点时，方可采卵。用竹制卵片夹取卵，放入收卵箱，箱底铺一层 2 厘米厚的细沙。将动物极一端朝上，整齐排放在收卵箱中，摆满一层后再盖 1 厘米厚的细沙，一般可放 5 层。

收卵时，根据标记依次将洞口泥沙拨开，把卵取出，并剔除未受精卵、受精不良卵、畸形卵、壳上有黑斑的卵及壳破裂卵。

收卵完毕，应整理好产卵场，天旱时适量喷些水，便于龟再次产卵。

（五）孵化

乌龟卵的孵化有自然孵化和人工孵化两种。自然孵化受外界环境因素影响较大，孵化率低，一般很少采用。人工孵化孵化率高，可选用孵化器或孵化柜等。将卵的动物极朝上，间距1厘米单层排入孵化槽或箱内，上面覆盖2厘米细沙，沙土保持疏松透气和湿润（含水量12％～16％，以手握成团、紧握不滴水为宜）。空气相对湿度为70％～85％，温度稳定在27～28℃，不可忽高忽低，经过55～65天即可孵出稚龟，孵化率在95％左右。随着人工养殖技术的提高，还有较先进的无沙孵化法，即用无毒海绵块垫在孵卵箱底，使其含水量在80％～90％，卵上再覆盖含水量约50％的薄海绵。

四、乌龟饲养管理技术

（一）稚龟的养护

稚龟培育是种苗培育的关键一环，它直接影响种苗培育的成活率。刚出壳的稚龟需在室内盆、皿中暂养，前两天因体内卵黄未完全吸收，不必投饵。2天后投喂绞碎的蚯蚓、蚌肉和熟蛋黄等，一天投喂多次，每天换水2～3次。1周后转入稚龟池，可投喂绞碎的鱼虾、螺肉、蚌肉，并逐渐辅以瓜类、浮萍及谷物、米饭等植物性饵料，1个月后投喂含蛋白质45％的人工混合饲料，投喂量占池中稚龟总重量的5％～10％。当气温降至14℃时，应将稚龟转入泥沙较深、避风向阳的越冬池，做好安全越冬的防护工作。当泥土干燥时，要适量洒水。气温过低时要加盖草帘保温，温度控制在4～8℃。越冬期内不需投喂。第2年春天待气温20℃左右时，择晴日将越冬稚龟转至幼龟池逐渐适应大

气候，进行精心饲养。

（二）幼龟的饲养

幼龟包括 2 龄龟、3 龄龟。在 4 月上旬水温超过 15℃时放养，密度为每平方米放养 100 克以内的幼龟 10～20 只，并可同时放养 10 尾 3 厘米长的鲢和鳙以调节水质。可用混合饲料投喂，动物性饲料和植物性饲料的比例为 7：3，日投喂量为龟体重的 5%～8%。每 10 天换水 1/3，水深保持 0.8～1 米，每隔 15 天按 1 000 米² 使用 22～30 千克生石灰消毒幼龟池。高温季节要搭棚遮阳，寒冷时节可覆盖塑料薄膜保暖，也可将幼龟转入室内水泥池或容器中越冬。

（三）成龟的饲养

每平方米放养 3～5 只。开春后至 4 月底，每日 8：00～9：00 投喂一次，投喂量占龟体重的 5%～10%。5 月以后，每天上午、下午各投喂一次，夏季水温高于 35℃时，16：00 左右投喂，饲喂量为 20%，可适当提高蛋白质含量。入秋至白露前，每天投喂一次，投喂量为 5%～10%。越冬前多喂些高蛋白、高脂肪的饲料。为了提高经济效益，可以实行龟鱼混养，鱼的放养多在春节前，可放养鲢、鳙、草鱼和芙蓉鲤等。

（四）高效养殖技术

在冬季对稚龟或幼龟加温饲养，打破龟的冬眠习性，让其继续采食生长，直至次年气温升至 20℃以上，再改为常温饲养，可大大缩短龟的养殖周期。

冬季控温培育：这是人为打破龟冬眠习性、加快龟生长的有效方法。要求放养密度在 10 只/米²，水温控制在 28～30℃，池水深 40～50 厘米。根据池中龟的多少、大小设置一定的食台，岸上投喂，供龟均匀摄食和晒背休息。控温培育期间乌龟摄食量大，饲料利用率高，水体氨氮极易升高，温室内有害气体的浓度增加。目前降低温室水体氨氮的方法有彻底清池换水，向池水中充气，泼洒沸石粉、高锰酸钾、光合细菌，栽种水浮莲，培养水生藻类等。温室四周装排气扇，及时抽排出有毒、有害气体，以免影响龟呼吸及摄食。

五、乌龟常见疾病的防治

（一）肺脓肿并发眼疾

1. 病因　该病是龟的最常见疾病之一，主要是由于没有对池水进行及时更换以及残余食物发霉，导致水中的微生物大量繁殖，侵害龟体。致病菌为副大肠杆菌。一般，龟春、秋两季发病。

2. 症状　病龟食欲减退，行动缓慢，体表呈灰黄色或暗灰色，双目失明，呼吸困难，肺部色泽暗紫，且有灶性结节和囊状结构。随着病情逐渐恶化，龟出现死亡，且死亡率极高。

3. 防治方法　冬季清除池底污泥，并用生石灰进行消毒（1 050千克/公顷）；定期在龟池内泼洒少量的生石灰水；合理搭配饵料，饵料要保持新鲜和清洁卫生，以提高龟的体质和抗病能力。

（二）水霉病

1. 病因　多发于幼龟，由水霉属和绵霉属的真菌感染引起。

2. 症状　病龟体表寄生一簇簇的白色菌丝体，外观柔软，浸在水中如棉花。如果池水呈绿色时，因菌丝体的细胞质和柄均染成了绿色，病龟体亦呈现出绿色。乌龟发病后，食欲逐渐减退，行动缓慢，生长停滞，症状严重时，背甲被腐蚀得变薄变软，拒食，直至死亡。

3. 防治方法　保持池水清洁卫生；养龟场要有30%～

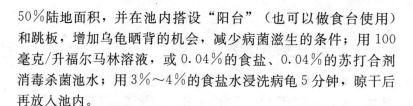

50％陆地面积，并在池内搭设"阳台"（也可以做食台使用）和跳板，增加乌龟晒背的机会，减少病菌滋生的条件；用 100 毫克/升福尔马林溶液，或 0.04％的食盐、0.04％的苏打合剂消毒杀菌池水；用 3％～4％的食盐水浸洗病龟 5 分钟，晾干后再放入池内。

（三）萎息病

1. 病因　本病多发于稚龟，主要是稚龟不能适应外界环境变化，饵料质量较差或未能进食等引起。

2. 症状　稚龟离开水面而伏于岸边，停止摄食，四肢干瘪，直至死亡。

3. 防治方法　加强管理，使稚龟逐步适应环境；经常更换洁净池水；给予高蛋白、高营养的精料，如蚯蚓等，以增强稚龟体质，预防疾病的发生。

（四）细菌性肠炎

1. 病因　本病多由于水质污染或饲料变质导致肠道细菌感染而发病生。

2. 症状　病龟的头常左右环顾，烦躁不安，粪便黏稠带血，非常腥臭。食欲不振，身体消瘦。

3. 防治方法　以预防为主，防重于治。投喂新鲜洁净饵料，随时保持池水新鲜洁净，经常换水。5～9 月，每 2 天投喂 1 次地锦草药液，用量为每 50 千克的乌龟每次用地锦草干草 150 克或鲜草 700 克，煎汁去渣，待凉后拌入饲料中喂服。

发现病龟应及早隔离，以免传染。治疗以黄连 5 克、车前草 5 克、马齿苋 6 克、蒲公英 3 克，加水适量，文火煮 2 小时，取汁去渣，待凉后与切碎的猪肺（牛、羊肺）500 克拌匀投放在食台上饲喂，连用 3 天。若病龟已食欲废绝，可按每 100 克体重 0.5 毫升的剂量，肌内注射黄连素，或鱼腥草注射液，或穿心莲注射液，食欲恢复后即改服上述药剂。

（五）摩根氏变形杆菌病

1. **病因**　摩根氏变形杆菌是腐生寄生菌，广泛存在于泥土、阴沟、污水及各种腐败物质中，经龟的消化道、呼吸道、创伤和尿道而感染。

2. **症状**　龟发病初期，鼻孔和口腔中有大量的白色透明泡沫状黏液，后期流出黄色黏稠状液体。龟的头部常伸出体外，不食且饮水较少，龟常爬动不安。

3. **防治方法**　发现病龟后立即隔离饲养，肌内注射卡那霉素、链霉素，每天1次，连续3天。

（六）腐皮病

1. **病因**　本病主要是在高密度混合养殖下龟相互咬伤，或养殖池不光滑，或饲养管理粗糙导致龟表皮损伤，感染单胞菌所致。各龄期龟均可患病，以稚、幼龟病情较重。另外，水质污染也能引发本病。

2. **症状**　病龟的四肢、颈部、尾部溃烂，皮肤组织坏死，表皮发白，颈及肢体骨骼外露，脚爪脱落，最后死亡。

3. **防治方法**　对养龟设备、用具认真检查，使器具全部光滑。放养龟时，对龟体进行消毒。饲养管理各项操作需小心谨慎，不可野蛮操作。降低龟饲养密度，尽量减少龟之间的直接接触。注意改善水质，发现患病龟立即隔离，用消毒镊清除病灶，用消毒液药浴70分钟。涂抹消炎生肌膏或金霉素眼膏。

（七）疥疮病

1. **病因**　该病主要是由于环境被污染，龟体受伤后感染了气单孢菌而引起。

2. 症状　该病菌侵入龟颈、四肢、尾部，形成大小不一的豆状白色疖疮，用手挤压，可见到浅黄色或乳色豆渣状的内容物。病龟行动迟缓，颈部肿大，后肢窝鼓起，皮下充气，四肢浮肿，严重的则口鼻流血水，停食，甚至死亡。

3. 防治方法　保持环境清洁卫生，注意改善水质。对病龟进行隔离治疗，将病灶渣状物彻底挤出，用碘酊消毒，外表涂抹消炎生肌膏。对龟池进行彻底消毒。

（八）伤风引起的疾病

1. 病因　主要在越冬期间或早春、秋末冬初受西北风吹袭后而引起。

2. 症状　体表颜色暗淡无光泽，皮肤干枯，花纹不如健康乌龟清晰，不食不动，严重时头部很难昂起，双眼紧闭，四肢伸缩无力，死后头和四肢伸出甲壳。

3. 防治方法　将病龟置于约 30℃ 的温水中泡 4～6 小时（水面不超出龟背）。然后，将其转入到温暖、湿润、隐蔽、安静的环境，数日后即可恢复健康。为防止北风袭击，应加强越冬期间和早春、秋末冬初的管理工作。

（九）寄生虫病

1. 病因　主要是由于龟体表寄生有水蛭、蜱和螨等，或吃了带有盾腹吸虫、血簇虫、棘头虫、线虫、椎体虫、隐孢球虫等寄生虫虫卵或虫体的饲料，这些虫会寄生在龟的肠、胃、肺和肝等部位而引起发病。

2. 症状　病龟日渐消瘦，不生长或生长缓慢。

3. 防治方法　定期做环境消毒和杀虫工作，放养前进行检查和杀虫。定期检查龟体，发现体表寄生虫时可用镊子剥除，并涂抹消炎生肌膏。对饲料严格挑选、清洗，禁止投喂腐烂变质的饲料。

（十）乌龟天敌的防治

1. 乌龟自我保护能力　乌龟是一种具有消极保护适应（甲壳）的爬行动物。行动较迟钝，防御能力差，一旦受到攻击，本能地将头、颈、四肢和尾部紧紧地缩到甲壳内，伏在原地不动，待四周没有动静的时才迅速潜入水底，或逃到隐蔽的地方。

2. 乌龟天敌的危害　龟的天敌主要有鼠、蛇、螃蟹、蚂蚁、黄鼠狼、家猫、狗、鸡、鸭、鹅、喜鹊、乌鸦及肉食性的鱼类等。如蛇可以吞食龟卵；田鼠潜入龟池咬伤乌龟无甲壳的部位，导致溃烂引起死亡；龟卵在孵化期间常遭蚂蚁的群食，刚孵化出来的稚龟也可被蚂蚁围攻致死。

3. 防治办法　在饲养过程中，切实做好管理工作，防止天敌危害。

六、药材的采收与加工

（一）乌龟的采集方法

乌龟全年均可捕捉，以秋、冬两季为多。乌龟捕捉方法多样，有竹篮诱捕法、陷阱诱捕法、鱼钩钓法和徒手捕捉法等，对于大池大批捕捉也可进行拉网及放干水后徒手捕捉。

（二）龟板的加工与炮制

1. 龟板　将龟杀死，取腹板，剔去筋肉，洗净晒干或晾干后称为"血板"，品质最佳。若将龟用沸水煮死，再取腹板，去尽残肉，晒干，称为"烫板"。"血板"或"烫板"往往都连有残肉，用前应放在缸内用水浸泡，夏季 20 天，冬季 40 天，不换水，取出洗净至无臭味时，晒干，即成生龟板。现在有的改用酵母菌法，可以大大缩短加工时间，产品质量也好。其方法是将龟板放入约 28℃ 水中浸泡 2 天，去水后加入卡氏酵母菌罐液，用量占龟板体积的 1/6～1/3，再加水浸过龟板，盖严，2 天后溶液上层起白沫，10 天后将龟板捞出，用水冲洗 4～5 次，将皮肉冲洗干净，晒干至无臭味即成。

龟板的炮制方法主要有醋制和酒制两种。醋龟板的制作方法是：将沙子置于锅内炒热，加入洗净的生龟板，炒至表面微黄时取出，筛去沙粒，放入醋盆内略微浸渍，取出用水漂洗干净，晒干即成。每 100 千克龟板用醋 30 千克。酒龟板的制作方法是：取河沙置锅内，用武火炒热加入净龟板，拌炒置深黄色，酥脆时取出，趁热放入酒内淬酥，捞出晾干。每 100 千克龟板用酒 18 千克。

2. 龟板胶　将洗净的龟板放入锅内，水煮至胶质溶尽，余下的龟板变松脆，煮至以手捏龟板即碎为止。将各次滤液混合，加入明矾粉末少许，静置，滤取上清液，以文火浓缩，或加入适量黄酒、冰糖，至呈稠膏状，倒入特制的凹槽内，待自然冷凝，切成小块，阴干即为龟板胶成品。龟板胶制品的质量以表面呈黑褐色，有光泽，对光视为棕褐色，无腥味者为佳品。

（三）贮藏与养护

龟甲要贮于阴凉、干燥、通风处，因有腥气，贮存期间应注意防蛀。贮藏期间应注意检查，保持环境清洁。6～9 月用磷化铝或溴甲烷熏蒸 2～3 次，还要防止鼠害。醋龟板、酒龟板要做到密闭、防蛀、防潮。

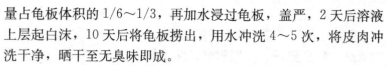

第二十节　中　华　鳖

中华鳖在动物分类上属于脊索动物门、爬行纲、鳖科的动物，俗称甲鱼、团鱼、脚鱼等。野外分布于除宁夏、新疆、青海和西藏外的我国大部分地区，以及日本、朝鲜、越南等地。药用部位主要是其背甲，药材名为鳖甲，其甲熬成的胶块亦供药用，称为鳖甲胶。鳖头、鳖肉、鳖血、鳖胆、鳖卵等都可入药。

鳖甲,性平味咸,具有滋阴潜阳、软坚散结的作用,主治阴虚潮热、骨蒸盗汗、症瘕积聚、肝脾肿大等。鳖甲胶,滋阴补血、退热消淤,治疗阴虚潮热、疟疾、痔疮等病证。鳖肉可治久痢、虚劳、脚气等;鳖血外敷可治颜面神经麻痹、小儿疳积潮热;鳖卵能治久泻、久痢;鳖胆汁有治痔瘘的功效;鳖头干制入药称"鳖首",可治脱肛、痔疮等。

鳖的食用在我国有悠久的历史,自古以来把鳖肉视为高级佳肴。鳖的肉味鲜美,营养丰富,蛋白质含量高,尤以裙边更是脍炙人口的美味佳品。经常食用能增强人体的免疫功能,具有一定的防癌、抗癌作用。用活鳖、鳖甲或鳖甲胶做原料配制的中成药有二龙膏、乌鸡白凤丸、鳖甲煎丸、龟鳖丸等。

中华鳖具有较大的食用及药用价值,全国各地已广泛开展人工养殖。通过提供丰富的饵料,保持适宜的生长温度使中华鳖不进入冬眠,以及科学和工厂化的饲养,中华鳖的繁殖率、孵化率都大大提高,使中华鳖这一自然资源可以得到很好的保护与利用。随着人们生活水平的提高,国内、外市场对中华鳖的需求量越来越大,加速中华鳖的人工繁殖和养殖已成为必然的趋势。

一、中华鳖的生物学特性

(一) 形态特征

中华鳖的体躯扁平,呈椭圆形,背腹均有甲,通体被柔软的革质皮肤,无角质盾片。体色基本一致,无鲜明的淡色斑点。背甲长达 24 厘米,卵圆形扁平。中央线有凹沟,两侧稍隆起,周缘有柔软的肉质带称裙边。腹甲比背甲小,各骨板之间有间隙。背甲和腹甲之间有韧带相连。颈长且能自由伸缩,头部吻细长而尖,外鼻孔开口于吻端,眼小,视觉敏锐,口宽,上下颚有角质突起,头与颈均可缩入壳内。四肢短,较扁,前肢 5 指,3 指有爪；后肢与前肢相同，指、趾间蹼发达，四肢不能缩入壳内。鳖背通常灰色、暗绿色或黄褐色，颜色随环境而变化，可起保护作用。腹部乳白色。鳖尾较短，受惊吓时可缩入甲壳内。鳖尾雌雄有异，可作区分标志，通常雌鳖的尾巴较短，不突出裙边，雄鳖稍长，尾的末端伸出裙边外缘。

（二）生活习性

中华鳖一般生活于有泥沙的江河、湖泊、池塘、水库和较大的山溪中。在安静、清洁、阳光充足的水岸边活动较频繁，有时上岸但不能离水源太远。能在陆地上爬行、攀登，也能在水中自由游泳。行动比较迅速，常以吻部伸出水面进行呼吸，受惊扰时能迅速埋于水底泥沙中。常常于白天出水晒太阳，即通常所称的"晒背"、"晒壳"，晚间上岸活动，多为群栖性。以甲壳动物、蚯蚓、昆虫、鱼类等为食，也吃水草。鳖属变温动物，生活规律和外界温度的变化有着密切关系。鳖有冬眠习性，一般从寒露起，水温降低至15℃以下，鳖就开始停食，潜伏到深潭洞穴中或水底泥沙中越冬，第二年清明以后，方才出来活动觅食。生活和生长的适宜温度为20～30℃，最适温度为25～30℃，超过33℃，摄食能力减弱。中华鳖的新陈代谢比较缓慢，可长期不吃食物而不会饿死。寿命较长，一般可活几十年。中华鳖为卵生性，每年春季于水中交配，5～8月产卵。

（三）繁殖特性

鳖是卵生动物，自然情况下，4年以上鳖的性腺开始成熟并进行交配、产卵。人工控温养鳖，可大大缩短亲鳖的产卵年龄，条件好的情况下一年便可产卵，经过两年半左右便可得到优质的鳖卵。每年4月下旬至5月上旬，当水温上升至20℃左右时，亲鳖第1次发情交配。交配通常在浅水区进行，雄鳖在水中紧追雌鳖，爬到雌鳖背上，尾巴向下歪曲，雄性生殖孔与雌性生殖孔相接，将精液输入雌鳖体内，雄鳖的精子在雌鳖体内可存活很长一段时间。交配后的雌鳖经 14 天左右开始产卵，产卵时间多在夜晚，产卵地点为松软湿润的沙土地段，并用沙土盖紧。雌鳖 1 年可产卵 3～5 次，每次产卵 6～36 枚，高的可达 50 枚以上，产于沙坑中，并用沙土盖紧。

二、中华鳖生态养殖的场地建设

（一）场地的选择

养鳖场地一般选择在靠近水源，水质清新无污染，水量充足，进、排水方便的地方。水源一般为河流、湖泊或水库、池塘的地面水，最理想的水源是既有地面水，又有水质良好的工厂余热水或温泉水，这样能自由调节水温。底土以保水性良好、渗透性较差的壤土或黏土为佳，底土上层铺 15～30 厘米厚的淤泥和细沙的混合土，以利于中华鳖栖息和冬眠。但沙粒宜细不宜粗，否则易使中华鳖的皮肤受伤而染病。酸性土壤或盐碱土不宜建养鳖池。鳖池应建造在光照良好、环境安静、背风向阳的地方。此外，还要看交通是否方便，电源、能源和饲料供应是否充足等。

（二）鳖池的建造

中华鳖的生长发育一般可分为稚鳖、幼鳖和成鳖三个阶段，而这三个阶段对养殖环境的要求也不相同。按其体重划分，刚孵化出来的为稚鳖；11～50 克的为幼鳖；51～200 克的为种鳖；200 克以上的为成鳖；750～1000 克以上的为亲鳖。由于中华鳖的生长速度不同，又有同类相残的习性，因此，宜将不同生长阶段、不同规格的中华鳖分池饲养，需分别建造亲鳖池、稚鳖池、幼鳖池、成鳖池。一个完整的养鳖场，除要有上述鳖池外，还要有产蛋房、蓄水池、病鳖隔离池、仓库、加工间、泵房、配电房等。露天养殖场的亲鳖池、稚鳖池、幼鳖池、成鳖池的面积配套规格比例应为 4:1:2:5。

1. **亲鳖池** 亲鳖池是供亲鳖培育和产卵的场地，应建在全场最偏僻、安静、地势较高和阳光充足的地方，面积以 500～3500 米² 为宜，长方形，南北朝向，池深 2.5～3.0 米，水深 2.0～2.5 米，池底泥沙厚度 10～15 厘米，池堤坡度 30°。亲鳖池的北岸和西岸可栽培高秆作物，以形成阴凉环境。亲鳖池应设进、出水口，进水口高出池塘最高水位 30 厘米以上，在进水口对角设出水口，外接出水沟，近、出水口都应设防逃网，正常水位上方还应设溢水口。用砖块在池周砌成 70 厘米高的围墙，墙顶向内伸檐 8～10 厘米。在饲养池进口处装置牢固的铁丝网，以防鳖逃跑。也可采用塑料板或 3～4 厘米厚的水泥板替代砖墙，使用 2～3 年更新。鳖池边与围墙之间应留有 1.5～2.0 米宽的空地（池的两短边可少留）。在产卵场南、北两长边靠近围墙处，设置长 200 厘米，宽 50 厘米，深 10 厘米的沙盘，每个沙盘可供 25～30 只雌鳖产卵用。设置沙盘的数量，应根据鳖池面积和雌鳖数量而定。亲鳖池中应设有饵料台和晒台，可用水泥或木质材料搭建而成。

2. **稚鳖池** 稚鳖个体小，活动能力差，对环境的适应能力较差，因此，最好利用温水养殖，或稚鳖池一部分建在室内，一部分建在室外。稚鳖池面积一般 50～100 米²，长方形，南北朝向。池深 1.2～1.5 米，水深 0.8～1.0 米，三合土铺底，池底泥沙厚度 5～10 厘米，池堤坡度 30°，坡顶留有占全池 1/5 面积的休息场，池边与围墙距离 0.5～1.0 米。

3. **幼鳖池** 幼鳖池最好采用加温养殖，水温最好保持在 30℃左右，一般面积 100～200 米²，长方形，南北（长边）朝向，池深 1.5～2.0 米，水深 1.0～1.5 米，池底泥沙厚度 5～10 厘米，池堤坡度 30°，池边与围墙距离 0.5～1.0 米，进行净水或微流水养殖，池两端设有休息场。

4. **成鳖池** 成鳖池环境要求阴凉、安静，根据放养密度合理搭建饵料台和晒台，栽种水浮莲、凤眼莲等高等水生漂浮植物（栽种面积不宜超过 15%～20%），这些植物既可吸收水中的污物，净化水质，又可为鳖提供炎夏降温的栖息场所。成鳖池除不设产卵场外，其他设施与亲鳖池类似。为防止不同大小的鳖互相撕咬，可以按鳖的大小多建几个成鳖池以便分池饲养。

三、中华鳖人工繁殖技术

自然条件下，鳖的生长发育缓慢，达到性成熟的时间较长，一般需 4～5 年的时间。鳖卵的孵化时间亦长，而且由于自然环境的变化大，对鳖卵的孵化造成诸多不利的因素。因此，自然条件下，鳖卵的孵化率极低，并且孵化出的稚鳖质量差，不易存活。为了养鳖业的顺利发展，应尽量采取人工繁殖。

（一）选择亲鳖

亲鳖应选择 4～8 龄的个体，体重在 750 克以上，加温养殖的年龄以 2～3 龄的为好。体质好的亲鳖一般体圆形或椭圆形，完整，无畸形。背腹扁平，裙边宽大，伸展平直，不上翘、不下垂。体表外观有光泽，背甲黄绿色或黄褐色，无明显黑斑或具细小虫纹，腹甲淡黄色，无黑斑。动作活泼，反应敏捷。如果将其仰放，能立即翻转过来。颈部光滑，无红肿，伸缩自如。鼻孔中无异物，触动其头部、四肢能迅速缩回。体壮的大亲鳖不但产卵数多，且卵粒又大又整齐。刚孵出的稚鳖重可达 4 克左右。亲鳖的皮肤薄而软弱的为营养不良，反之厚而有皮纹坚实者为优。

（二）交配

亲鳖的雌、雄比例可按 2～4：1 搭配，当水温升至 20℃以上时，亲鳖开始发情并交配。因为鳖有互相蚕食的习性，尤其在食物、争夺配偶等方面更为突出，所以不可放养密度过大，以每平方米 1～3 只为宜。

（三）产卵

3月上旬整理产卵场的倾斜面，将沙层挖翻15厘米深，同时充分把沙块打碎，不能附有泥块。雌鳖每年产卵3～5次，产卵次数及数量依鳖的年龄和大小而异。一般4月下旬交配，5月上旬产卵，8月底产卵结束，产卵间隔为10～30天。

（四）孵化

在鳖的人工养殖过程中，人工孵化是一个中心环节。鳖的人工孵化：首先进行的是选卵和鉴定受精卵。若卵壳色泽鲜亮，卵壳一端有清晰的圆形白色亮区，即为受精卵，反之为未受精卵。箱、盆、桶均可用作孵化器，孵化器底部铺上2～3厘米厚的细沙，然后将受精卵依次排列沙中，将白色亮区（动物极）朝上，卵与卵之间有1～2厘米的间隔，可排列1～3层，最上层再盖上一层细沙。孵化器内的温度最好在28～32℃，含水量保持在7%～8%，室内的湿度保持在81%～85%，每隔2天洒水一次，使沙维持一定湿度。由于稚龟孵出来有趋水性，因此，应在孵化器一端放置一个小水缸或水盆，以便捕获稚龟。在适宜条件下，一般40～50天便可出壳，如果迟迟不见出壳，可将卵壳完全变白的鳖卵收集起来，放入20～30℃的温暖清水中，一般几分钟后就有大批稚鳖出壳。

四、中华鳖饲养管理技术

（一）稚鳖饲养

由于稚鳖出壳时间先后不一，应根据不同规格、大小分池饲养。饲养稚鳖要求选用优质、新鲜、营养全面、适口性好、蛋白质高的饵料。一般稚鳖出壳后2～3天卵黄囊吸收完后，便开时摄食，这时可投喂一部分水蚤、摇蚊幼虫、蚯蚓丝、熟蛋黄等食物。饲养 7 天后，可投喂新鲜的猪肝、绞碎的鲜鱼肉及动物内脏，有条件的地方可人工饲养蚯蚓投喂。饲养稚鳖要坚持"四定"，即定时、定点、定质、定量，使稚鳖养成定时、定点摄食的习性。投食量要根据稚鳖实际吃食情况而定，让稚鳖吃饱且投喂无剩余为度。在水温 25～30℃ 时，一般投喂量可占稚鳖体重的 10%～20%。所投饵料要求新鲜、无腐烂、无霉变现象。

稚鳖皮肤细嫩，易受外界机械损伤，加之刚出壳的稚鳖有互相撕咬的恶习，在高密度人工饲养情况下极易被咬伤，受伤后的稚鳖若生活在水质不好的池水中，很容易被感染发病而死。因此，稚鳖饲养过程中必须充分注意水质，2～3 天换一次水，每次换水量为水体总量的 1/3 左右，透明度一般在 40 厘米左右，pH 7～8。养殖池内可放一些水生植物如水葫芦、水浮莲、水花生等，这样能使稚鳖在隐蔽状态下生长，减少稚鳖互相撕咬，提高稚鳖成活率。稚鳖在放养前，要对养殖池进行彻底消毒处理。稚鳖下池前要进行鳖体消毒，可用 3% 的食盐水浸泡 10 分钟，以杀死病菌。在饲养过程中，可用生石灰或漂白粉溶液交替泼洒，一般 15 天泼洒一次。对受伤的稚鳖要及时用紫药水涂抹伤处，防止病菌感染。发现病鳖要及时隔离治疗。

越冬是稚鳖养殖中的一个难关，有温室的要及时将稚鳖转入温室进行加温养殖。没有温室的，在水温 15℃ 以下时，将稚鳖及时转入越冬池。越冬池宜选择向阳、背风、防冻保温的室内，池底垫 20 厘米的细沙，再注入 10 厘米的水，每平方米投放稚鳖 200～250 只，稚鳖会自行钻入沙中。如稚鳖数量不多，可放入缸内、桶内、盆内装入细沙蓄水越冬。在天气变化较大时，要及时采取防冻措施。通过科学的饲养管理，稚鳖经冬眠后，一般成活率在 95% 左右。

（二）幼鳖饲养

越冬后的稚鳖，即进入幼鳖期。幼鳖放养密度视鳖的大小而定，一般早出壳，越冬后体重在 10 克以上的幼鳖，投放量为每平方米 5~10 只；体重在 10 克以下的幼鳖，投放量为每平方米 10~15 只。开春后水温高于 15℃时，就可以进行投喂，可投喂高蛋白质的动物性饲料，如鱼、虾、动物内脏、蚯蚓和压碎的螺、蚌等，也可以投喂切碎的豆饼、花生饼和瓜类。4 月，每天上午投喂 1 次即可。水温升至 20℃以上，幼鳖进入最佳生长季节，上午、下午各投喂 1 次，投喂量为幼鳖总体重的 5%~10%，入冬前可适当增加动物内脏的投喂比例。

幼鳖饲养过程中要密切注意水质变化，水色变肥时，要及时更换新水，一般 7 天左右换水一次，使池水透明度保持在 30~40 厘米。幼鳖的饲养还需注意降温防寒。幼鳖的适宜生长水温为 25~30℃。水温超过 33℃或低于 22℃，幼鳖的摄食活动将大大降低。因此，盛夏来临之际，要采取适当的降温措施，一般在池边种植攀缘植物，引藤上架。寒冬到来之际，若无室内越冬池，也可在室外越冬，选择在向阳、背风之处，池底的泥沙加厚至 20 厘米以上，并适当加深水位，以防冰冻。

（三）养成管理

经过幼鳖池 1 年饲养的 2 龄鳖，体重可达 50~100 克，放养密度以每平方米 5 只为宜；3 龄鳖，体重在 200 克左右，每平方米 4 只；4 龄鳖多在 400 克左右，每平方米放养 1~2 只。成鳖对饵料的要求不如稚鳖严格，摄食能力强，食量大，其饵料来源更广，饵料品种更多。一般投喂动物内脏，也可投喂天然繁衍的螺、蚌、鱼和虾等。除投喂动物性饵料外，还可投喂一部分植物性饵料。成鳖的水质管理也是一项重要工作，透明度应为 30 厘米左右，水质过肥，要适当更换新水或施生石灰加以调节。成龟饲养中可定期投放生石灰。成鳖池日常管理与幼鳖相似，也应注意防冻和降温。

为了提高养殖效率，还可进行鱼鳖混养，每公顷投放 13 500

条鱼苗，可混合放养鲢、草鱼、鳊、鲤和鲫等，加强投喂，每公顷水面可多产鲜鱼 6 000 千克。

（四）亲鳖饲养

成鳖养到 4 龄以上，即可作为亲鳖饲养。亲鳖需要安静、温暖的环境。

亲鳖一般在 20℃ 以上开始摄食，此时，可投喂少而精的饵料引食，使其及早开食，如以新鲜的猪肝、鱼、虾等拌入配合饵料，吸引亲鳖摄食。以后随水温的上升不断增加饵料的数量，并补充一些含维生素较多的饵料，如麦芽、莴苣叶或维生素 E 粉剂，促进性腺的发育。同时，消毒水体和调节水质，创造亲鳖的最佳生态环境。亲鳖对生活环境的要求较高，放养密度不宜过大，每公顷放养 1 500～4 500 只。亲鳖的饲料主要应以蛋白质丰富的动物性饲料为主，如蚯蚓、鱼、虾、螺、蚌等，也要适当投喂米糠、麦麸、面粉、花生饼和瓜菜等植物性饲料。每次投放量为亲鳖总体重的 5%～10%。产后亲鳖营养消耗大，需加强营养恢复体质，入秋后的亲鳖在越冬前需要肥育，此时也应增加营养，因此，应多投喂一些蛋白质含量丰富和脂肪含量高的动物性饲料。亲鳖池水质要求清洁、新鲜，水色是褐绿色，透明度35～40 厘米，要经常巡视水质，保持清洁。

五、中华鳖常见疾病的防治

鳖的抵抗力较强，按照要求科学喂养，一般不容易患病。但若管理不当，也会患上疾病，造成巨大损失。因此，要坚持"以防为主，防重于治"的原则，严格控制病害发生。可以在 4 月下旬使用一次杀虫药，5 月上旬用氯制剂消毒，以后每半个月用消毒剂消毒。在高温期用碘制剂消毒，在 6～9 月将黄柏、黄芩、大黄等复方中药添加到饵料中拌匀投喂，增强鳖的免疫功能，提高鳖的抗病能力。

（一）红脖子病

1. **病因**　本病又被称为肿脖子病、阿多福病、耳下腺炎、俄托克病和鳖产气单胞菌病，主要发生在幼鳖阶段，每年 3～6 月为发病季节。这时期，鳖刚过冬眠期，体内营养物质消耗过多，体质下降。通常当鳖抵抗力下降，池中的嗜水产气单胞菌嗜水亚种就会趁机侵入体内，引起感染而发病。水质不良，突然变更饲料，造成鳖的应激反应，也会成为发病的诱因。带菌鳖及被污染的池水是主要传染源。本病可经消化道感染。

2. **症状**　病鳖对外界应激敏感性降低，行动迟缓，不吃食，喜欢钻入泥中。随着病情的发展，病鳖颈部充血，脖子呈龟纹状裂痕或充血肿胀，颈部皮肤溃烂，不能缩入壳甲内。腹甲部出现红斑，口、鼻流出血水，有的眼睛失明，爬上岸呈昏迷状态，四肢皮肤糜烂，直至死亡。剖检发现，肠道无食物，肠黏膜明显充血，肝脏淤血发黑，口腔及咽喉出血、糜烂，且有大量块状淤积分泌物。

3. **防治方法**　在疾病流行季节，尤其要加强饲养管理，稳定饲养条件，定期换水，可每月用土霉素拌饲料投喂 1～2 次，每次连喂 3 天；用每立方米 0.3 克的三氯异氰脲酸全池消毒；重病可每千克体重腹腔注射硫酸链霉素 20 万单位，1 周内可痊愈，如未痊愈，可再注射一次。商品鳖或亲鳖患本病，可腹腔注射庆大霉素，剂量为每千克鳖 10 万～12 万单位，有明显疗效。

中药防治可应用黄连解毒散或七味板蓝根散，每千克鳖每天使用 1～2 克，连用 5 天。

（二）红底板病

1. **病因**　鳖红底板病又名赤斑病、红斑病、腹甲红肿病、红腹甲病等，由点状产气单胞菌点状亚种引起。主要危害成鳖、亲鳖，有时幼鳖也会感染。一般每年春末夏初开始发病，5～6 月是发病高峰期。

2. **症状**　病鳖精神不振，反应迟钝，停止采食。病鳖腹部有出血性红斑，重者溃烂，露出甲板；背甲失去光泽，有不规则的沟纹，严重时出现糜烂性增生物，溃烂出血。剖检发现口、鼻、舌红肿，肝脏黑紫色，肠道充血。

3. **防治方法**　发现病鳖及时隔离，然后内服痢菌净（按每千克体重 0.07～0.08 克）等抗菌药物，每天 1 次，连喂 6 天为 1 疗程。发病高峰期，每 10～15 天在养殖池中施强氯精或优氯净等消毒一次，用量为每立方米水体 0.25～0.4 克。注意施药间隔期不可太短，以免造成药害。坚持清塘消毒，勤换新水，避免不同来源的鳖混养。

中药防治可应用加减消黄散或银翘板蓝根散等制剂，每千克鳖每天使用 1～2 克，连用 5 天。

（三）白底板病

1. **病因**　白底板病的病因可能包括细菌性感染和病毒性感染。此外，饵料不新鲜或营养成分单一、养殖环境恶劣等因素也是本病发生的诱因。

2. **症状**　病鳖无食欲，反应迟钝，全池摄食量明显降低；体表光滑完好，无任何外伤、穿孔等异常症状；腹甲为苍白色，呈极度贫血症状；大部分病鳖在夜间游至岸边，脖子伸直、翻转直至死亡。剖开体腔时渗出的血液很少，甚至没有一点血色，肺部组织呈淡红色，肝脏为花斑状或土灰色，肠道大多柔软松弛，肠腔内无食物，肠壁出血、充血，呈深红色，发病后期的呈现贫血型，肠壁发白。

3. **防治方法**　由于中华鳖白底板病的病因复杂，发病涉及的因素多，其预防和治疗都有一定的难度。要严格水质管理，选择合适的饲料，还要适时、适量地搭配其他优质的动、植物性饲料，包括动物肝脏、冰鲜鱼、新鲜蔬菜等，保证营养均衡。可以适当应用清热解毒药、止血药及增强免疫力的中药。

（四）腐皮病

1. *病因*　病原为产气单胞菌，还有假单胞菌及螺旋杆菌等。鳖之间相互殴斗咬伤后，感染细菌而引起。

2. *症状*　病初鳖四肢、颈部、尾部、裙边等处皮肤溃烂，组织坏死，变白或变黄，进一步发展四肢皮肤烂掉，爪脱落，骨骼外露，颈部露出肌肉和骨骼，影响鳖的生长。

3. *防治方法*　经常保持池水清洁。分级、分池养殖，防止相互撕咬。定期对池水用漂白粉进行消毒。病鳖可用磺胺药或链霉素浸洗。

（五）水霉病

1. *病因*　由水霉菌属的霉菌寄生于皮肤上引起。

2. *症状*　病鳖甲、四肢、颈部、裙边、尾部等处的皮肤上出现白色斑点或白云状病变，表皮坏死变白并逐渐脱落。本病对稚鳖危害极大，成年鳖患本病一般情况下死亡较少。

3. *防治方法*　预防水霉病平时要做好池水消毒工作，保持水质清新。多晒阳光可自然抑制真菌繁殖。在发病季节或个别鳖刚开始发病时，用含碘消毒剂消毒池水。也可对病鳖用碘制剂进行药浴消毒，然后放入池内，过几天水霉即可褪去。也可把患水霉病的鳖放入一个无水容器中晒太阳数小时，水霉也会褪去。

六、药材的采收与加工

（一）采收

养殖鳖的起水规格是 400～600 克，捕捞时间为 10～11 月，可徒手捕捉、探测齿耙捕捉和竹筐诱捕。捕量大时，可用围网捕捉、干池捕捉。如需全部起捕，排水留 20 厘米深，下水边摸边捉，将池水搅浑，然后排干池水，晚上再用灯光照捕。

（二）加工

（1）鳖甲　将鳖砍头，入沸水中煮1～2小时，至甲上硬皮能脱落时，取出，剥下背甲，刮净残肉，晒干。

（2）鳖甲胶　取鳖甲洗净，置锅中加水煎汁，煎3～5次，至胶汁全部煎出为度。各次煎汁合并（或加明矾粉少许），静置后滤取清胶汁，再次用文火加热，不断搅拌，浓缩（或加适量黄酒、冰糖）成膏状，倒入凝膏槽内，让其自然冷凝。取出后切成小块，阴干。

（3）鳖肉　鲜用，煮食或入丸剂。

（4）鳖血　断头取血，鲜用，生饮或外涂。

（5）鳖卵　盐腌煮食。

（6）鳖胆　鲜用，生胆汁和药外用或冲入汤中饮服。

（7）鳖头　割下鳖头，洗净晒干。

第二十一节　麝

麝属于脊索动物门、哺乳纲、鹿科的动物，又名獐子。我国主要有林麝、马麝、原麝等品种，是我国二类保护动物。入药的是雄性麝香囊中的干燥分泌物，药材名为麝香。

麝香，性温味辛，功能开窍醒神、活血散结、消肿止痛，治疗中风痰厥、神昏、疮痈肿毒、跌打损伤、经闭、咽喉肿痛等病证。麝香的使用在中医药中占有非常重要的地位，以它为原料的中成药就有300种左右，如六神丸、牛黄清心丸、人参再造丸、至宝丹、苏合香丸、回生急救丹、云南白药等。麝香还是高级化妆品和香料的原料。

麝的肉是有名野味，低脂肪、高蛋白，味道鲜美，可制成多种名贵佳肴。麝皮是裘皮中的珍品，柔软保暖，华丽高雅，可制

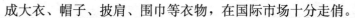

成大衣、帽子、披肩、围巾等衣物，在国际市场十分走俏。

随着现代医药的发展及人们生活水平的提高，市场对麝香的需要量越来越大，现在麝香产量有限，价格昂贵，其价格在国际市场上与黄金价格相当。为了既保护野生资源，又能满足市场对麝香的需求，只能走人工养麝之路。麝为草食动物，食量小，饲养成本低，因此，麝的人工养殖成了世人关注的热点。

一、麝的生物学特性

（一）形态特征

麝形似鹿，体型小，体重 10 千克左右，身长 65～95 厘米，高 55 厘米左右。雌、雄均无角，耳直立，眼大。四肢较细，前短后长，蹄小。尾极短，仅 3～5 厘米，隐在毛内。体呈棕色，背部较深。有的呈灰褐色，带不明显的土黄条纹和斑点。雄麝犬齿极发达，形成獠牙露出唇外，是争偶的武器。雄麝脐与生殖器开口之间有麝香囊，外观椭圆形略隆起，长 2.5～4 厘米，囊内麝香腺分泌颗粒状或粉状的麝香，有浓厚的冲鼻香味。在发情季节麝香腺特别发达。

（二）生活习性

麝是一种温带、亚热带和亚寒带的动物，多数生活在 1 500～4 000 米的阔叶林、灌木丛、针阔混交林和高山草原中。麝多在拂晓或黄昏后活动，性怯懦，听觉、嗅觉发达。麝食量小，吃菊科、蔷薇科植物的嫩枝叶、地衣、苔藓等，特别喜食松或杉树上的松萝。麝喜凉爽，怕暴晒。麝喜跳跃，能平地起跳 2 米的高度。雄麝利用发达的尾腺将分泌物涂抹在树桩、岩石上标记领域。在领域内活动常循一定路线，卧处和便溺均有固定场。一般雌雄分居，独居生活，而雌兽常与幼麝在一起，有相对固定的巡行、觅食路线，通常只在标定的范围内活动。

（三）繁殖特性

麝为季节性多次发情交配的动物，每年的 10 月至第二年的 2 月为发情交配期。母麝发情时表现不安，食欲减少，外阴红肿，有黏液挂流，喜欢接近公麝，排尿频繁，翘起尾巴露出外阴。高潮期还会发出低沉的求偶声，每次可持续 24 小时左右。公麝发情也表现兴奋不安，食欲减少，接近或追逐发情母麝，常仰头，并发出"嘶嘶"声，口喷白色泡沫。睾丸变大，阴茎勃起，出现高度性冲动。在发情季节内，母麝可出现 3～5 个性周期，每个性周期 13～20 天，受精后拒绝交配。妊娠期约 180 天，生产一般在 5～6 月，每胎产仔 1～3 个。母麝产仔后自动吃掉胎衣，舔去仔麝体表的黏液，仔麝很快站立，缓步行走，开始吸吮母乳。一般每日哺乳 3 次，哺乳后母、仔两地栖息。哺乳期为 3 个月。仔麝出生重 350～600 克，以后生长很快，半岁体重可达 6 千克。

二、麝生态养殖的场地建设

（一）选场

养麝场应在气候湿润、凉爽、温差较小的山区、半山区，地势高、干燥、平坦、宽敞，便于排水、坡度较小、土壤较为坚硬的地方。附近要有丰富的植物资源供麝食用，或有良好的人工饲料基地保证饲料供应，有充足良好的水源供应。交通方便，保证养麝场与外界的良好联系。为了减少疫情发生和保证养麝场的安静，养麝场距居民区、牧场、矿山、工厂、学校要求 2 千米以上，不要利用各类旧养殖场建立养麝场，尽量避开可能的污染源。

（二）圈舍建设

目前，养麝有圈养和笼养两种方式。麝圈要求坐北朝南、通风透气、冬暖夏凉。每栋圈内，可用铁丝网（或木板、竹板）隔成若干个 4～5 米^2 的单个小圈，小圈墙上正中距地面 80 厘米左右处开一个长、宽各 80 厘米的窗口（安上木窗），窗台宽 35 厘米左右，可供麝躺卧之用。小圈内设三种门，通向运动场的门、饲养员进出的门和各小圈间的门。几个小圈共用运动场，或每个小圈单设运动场。运动场内距围墙（或围网）适当的位置上最好植树并埋设一根斜撑（与地面成 45°左右夹角）的长木杆，为麝提供荫凉场地。

单养笼的规格通常是：长 2 米、宽 1 米、高 1 米。笼中间有隔门，正面有小门便于给饲。笼子可用竹、木制作。笼养适用于初捕麝、育成麝、病麝的饲养。

因为麝蹿跳能力较强，所以在修筑全场围墙和圈舍围网时，一定要力求笔直，一般高 2.8～3 米，可用砖砌或铁丝网围。砖墙顶部必须用砖瓦覆盖，向内突出约 30 厘米，以防麝蹿越逃跑。

三、麝的人工繁殖技术

（一）麝的性成熟和配种年龄

麝的性成熟期与种类、性别、气候、饲养管理以及其他一些因素有关。麝的性成熟年龄约在出生后 18 个月，但并不能马上进行交配，因为过早妊娠，影响麝的正常生长发育，影响生产性能。在人工驯养下，配种必须在个体发育比较完全时才可以进行。一般适宜年龄，公麝是 3 岁半；母麝发育好、体健壮的 1 岁半左右可以配种，最好在 2 岁半后配种。

（二）麝的选种

1. 种公麝　种公麝必须体质良好，性欲旺盛，年龄适宜，睾丸匀称，产香量高，肥满度适宜，并能将这些基本优良特性巩固下来并传给后代。

2. 种母麝　外貌体型优美，体形大，骨骼结实，胸容积大，但是不宜过重。肌肉组织发育良好，四肢强壮有力。乳头和乳房发育良好，形状端正，排列整齐，分泌乳汁量大。被毛光亮，气质安静，母性强，善于哺乳。健康无病，适应性强，抗病力强，耐粗饲，营养良好，体况中等以上。历年无难产，繁殖力较高，繁殖性能稳定。育种核心群母麝要从 4～12 岁的壮龄母麝中选择。

3. 种用仔麝　强壮、健康、敏捷；躯体长，骨骼和四肢发达，胸部和臀部宽阔。

（三）麝的配种

分布于我国的麝多数仍处于野生状态，发情期公麝特别狂暴，不易接近，因此，现阶段麝的配种多为自然交配方式。而人工驯养时采用的配种法主要是单公群母配种法、群公群母配种法及试情配种法。

1. 单公群母配种法　一种是根据生产性能、年龄、体质状况，将母麝分成若干个配种小群，每群 4～6 只，选定放入 1 头公麝，不替换。

另外一种方法是每群 12～15 只母麝，选定种公麝按 1∶5 的比例，1 次只放 1 头公麝，每隔 5～6 天替换 1 次。到母麝发情旺期，必须 2～3 天替换 1 次种公麝。在几天之内公麝已配种 2～3 次以后，尚有母麝发情需要交配时，应将该母麝拨出与其他种公麝交配，以利于保持种公麝的体况良好和提高后裔品质。采用此种配种方式时，公母比例和替换时间必须根据公麝的配种能力和母麝发情情况决定。配种时必须注意公母比例，及时观察，及时调整。生产实践证明，1∶5 的准胎率和双胎率最高。为了利于公麝健康，在一个配种季节，1 头种公麝实际配 3～5 头母麝是比较合适的。

2. 群公群母配种法　可分为两种类型：

（1）群公群母一次放入，配种期间不替换种公麝的配种方法。就是按 1 只种公麝负担 3～4 只母麝的配种比例。在配种开始时，一次将公麝全部放入配种的母麝圈内，在整个配种期，如果种公麝没什么问题时，不进行拨出，如果有些公麝患病，性欲不高，体质特别衰弱，起不到配种作用，可及时将其拨出。一般拨出后不再进行补充。

（2）群公群母混合后，在配种期间替换全部种公麝的配种方法。全期替换次数为 1～2 次，配种的公、母麝比例也是 1：3～4。有的将初次参加配种的 3～4 岁公麝放入配种母麝圈内，引诱母麝提早发情，此时为诱情期。至母麝发情旺期到来前，按 1：3 的公母比例，换入壮龄优良种公麝进行配种。配种旺期后，如有70％～80％的母麝配种已经完成，可将体弱的配种能力差的公麝拨出，再按 1：5 的比例留公麝，一直坚持到配种全部结束为止。

刚交配完的麝，因血液循环加快，呼吸促迫，一切生理机能尚未恢复正常，不宜马上饮水。配种期结束后，应立即将所有公麝从母麝圈内拨出，分别予以精心的饲养管理，使其迅速恢复体况，安全越冬。

（四）麝的妊娠与产仔

麝的妊娠期因麝的种类、个体特点、驯养方式及其他外界条件的不同而有差异。一般为 175～190 天，平均 181 天。据此，可推算出大致的分娩期，便于预先准备。一胎双仔或三仔的母麝，其妊娠期最长，平均为 184～189 天。

母麝妊娠后，食欲增强，采食量逐渐增多，妊娠中期采食旺盛。妊娠 3～4 个月后的母麝，运动小心谨慎，行动迟缓，性情安静，容易疲倦，有时躺卧。妊娠后期（产前 1～2 个月），胎儿生长发育较快，母体腹围显著增大。接近产仔前，母麝乳腺体积增大。

麝的产仔期根据其发情、配种期和妊娠期的不同而异。如配种提前而集中，则产仔也随之提前与集中。一般都在 5～6 月产仔，个别配种迟的 9 月初产仔。每年繁殖 1 次，每次产 1～3 仔。圈养麝双仔率占 80% 左右，三仔极少。初产母麝多数一胎一仔。产双胎者，仔麝多为一公一母。在一般情况下，麝在 5～6 月集中产仔有利。当新生仔麝开始大量采食饲料时，正是日照时间长、气温适宜、青绿饲料丰盛的时期，有利于促进仔麝早期的快速生长发育和提高成活率。

四、麝的饲养管理技术

（一）饲料

麝为反刍草食动物，食性很广，喜食鲜嫩多汁的野菜、树枝、树叶、山果及苔藓等。麝的可食性植物有 370 多种，其中野生植物 290 多种。在野外，麝的饲料种类因季节、栖息环境和植被类型不同而有所变化，麝的饲料大致可分 5 类。①草类：紫花地丁、远志、野苜蓿、车前草、独活、光慈菇、三叶草、蒲公英等。②树叶类：杨树叶、柳树叶、枸树叶、桑树叶、榆树叶、落叶松叶、苹果树叶等。③作物类：大豆叶、荞麦叶、甘薯藤叶、萝卜（包括叶）、黄瓜、菠菜、白菜、莴苣等。④精料：主要为蛋白质、淀粉等营养丰富的饲料，如豆饼、黄豆、玉米、高粱等。⑤添加料：骨粉、贝壳粉、石灰石粉等，喂饲量可根据具体情况随时作适当调整。

（二）投料方法

一般每日喂料 2 次，6:00～7:00 喂料 1 次，17:00 左右喂料 1 次；投料以能够吃完，不剩不缺为原则。投放饲料的方法一般是先精后粗，精料吃完后再投粗料。精料定量供给，一般成年麝每日精料 100～150 克，粗料 650～1 000 克为好。饲喂量随季节变化而有增减，6～8 月饲喂量最大，可在 1 000 克以上。喂饲的时间和饲料组成一旦确定，就不要轻易变动，否则容易影响麝的食欲、消化乃至体质。当季节变更时，改变饲料品种也要循序渐进。麝的饮水要新鲜清洁。每天要更换饮水，定期清洁饮具。冬季，放入麝圈的饮水要注意保温，防止冻结。

（三）初期驯化

新引进的麝，首先饲养环境要绝对安静，场地宽大并有隐蔽的地方。饲养人员要态度温顺、逐渐消除麝的恐惧心理，并建立条件反射，逐步做到能接近、接触、抚摸等。一般幼小的麝较容易驯化。对一些野性强的麝，可以使用镇静药物内服或肌内注射。驯化方法一般采用食物引诱，选择麝喜欢的新鲜饲料一束，进圈时先呼唤，然后逐头给饲，随即抚摸。对个别顽固拒食和拒摸的要耐心诱食，不能强迫。每天专人定时给饲和抚摸。

（四）产香公麝的饲养管理

饲养公麝的目的就是为了取麝香，因此，在饲养方面就要使其有良好的体况，能正常分泌麝香。饲料上要供给足够的碳水化合物、蛋白质、维生素、钙、磷及其他微量元素等。秋末至早春，要增加多汁饲料和精饲料。5～6月，为使公麝具备健壮体质以度过泌香盛期，除供给多种青饲料外，精饲料日给量暂不减少。到7～9月青绿饲料生长旺盛时，应使其多吃青饲料，混合精料可以适当减少。

公麝在泌香盛期、配种期及天气突然变化时，表现异常，易狂奔乱跳，追逐咬斗。因此，在管理工作中为避免伤亡，应按体质强弱、体格大小分开饲养，避免以强欺弱，以大欺小。对咬斗最凶的个体，可暂时隔离饲养，待其安定以后，再放入大圈合养。还应经常剪短、磨钝公麝的狼牙，以减轻咬斗导致的损伤。同时保持安静，尽量减少诱发兴奋的外界刺激。

（五）母麝的饲养管理

母麝在配种期食欲下降，饲料要多样化，少而精，多给予青嫩多汁料，以保证其良好体况，有利于受孕。到妊娠期，母麝食欲旺盛，食量增加，要增加精料、矿物质和维生素，以保证胎儿生长发育的需要。要适当运动，并及时拨出公麝，以免公麝追逐母麝引起流产。

临产前，产房要彻底消毒，产仔期和产后都要保持安静。产后1周内暂不入舍清扫，以免惊吓母麝，导致其蹬踢甚至遗弃仔麝，以及影响乳汁分泌。如母麝母性不强或没有产仔经验，可人工接产。产后几天内，母麝体力消耗很大，体质虚弱，必须加强饲养，供给新鲜、营养丰富而易消化的饲料。哺乳期的母麝由于泌乳需要，食欲比平时增加 30%～50%，要逐步增加饲喂量，每天中午加喂一次精料，断乳后也要维持一段时间，以利母麝的体况恢复。

（六）仔麝的饲养管理

仔麝产出1周内生活力较弱，要注意保暖，防止被母麝踩压。产后第1天，要让仔麝吃上初乳。如母麝拒绝哺乳或乳汁不足，可找产仔时间相近、产单仔的母麝代乳，也可找母山羊代哺乳或人工哺乳。人工乳可用鲜牛奶、羊奶、奶粉或炼乳调制。仔麝 20 日龄前，排粪和排尿前须经母麝舔其肛门和尿道口，因此，用羊代哺乳或人工哺乳时，要经常按摩仔麝肛门和尿道口，以促其正常排粪、排尿。

仔麝出生 20 天后开始采食饲料，应及时供给鲜嫩、质优的青绿饲料。精料应泡软或煮软后饲喂，以利消化，但要防止采食过量。刚断乳的仔麝，由于恋乳，容易在圈内急剧奔跑，要注意看管，防止伤亡。断乳后必须供给营养丰富、鲜嫩多汁、适口性好的饲料，并在料中添加骨粉和贝壳粉等矿物质饲料。阴雨天要将仔麝关进圈舍内，防止受到雨淋和饮用不清洁的雨水。仔麝1月龄左右，即可开始调教。调教要循序渐进，逐步进行，使之最终不怕人，能适应新的环境，养成群集性和利于管理的条件反射。

五、麝常见疾病的防治

（一）坏死杆菌病

坏死杆菌病是由坏死杆菌引起的人、麝共患的慢性传染病。

1. *病因*　在多雨的夏季，潮湿、低洼地带，营养不良、管理不善等易引发本病，也常因继发感染引起。常发于未成年麝。

2. *症状*　常以皮肤、皮下结缔组织、消化道黏膜或内脏等组织坏死为特征。

3. *防治方法*　平时要注意加强检查，保持圈舍卫生，科学配料，防止拥挤、咬斗；对病麝，要除去坏死组织，用0.1%高锰酸钾或3%来苏儿冲洗，再涂5%碘酊、碘甘油，或用硫酸铜、水杨酸、高锰酸钾粉行蹄底孔、疮内填塞。此外，可用10%～20%磺胺嘧啶钠静脉注射或肌内注射土霉素施行全身疗法。

（二）巴氏杆菌病

该病主要是由多杀性巴氏杆菌引发的，多种畜禽和野生动物共患的传染病。麝也易感。

1. *病因*　患病麝及其污染物为传染源。气候骤变、环境卫生状况差等造成机体抵抗力下降为该病的诱因。

2. *症状*　体温升高至41℃，常呈急性败血型或肺炎型症状，死亡率极高。

3. *防治方法*　加强管理，保持圈舍卫生，合理调配麝群。发现病麝及时隔离治疗，防止和减少疾病传播。必要时可用高免血清或青霉素、链霉素、磺胺药作紧急预防和治疗。另外，可利用灭活疫苗进行免疫接种。

（三）大肠杆菌病

该病是由致病性大肠杆菌引起的人畜共患传染病。新生仔麝易发生。

1. 病因 病麝及带菌麝（特别是母麝）是该病的主要来源，多由不喂或晚喂初乳、卫生不良、气候骤变所致。

2. 症状 以严重腹泻和败血为主要特征。

3. 防治方法 定期消毒，搞好卫生，注意防寒保暖，断乳幼麝饲料不可骤变，饲料中添加清热解毒、补气的中药；进行疫苗接种，肌内注射或内服抗革兰氏阴性菌的抗生素，同时补充体液，防止脱水。

（四）肠毒血症

肠毒血症又名软肾病，系由 D 型魏氏梭菌在肠内大量繁殖产毒引起。

1. 病因 饲养管理、饲料调配不当均可促发本病。多发于 2～6 月龄的强壮仔麝。

2. 症状 精神沉郁或不见症状，翌晨已死于圈中。剖检最大特征为肾苍白、质软如泥。

3. 防治方法 每年给仔麝接种三联苗或梭菌五联苗。饲料蛋白不可过高，限制精料；病麝可用四环素、磺胺脒治疗。

（五）病毒性肠炎

由细小病毒感染而引起的麝的急性接触性传染病。

1. 病因 病麝及其排泄物、污染物和康复麝的粪便均可能成为病源。该病可侵害各种年龄的麝，尤以新生麝及 2～5 月龄的幼麝易感。该病发作无明显的季节性，但以春、夏季多发。

2. 症状 常表现为出血性肠炎、心肌炎。

3. 防治方法 发现病麝要立即隔离，对污染过的麝圈、饲具等要用 4% 氢氧化钠彻底消毒，1 个月后方可使用。在本病流行区，平时要进行疫苗的预防接种。该病目前尚无特效疗法，常采用对症治疗，肠炎型可补液、止泻、止吐、止血；同时，肌内注射抗生素防止继发感染，再配合 B 族维生素；心跳加速者给毒毛旋花子苷 K。患病麝早期应禁食，待呕吐症状消失后，可给予易消化、含糖量高的无渣饮料。

（六）寄生虫病

人工养麝常见的体内、外寄生虫主要有多种球虫、蠕虫及蜱、螨等。常见而危害严重的蠕虫为类圆线虫、结节虫、鞭虫、肺线虫和莫尼茨绦虫。寄生虫病多见于幼龄麝。

1. 病因 圈舍不洁，粪便与食宿未分，防疫工作不力等。

2. 症状 厌食，精神不振，逐渐消瘦，贫血，发育不良，被毛零乱而枯黄，常有腹泻。

3. 防治方法 加强卫生管理与粪便处理，严格消毒食具，隔离病麝，春、秋两季定期驱虫。球虫病可用氯苯胍，每千克体重 20 毫克；蠕虫病可用丙硫咪唑，每千克 40 毫克，混料连喂 5 天；还可用南瓜子、槟榔等除绦虫；蜱、螨可用敌百虫驱除。

六、麝香的采收与加工

麝香是雄性麝腹下的阴囊与脐部之间麝香囊中（简称香囊）的分泌腺体所分泌。麝的泌香最早是在 5 月下旬，最迟在 7 月下旬，周期分为初期、盛期、末期 3 个阶段。泌香期的全部时间为 4 周。公麝在 1 岁半开始分泌麝香，2.5～10 岁是产香最高期，15 岁后开始减少。泌香期公麝的睾丸比非泌香期肿大，香囊有分泌物出现，在公麝的圈舍内有特殊香味。

（一）麝香的采收

雄麝有特定的泌香反应，取香应在每年的 3、4、7、8 月各进行 1 次。取香之前备好取香器具和相关药品，并禁食半天。取香时由助手先抓住麝的两后肢，再抓住两前肢，横卧保定在取香床上。取香者左手食指和中指将香囊基部夹住，拇指压住香囊口使之扩张，右手持挖勺伸入囊内，徐徐转动并向囊口拉动挖勺，麝香即顺口落入盘中。取香后，用酒精消毒，若囊口充血、破损，可涂上消炎油膏，然后将雄麝放回圈内。取香时要特别注意，动作要轻巧，挖勺进入香囊的深度一定要适中，防止挖破香囊。当遇到大块麝香时不要用力挖出，应先用小勺将其压碎，或者在香囊外用手将其捏碎之后再取出。取香时用力要适当，以免损坏香囊。

（二）麝香的加工

刚取出的麝香，大多混有皮毛杂物，需将杂物全部拣出，再用吸湿纸自然吸湿干燥，或置干燥器内使其干燥。干燥后的麝香装入瓶中密封保存。

对于死亡后的雄麝，可割取香囊，加工方法有两种：①整货的加工：死后的雄麝割取香囊后，去掉残余的皮肉及油脂，将毛剪短，由囊孔放入纸捻吸干水分。或将含水较多的麝香放入干燥器内干燥；也可放入竹笼内，外罩纱布，悬于阴凉通风处干燥，注意避免日晒，以防变质。以后剪去大边皮，仅留 0.7~1 厘米边皮即可。②毛货的加工：剥去外皮，拣净皮毛杂物后阴干。

第二十二节 麝 鼠

一、麝鼠的生物学特性

麝鼠为脊索动物门、哺乳纲、啮齿目、仓鼠科的动物，俗称水耗子、麝香鼠，因雄性麝鼠能分泌一种类似麝香气味的分泌物而得名。又因它们生活在水域，善游泳，而有水耗子之称。麝鼠是一种水陆两栖动物，原产北美洲，1957 年开始先后在我国黑龙江、新疆、山东、青海、江苏、浙江、湖北、广东、贵州等地饲养。雄性麝鼠分泌的麝鼠香和天然麝香有相似的作用，可作为药用麝香的代用品。人工采集和提取的麝香精是国际市场上的一种珍贵香料，价格昂贵。

麝鼠一年四季的毛皮均有利用价值，麝鼠多在水中生活，毛皮油润、光滑柔软，是一种相当珍贵的毛皮，可制作高档裘皮服装。麝鼠的肉质细嫩，营养丰富，味道鲜美，蛋白质含量与牛肉相当，脂肪含量低，是餐桌上的美味佳肴。雄性所分泌的麝香具有浓烈的芳香味，除药用外，还可作为香料工业的原料提炼精致高级香水。

麝鼠的适应能力较强，繁殖力高，主要吃草，养殖麝鼠作为一种新的动物药材和替补天然麝香之不足，解决香料资源日益紧缺的难题，必将引发社会和企业界的大力开发。

（一）形态特征

麝鼠体形椭圆而肥胖。身长35～40厘米，尾长23～25厘米，比田鼠体型大。成年麝鼠体重0.8～1.2千克，公鼠的体型比母鼠大。麝鼠周身绒毛致密，背部是棕黑色或栗黄色，腹面棕灰色。尾巴长，呈棕黑色，稍有些侧扁，上面有鳞质的片皮，有稀疏的棕黑杂毛。刚离窝独立生活的小鼠，尾巴的侧扁不明显。麝鼠头小，稍扁平，颈短而粗，与躯干部没有明显界限。眼小，耳短隐于长被毛之中，耳孔有长毛堵塞。嘴钝圆，有胡须。上、下颌各有一对长而锐利的门牙，呈浅黄色或深黄色，露于唇外。四肢短，前足4趾，爪锐利，趾间无蹼，后足略长于前足，趾间有半蹼，并有硬毛。夏、秋季节被毛色泽较浅，四肢上部呈褐棕色，周身底绒为青赤色或浅灰色，体两侧逐渐变浅，腹部呈苍黄色。

（二）生活习性

1. **麝鼠的食性** 麝鼠是水陆两栖的草食动物，喜食植物的幼芽、枝、叶、果实及鲜嫩的块根、块茎等，在植物性饲料不足或缺乏时，还可食小型动物充饥，如河蚌、田螺、蛙、小鱼等。但经人工驯化后食性较杂，人工饲养可喂各种水、陆植物及各种蔬菜、瓜果。

2. 麝鼠喜半水栖生活　麝鼠喜栖息于沼泽地、湖泊及河流岸边，水草茂盛的低洼地带，以浅水、稳水和漂筏甸子最多，靠近水源的草丛、丛林间也有栖居的。麝鼠活动在水中，居住和繁殖在洞穴里。洞穴分布于河、湖、沼的岸边，有浅水的芦苇丛和香蒲丛中，也有在漂筏甸子上筑巢的，多数是由水生植物的根、茎、叶堆积成的。洞口多位于水面下，随着水位变动而变动。少数位于水面上的洞口，常用泥草堵塞。

3. 麝鼠善于游泳和潜水　麝鼠在水中活动灵活自如，每分钟可游30多米，每次可游数百米。夏季多在浅水区，秋、冬季在深水区。水下潜泳觅食时每隔1~2分钟将头伸出水面换气1次，潜水时间最长可达15分钟。

4. 麝鼠嗅觉和视觉差，听觉灵敏　稍有响动麝鼠便会迅速回洞或潜水隐蔽，受惊时会发出急促的"喀喀喀"声。但麝鼠较愚笨，胆大少疑，能接近伪装不动的人或动物，易被敌害或捕捉工具捕捉。麝鼠行动机警隐蔽，好斗，不同家族不能同居。鼠群多以血缘关系结群。当遇到外族或异类入侵时，鼠群会对外敌展开激烈格斗，可造成伤亡。麝鼠哺乳期间，公鼠经常出入洞口为母鼠、仔鼠搬运食物，如遇外敌，仔鼠可叼住母鼠的乳头或伏在其背上一起逃逸。

5. 麝鼠爱活动　麝鼠在黎明、黄昏和夜间活动频繁，但由于较为肥胖，四肢短小，身体伏地，因此，其活动半径，尤其是陆地上的活动半径受到一定限制，在水面上的活动半径较大些，直线活动区域一般不超过200米，活动面积不超过1 000米^2。活动点和活动时间及往返路线多数是比较固定的，连其采食、排便甚至游泳的路线都比较固定。

（三）繁殖特性

野生麝鼠长期保持"一夫一妻"制的配偶生活，繁殖期间公、母鼠同居一穴，共同承担育仔任务。麝鼠繁殖能力强，年产2～4胎，每胎产仔6～9只，多的可达十多只。母鼠周期性发情，全年均可交配。进入繁殖期后，公鼠的香腺开始发育，分泌麝鼠香，其功能主要是通过香味传递兴奋信息，引诱母鼠发情。母鼠发情时，外阴裂开，阴门肿胀外翻，湿润，有乳白色分泌物，食欲下降，主动接近并爬跨公鼠。交配前公、母鼠互相嬉戏、追逐。交配多在早晨和傍晚于水中进行，也可在陆地上完成。怀孕期25～29天，妊娠后期，母鼠明显变胖，腹围增大，后躯粗圆，很少出外活动。产前1～2天，常叼草筑窝，公鼠也帮助送草。产后母鼠不出窝，由公鼠送食、警戒等。产后7天，母鼠开始出来觅食。产后10天左右，母鼠可再次发情。

二、麝鼠生态养殖的场地建设

麝鼠的人工饲养，以前主要是放养和半放养，在水草丰富、水位变化不大、水深不低于1米的人工湖、天然湖、大片沼泽地、大池塘等有天然屏障的水域养殖。近年来逐渐向集约化、专业化方向发展。下面介绍一种立体生态养殖模式。

（一）场地选择

养殖场的场址要选择在靠近水塘边，周围环境安静，水源充足易于排水的地方。

（二）圈舍的建造

圈舍的建造可采用水封洞、全封闭、楼式的繁殖窝室。这种结构是将平式的水池、运动场和窝室三部分立体化，即下层为水池，约90厘米×50厘米×30厘米，水池上面镶嵌水泥板。水泥板的内侧留有 12 厘米的洞口。该洞口是出入水池、运动场和窝室的必经之路。隔板以上用砖砌成上、下两层的窝室，每层窝室长 90 厘米、宽 50 厘米、高 35 厘米，窝室的顶部用水泥板盖严。水泥板的延伸部分作为麝鼠的运动场，运动场上面用 14 号的电焊网罩严，电焊网上开 50 厘米×25 厘米的门，门可用弹簧装上搭扣，随时开关。

（三）环境设置与利用

窝室可连建成行，行距之间留出 2 米的过道，在 2 米的空地之间留出 30 厘米的土壤，其余的空地建排水沟，浇上水泥地面。每行笼舍的中间埋上木桩、毛竹等，高 3 米。木桩间距 2.5 米，再在笼舍的上空扎出棚架。在笼舍中间的过道留出的土壤上，用麝鼠粪便做底肥种上藤蔓植物如丝瓜等。炎热的夏季，绿色的藤蔓植物棚顶可以遮挡炙热的阳光，为麝鼠夏季防暑降温提供了良好的条件，且藤蔓植物的果实又为麝鼠提供了优良的饲料。

麝鼠粪便及饲料残渣，通过排水沟排到水塘里，水塘里养上鲢、鲤、鲫等，既解决了鱼饲料问题，又解决了环境污染问题，效益、环保两不误。

这种生态立体种养模式，利用麝鼠的粪便做藤蔓植物的肥料，用藤蔓植物构成天然的遮阳棚防暑降温，用麝鼠排出的粪便入塘喂鱼，从而构成了一个良性的生物链，既提高了麝鼠养殖的经济效益，又保护和美化了环境。

三、麝鼠的人工繁殖技术

（一）麝鼠的雌雄鉴别

麝鼠的性别鉴定较为困难，可用以下几种方法区分：一看肛门至尿道口间的距离，长者为雄鼠，反之为雌鼠。二看会阴被毛，致密为雄鼠，稀疏为雌鼠。三看尿道口，指压尿道口两侧，露出黑圆龟头者为雄鼠,粉红色空洞为雌鼠。四看排尿反射,倒提麝鼠,排尿向前为雄鼠,反之为雌鼠。五看体型及性情,体型大、性情凶猛,爱咬人,行动活跃为雄鼠,反之为雌鼠。

(二)发情与配种

幼鼠一般在6～7月龄性成熟。麝鼠是季节性多次发情繁殖的多胎次动物,公、母鼠在性表现上不同。公鼠在繁殖季节,发情是连续性的,几乎整个繁殖季节(4～9月)都处于发情状态。母鼠发情具有周期性,其周期为12～14天。发情的公鼠经常发出"哽、哽"的叫声,还追逐、爬跨母鼠,仔细检查公鼠的生殖器,可发现睾丸膨大,下坠明显。有时还可以见到外露的阴茎,略带粉红色。母鼠发情时,很温顺,有时发出与公鼠相似的叫声,爬跨公鼠。检查母鼠尿道后方,有一明显的圆孔,即阴道口,发情高峰期,阴道口直径可达2.5毫米,周围较湿润,呈淡红色。此时,母鼠乐于接受交配,否则母鼠反咬公鼠或者逃避。

麝鼠发情配种多在水中进行,而且多在清晨或傍晚进行,需要一个安静、黑暗的环境,在管理上应尽量采取措施,保持饲养场的安静和一定的暗度,使麝鼠顺利地交配繁殖。根据麝鼠喜在水中交配的特点,要注意保持水质的清洁,池水适当放浅至10～15厘米为宜。配种分为自然配种和人工放对配种。麝鼠的自然配种,其交配大多在水中进行,也有少数在岸上配种。采用人工放对的办法:将体型相似的两个个体分别放入水中隔有铁丝网的笼内,如不发生咬斗,并表示亲善,对视,互相蹭鼻端,或另一只避让等现象时,可进行全笼配种,否则,要重新组合。

麝鼠的配对通常有笼室和散放两种。笼室雌、雄比例为1:1或2:1。需指出的是,为了防止配对后的雌、雄因彼此不熟悉而引起咬斗,在配对前,把雌的或雄的关入麝鼠笼中,并把笼子放在将要和它进行配对的另一方的圈舍中,使相互之间可望不可及,待彼此熟悉1～2天后,就可关入同一圈舍进行配对。散放是将选定的种麝鼠按雌雄 1:1 的比例放入同一圈舍，让它们自由配偶繁殖，要注意防止雄性之间产生咬斗现象。

（三）妊娠与产仔

麝鼠的妊娠期为 25~29 天。妊娠前期母鼠无明显的形态变化，在怀孕后 20 天，母鼠腹部才明显增大。此时，母鼠常卧于室内休息，很少外出活动，并不断将窝内的干草撕成细软丝状。母鼠产前 1~2 天，公鼠一边向室内运送窝草，一边用草把走廊通向运动场的门堵严，显得十分兴奋、忙碌。这种现象的出现，意味着母鼠即将临产。产仔前 3~10 天，母鼠就不让公鼠与其同居。野生麝鼠一般产 6~9 只仔鼠，人工饲养一般每胎产仔 5~8 只。母鼠产仔后 7 天左右不出门，所需食料由公鼠供给，但也有个别公鼠不护理"产妇"。母鼠只好在吃完产前自备的饲料之后外出寻找食物。

刚出生的仔鼠两眼紧闭，无视力，体表无毛，皮肤裸露，粉红色，背色较腹色深，约 10 日龄才能全部睁开眼睛。初生体重 10 克左右。3~5 日龄生出细毛，5 日龄左右长出门齿，7 日龄可长出长毛。10 日龄前以吃母鼠奶为主，18 日龄以后就能采食嫩绿草，但也有的仔鼠 20 日龄后仍吃奶。19~22 天开始采食；22~26 天有逃遁、躲藏行为；23~29 天开始下水游泳，相互打斗；30 天可以独立生活，一般在 26~30 天时断奶；6 月龄可以交配繁殖，一般，麝鼠最佳繁育年龄为 1 岁。麝鼠寿命 4~5 年，最长达 6 年。家养麝鼠的可繁殖利用年限为 2~3 年。母鼠哺乳期一般为 20~25 天，期间护仔意识十分强烈，公鼠的进攻性也很强。母鼠受惊时会拖着幼仔到处钻，引起仔鼠受伤。有时母鼠也长时间不照管仔鼠，若遇较大惊扰，母鼠还会将仔鼠吃掉。因此，哺乳期间不可随意惊动母鼠，出入动作要轻，产仔 3 天内最好不开盖检查。如果要将仔鼠拿出检查或测量，要戴上薄的纱手套进行，以防手上的汗味或其他气味留在仔鼠身上，引起母鼠丢弃或吃掉幼仔。

（四）麝鼠的高产繁殖技术

1. 早春注意保暖　在窝笼顶铺上干草，窝笼内温度可提高10～12℃。

2. 选购优良种鼠　应引进小鼠或青年鼠养大作种，不宜引进太大的麝鼠作种。因小鼠和青年鼠能很快地适应新的气候和环境，产仔率高。

3. 冬季控温　冬季控温是保证麝鼠高产繁殖的关键技术。麝鼠在零下35℃也冻不死，故除东北、华北地区冬季要保温外，长江以南地区越冬期室内温度控制在0～5℃即可。

4. 科学配置饲料　除保证供给鲜嫩的青草外，还要添喂少量精饲料。立春前后，在麝鼠日粮中添喂含有蛋白质、维生素、骨粉和微量元素的精料。

5. 调控光线　在繁殖季节，灯光对麝鼠的繁殖极为重要。对上年出生、未发情的公母鼠，18：00～21：00用灯光照射4小时（灯泡距离水池盖50～60厘米），以刺激麝鼠分泌促生殖腺素，使青年鼠提前性成熟。

6. 人为促进麝鼠提前发情　对上一年产过仔的种鼠，早春时节可将饲养室用塑料薄膜围起来，以升高室内温度，并投喂鲜嫩青草（菜叶）和含多种营养成分的精料。最好在饲养棚内播放录有上年公母鼠发情时鸣叫声的录音带，诱其早发情。

7. 夏季隔热降温　夏季隔热降温可促进麝鼠高产繁殖。遮阳棚要高一些，棚面盖上16～20厘米厚的稻草或麦秆，种上南瓜、丝瓜、葡萄让其藤蔓爬上棚面遮阳。打开场内所有窗门，使饲养室降温，促进整个高温期麝鼠连续发情繁殖。

8. 控制水池水位　麝鼠交配多在水中完成。实验证明，发情期水池水位应控制在10～15厘米，可以达到最高的产仔率。水位不可过高，避免交配时公鼠后肢踩不到水池底部，臀部抖动无力，虽有爬跨行为，但达不到射精目的。

9. 仔鼠提前断奶 仔鼠18～20日龄断奶。注意保温，配以鲜嫩青草和较软的精饲料。每只仔鼠料中加入5克奶粉。仔鼠提前断奶，不仅使母鼠很快恢复体况，进入下一轮发情期，而且仔鼠不会感染球虫病。要注意体重选配。公、母鼠体重悬殊太大，不宜参加配种。同等体型配种发情同步，有利于高产繁殖。

四、麝鼠的饲养管理技术

(一) 饲料供应

饲料供应优劣与麝鼠人工养殖的生产效益有密切的关系。麝鼠多以植物为食，因此，人工养殖饲料成本相对较低、易得，可就近提供饲料。

1. 青草饲料 麝鼠的主要饲料是青草饲料，包括地面上的杂草和水生植物。

2. 蔬菜和根茎植物 蔬菜和根茎植物是麝鼠饲料的重要组成部分。麝鼠对蔬菜和根茎植物的采食有选择性，麝鼠喜食白菜、菠菜、花白菜、甜菜、胡萝卜、马铃薯、地瓜等，而不喜食茄子、南瓜、西葫芦。

3. 谷类饲料 谷类饲料的供应对麝鼠的人工养殖是十分必要的，可保证麝鼠快速地生长和繁殖，每只每天一般以提供谷类饲料30～50克为宜。谷类饲料有玉米、高粱、麦麸、豆类等，一般将这些谷物以一定比例混合粉碎，制成窝头后使用。在配制时，要做到定期进行品种调换，以确保饲料的可口性。

4. 矿物质饲料 一般饲喂天然饲料便可满足麝鼠对矿物质营养的需求，但在特殊情况下需人工配制矿物质饲料，如雌鼠妊娠期、哺乳期及幼仔生长发育期，需在饲料中适当的加骨粉、贝壳粉、蛋壳粉、食盐，进行矿物质营养补充。

5. 动物性饲料 在人工养殖过程中，为了使麝鼠获得丰富

的营养，取得理想的养殖效益，需在饲料中适当地加一些动物性
饲料，如动物内脏、鱼粉、血粉等。

（二）饲料配方

麝鼠的生长期可分为繁殖期（配种期、妊娠期、产仔哺乳
期）、育成期、越冬期和恢复期，各期的营养水平和饲料配方
不同。

1. 繁殖期 麝鼠的繁殖期较长，一般从 3 月底或 4 月初开
始到 8 月止。繁殖期内麝鼠的营养需求量很大，应提高这一时期
的营养水平，在日粮配制中增加蛋白质的含量。常使用的精饲料
配方如下：玉米粉 50%，麦麸 35%，鱼粉 4%，黄豆粉 3%，酵
母 5%，麦芽 2%，食盐 1%，畜用复合维生素、赖氨酸均按说
明配给。每天每只可喂给 40～60 克，再喂以青饲料 150～350
克，维生素 E 5 毫克。雌鼠妊娠后期和哺乳期，要增加饲喂量并
且补充钙、磷等矿物质。

光照是影响麝鼠繁殖的重要因素之一，应让麝鼠接受足够的
自然光照，以保证其正常繁殖。进入繁殖后期，气温升高，天气
变热，麝鼠活动量加大，因此，要经常换水，保持池水清洁、
凉爽。

由于雌雄鼠能共同养育幼仔，因此，雌鼠临产前不需将其与
雄鼠分开。产前需供给大量干净、柔软的草供其做窝。

2. 育成期 麝鼠的育成期一般从 5 月开始到 12 月，时间比
较长，常使用的精饲料配方如下：玉米粉 60%，麸皮 10%，豆
饼 10%，豆粉 10%，鱼粉 7%，奶粉 1%，酵母 7%，骨粉
0.5%，食盐 0.5%。在此期间，随着麝鼠日龄的不断增长，饲
喂量也应该逐渐增加。

3. 越冬期 麝鼠的越冬期是从 11 月初至翌年 3 月中旬。越
冬前要维修窝室，笼壁要坚实无缝、不透风，在窝室内垫干草，
既能保温，又可供食。麝鼠有自己清理窝室和在固定地点排粪的

习惯，因此，不需过多地打扫卫生。

这一时期的日粮标准比繁殖期低，精饲料的配合比例如下：玉米粉 45％，麦麸 35％，花生粕 10％，鱼粉 3％，酵母 3％，麦芽 3％，食盐 1％，畜用复合维生素可按说明配给。一般每天每只喂给精饲料 30～40 克，青饲料 150～300 克，可以少给饮水。

麝鼠有储食习惯，因此，冬季投喂饲料时，可按日喂量累加，每 10～15 天投放一次，既利于窝室保温，又可节省人工。但饲养量较大的场所要坚持每天投喂，以便掌握鼠群动态。

3. 恢复期　恢复期的饲养管理较简单，是全年工作最轻松的时候。日粮标准与越冬期大致相同或稍低些，饲喂量相应提高。尽管工作粗放，但在疾病防治、清洁卫生等方面也要搞好，绝不可掉以轻心。

（三）饲养注意事项

1. 保持养殖池水质清洁　麝鼠喜水，在发情配种期更离不开水。除了冰冻季节，其他季节都要提供池水。春季提前供水，有利于麝鼠恢复体况和繁殖。东北、西北、华北地区在 3 月底 4 月初往水池中供水，南方地区宜提前 1 个月供水。麝鼠有以水洗饲料和在水中排粪的习性，因此，水池要经常换水，保持水质清洁，平时每日换水一次。配种期要求每天早晚各换水一次。

2. 保持窝舍适宜的温度　麝鼠不怕寒冷，怕热。冬季气温零下 30℃，窝内温度零下 15℃ 时，仍能安全越冬。夏季必须遮阳防暑，窝内温度不宜高于 25℃。窝舍采用水封洞口，全封闭式。窝舍上边盖上树枝、草帘遮阳，或在中午喷水，以降低窝舍温度。

3. 保持窝舍阴暗　麝鼠怕光直射，喜无光阴暗的环境。春、夏季节，在运动场的电焊网上要长期铺放树枝和青草等遮阳。

4. 保持环境安静　麝鼠胆小，怕惊，喜静。如受惊吓，对其生长发育不利，特别是在繁殖期，不要在场内大声说话，禁止

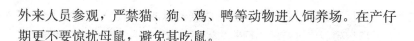

外来人员参观，严禁猫、狗、鸡、鸭等动物进入饲养场。在产仔期更不要惊扰母麝，避免其吃鼠。

（四）提高麝鼠麝香产量的方法

1. 延长麝鼠泌香季节　在气温、气流和光照等影响麝鼠泌香的环境因素中，最重要的是气温，其次是光照。将麝鼠放到人工设施中饲养，通过对环境气温和光照条件的人工控制，可以使香腺在秋季延长分泌时间，推迟腺体萎缩。在深秋和初冬季节，给麝鼠舍覆盖薄膜保温，调整饲料。在春季，使香腺提前从休眠中醒来，尽快恢复香腺的分泌活动。夏天采取降温措施，避免高温对性生活产生的不良影响。

改善饲料供应也可提高产香量。早春饲喂新鲜蔬菜、嫩草和麦芽，可诱导麝鼠性功能复苏，促进其香腺活动，使其提前分泌香液。中、晚秋饲喂优质饲草和青嫩蔬菜，减轻自然界植物生长季节性营养差异对麝鼠生理活动的影响，同时适当增添精饲料以适应于麝鼠生理需要的营养、感官刺激，激发麝鼠的生物潜力，提高分泌香量。

实践证明，中草药添加剂有提高麝鼠泌香量的效果。另外，雄固醇类能刺激麝鼠性腺活动，在早春，促使香腺提前分泌，在秋季，推迟香腺的萎缩时间。

2. 提高香腺分泌水平　公麝鼠香腺分泌明显地受到母麝鼠发情周期的影响。母麝鼠发情时，公麝鼠香腺分泌活动旺盛，香腺储香液充盈；母麝鼠休情时，公麝鼠香腺虽然还进行分泌活动，但香腺内储香量少。因此，要维持香腺高水平的分泌活动，必须维持公、母麝鼠的性欲。保持公、母麝鼠的高性欲，可采取公母麝鼠合养、用壮阳中药煎汤拌料喂公麝鼠、将母麝鼠发情的叫声录音并重放、用雌二醇拌料喂母麝鼠等方法。

另外，通过对已编号的公麝鼠取香量的记录，掌握各鼠的泌香量，但要求对各鼠泌香量差异的掌握必须是准确的。取香量能够准确反映香腺泌香能力，故可根据各鼠取香量进行选种选配，并对其所繁殖后代进行精心饲养与管理，建立和发展后代高产香鼠群。

五、麝鼠常见疾病的防治

（一）疾病预防

疾病的防治必须贯彻防重于治的原则，否则，一旦麝鼠患病，养殖户将遭受不必要的损失。为了提高麝鼠对疾病的抵抗力，必须加强饲养管理和疾病预防工作，其中搞好环境及饲料卫生，是麝鼠饲养场的首要任务。

1. 消毒　饲养场生产区门口必须设有消毒槽。饲养场应保持清洁，定期除粪。食盆等要定期洗刷、消毒。可采用下列消毒方法：

（1）化学消毒　常用的消毒药有氢氧化钠、石灰乳、漂白粉、来苏儿、新洁尔灭、甲醛、消毒净、百毒杀等。由于不同的病原体对不同的消毒药敏感度不同，因此，要根据消毒药应用范围合理选择，同时要准确掌握药物的剂量、浓度、作用及温度等，其使用方法通常有喷洒、撒布、浸泡和熏蒸法等。

（2）物理消毒　对垫草、粪尿可采用焚烧和生物发酵法消毒。对铁丝笼等可用火焰灯消毒。对注射器皿、小型用具和工作服等可用煮沸消毒法消毒。

（3）定期驱虫　麝鼠患寄生虫病，不仅影响其生长发育，而且有些寄生虫病常导致麝鼠死亡。因此，每年都要定期驱虫。目前，高效、广谱、低毒的驱虫剂种类较多，可选择使用。

小鼠是麝鼠某些传染病的直接传播者，也是某些病源的携带者。因此，麝鼠饲养场（户）应定期灭鼠，切断由鼠传播的疾病。

2. 饲料卫生　饲料卫生的好坏与动物的健康密切相关。如果动物吃了腐败变质、发霉或被某些病原菌污染的饲料即会发病。某些植物性饲料在加工、储藏或运输的某些环节被污染时，也会导致麝鼠中毒。因此，随时了解麝鼠的饲料是否被污染及麝鼠的饲料、饮水是否符合卫生要求是十分必要的。

（1）化学性污染　常见的有农药、饲料添加剂、治疗药物等。虽然化学污染的毒性含量较低，但有些是剧毒，麝鼠一旦取食，便会发生急性中毒死亡。有些是慢性毒素，麝鼠在长期食用后，会造成慢性蓄积中毒。

（2）生物性污染　生物性污染是指细菌及其毒素、霉菌及其毒素和某些寄生虫的污染。如腐败梭菌、肉毒梭菌毒素、囊尾蚴和弓形体等的污染。

（3）饲料的卫生要求　饲料室须严密干燥，通风良好，地面应为水泥面，要防止鼠类进入，不允许在饲料室内存放其他物品。购饲料时要严把质量关，杜绝购入可疑的饲料。现场技术人员对每批新购进的饲料要严格检查其新鲜度，必要时可送往技术监督部门检验。对某些质量可疑的饲料可采用小区饲喂试验，认定没问题时方可大批饲喂。

（二）麝鼠的常见疾病及治疗

麝鼠的常见疾病主要有巴氏杆菌病、伪狂犬病、副伤寒、球虫病等。

1. 巴氏杆菌病　污染的饮水、饲料或外源感染可引起本病的发生。病鼠表现拒食，被毛蓬乱，呼吸加快、困难，少数后肢麻痹，肌肉痉挛收缩，且突然发病，往往是体质较好者发病，不拉稀，但有的肛门、尿孔拉血，多死于水池。

防治方法：

①可注射氧氟沙星（不可用青霉素，巴氏杆菌对青霉素不敏感），严格掌握药量（按标签说明书），肌内注射，每只鼠0.2～0.3毫升，每天2次，连续2～3天。

②用先锋霉素肌内注射，每只鼠0.15毫升，连续3天。

③用恩诺沙星、巴菌克粉剂或氟哌酸（碾碎）按说明书用量拌入精料中，喂2～3天。如买不到恩诺沙星药，可用巴菌克粉剂或用环丙沙星拌入精料中，每天早晚各喂一次，连喂2～3天。

④投喂新鲜饲料。分析精饲料是否有外源污染的可能，原来未吃完的精饲料应丢弃，更换新鲜饲料，并经高温灭菌后（待凉）再拌药投喂。

⑤对工具、食具、窝笼及地面严格消毒，消毒药可选用来苏儿、漂白粉、高锰酸钾、石灰乳、强力灭菌剂，并增加场内空气对流量，保证饮水清洁。中药治疗（50～100对麝鼠的用药量）：黄芩30克，黄柏30克，野菊花15克，蒲公英15克，黄连15克，苦楝皮30克，双花10克，黄药子20克，板蓝根30克，白扁豆30克。上述药煎汁后拌入精料中，连喂3天。

2. 伪狂犬病　伪狂犬病又称阿氏病。麝鼠因受气流、饲料等外源因素影响而患病。发病突然，昏迷，死后两后肢直伸（死前两后肢呈麻痹状）。本病与狂犬病的区别：未见奇痒，不咬笼，发病突然，病程短，不攻击人，腭和两前肢不麻痹，而两后肢麻痹（死后两后肢直伸），肛门基本干净，未见血液。

防治方法：

①更换没有用完的可疑饲料，对更换过的饲料高温灭菌，待凉后饲喂。

②对场舍增加空气对流量。

③防止饲料被家鼠污染，平时要妥善贮存。

④调换笼内垫草，备用的垫草彻底暴晒后再用。

⑤注射鸡胚细胞氢氧化钾醛疫苗。

3. 副伤寒（沙门氏菌病）　本病具有明显的季节性，多发生在6～8月。主要症状是发烧，下痢，粪便特臭。死后剖检，脾脏肿大5～8倍，甚至10倍，脾脏呈暗红色。

防治方法：

①检查水源，废弃未吃完的可疑饲料，保证供给营养全面的

适口性强的饲料。

②隔离病鼠，单独治疗。对病情严重者，先以青霉素 0.2 毫升肌内注射，也可服四环素、金霉素等（碾碎后兑水灌服）。

③全群麝鼠用金霉素拌料投喂，连喂 3 天。

④增加场内空气对流量。

4. **球虫病**　该病一旦暴发，就会带来损失，故每年应杀灭球虫 4 次。特别是种鼠到场后要灭一次球虫，此后每年 4 次。可用克球粉、氯苯胍、中成药"球虫王"等，按标签剂量拌入精料中饲喂。

六、药材的采收与加工

目前，饲养公麝鼠的主要目的是取麝香（母鼠不产香）。麝鼠香腺位于成年雄鼠下腹部的腹肌与皮肤之间，附睾囊上方、阴囊两侧，左右各一，呈对称状。充满香液的香腺囊横径可达16±13.0 毫米，纵径 37±35 毫米。香腺囊重 3.08 克左右。香腺囊表面为一层薄膜，布满毛细血管。香腺囊尾端连接排香管，开口于阴茎包皮内侧，管长 15~30 毫米。麝鼠香经排香管排出体外。现在一般人工进行取香，取香可在活体和死体上进行。

1. **死体取香**　在剥皮时，将香腺囊小心地剥下。取囊时，先用镊子或止血钳将开口一端也就是尿道口掐住，然后腾出一只手小心剥离，就像剥猪胆那样，防止剥坏，褪去上面薄膜，然后边拉边剥，从根部取下，将香取出。

2. **活体取香**　取香时，自制活体取香的保定器，用 16 号电焊条制成纵长 25 厘米，前端直径 6.5 厘米，后端直径 8 厘米，中端直径 7.5 厘米的笼形结构。将公麝鼠头朝前，使其自行爬入保定器内保定。右手拇指和食指触摸和按摩香腺囊，再由香腺的上端逐渐向腺体下缘适当挤压使其排香，用 10 毫升或 5 毫升的具塞玻璃管或瓶取香液。直至香腺囊变软变小无香液流出为止。并以同样的方法取另侧取香。取香后将麝鼠放回原窝饲养。取香时按摩和挤捏的力度要先轻后重，但忌过重。

盛有香液的容器必须加盖玻璃塞，保存在冰箱中，保持冰箱温度在4℃左右。每年4～10月均可人工活体取香。按15天取香1次，每次取香0.5克计，每年可取香10～14次，每只总取香量达5～7克。研究表明，人工活体取香不影响麝鼠的繁殖及健康。

3. 完善取香技术，提高饲养效益 取香操作过程本身是对香腺的一种刺激。取香手法好，能促进香腺分泌，因此，取香动作一定要轻柔，手法要正确、熟练。要求做好取香前的消毒工作。若已取过香的麝鼠的香腺（海绵体）变成硬块，说明取香时挤捏力度过重，应停止取香。

取香间隔时间一般以12～15天为宜。体弱和有病的麝鼠不宜取香，应在体质恢复之后进行。对处于交配期或正在发情的公鼠，应停止取香1次或延长取香间隔时间。对于在操作过程中受伤出血的公鼠，则应停止取香，注射抗菌药物后放入窝笼，并在精料中添加适量的消炎药剂，待其伤愈后再取香。

第二十三节　鼯　鼠

鼯鼠属脊索动物门、哺乳纲、啮齿目、鼯鼠科的动物，俗名催生子、飞鼠，又因它夏日羽毛丰盛，冬季羽毛掉光，生性怕寒，日夜不停号叫，故称寒号鸟。全世界现存13属34种，中国有7属16种，如毛耳飞鼠、复齿鼯鼠、棕鼯鼠、云南鼯鼠、海南鼯鼠、红白鼯鼠、台湾鼯鼠、灰鼯鼠、小鼯鼠等，其中中国特产的有3种，即复齿鼯鼠、沟牙鼯鼠和低泡飞鼠。药用动物主要是复齿鼯鼠，又称橙足鼯鼠、黄足鼯鼠。入药部位是复齿鼯鼠的干燥粪便，药材名为五灵脂。

五灵脂，性温味咸，具有散淤止痛的功效，是我国传统的行血止痛药，可治血滞经闭、痛经、产后淤血腹痛、胃痛等病证，外治蛇、蝎、蜈蚣咬伤。药理研究测定，五灵脂内含维生素A

类样物质、树脂、尿素、尿酸等，有缓解平滑肌痉挛、增加血管通透性的作用，可用于治疗冠心病、心绞痛以及胃、十二指肠溃疡出血等病证。

鼯鼠的肉也是一种野味肉食，在广东、福建尤为畅销，且价格不菲。鼯鼠的皮毛蓬松柔软，加工制成的商品，畅销于国际市场。随着我国医药事业的发展，五灵脂的供需矛盾日益突出，因此，发展鼯鼠的人工养殖，既可缓解五灵脂供不应求的矛盾，又可获得较高的经济效益，是利国利民的特种养殖事业。

一、鼯鼠的生物学特性

（一）形态特征

鼯鼠的外部形态颇似松鼠，身长 40～50 厘米，体重约 5 千克。尾圆，其长大于体长。耳基部有长而软的显著毛丛。背毛基部淡灰黑色，上部淡黄色，尖端呈黑色。颈背部黄色比背部明显，腹部毛呈灰白色，具淡橙色毛尖，飞膜色与腹面同，唯边缘为灰白色，可清楚地看出背腹的分界。尾背面色与体背部相近，但较浅，尾端黑色，尾腹面除尾基的毛稍为浅黄外，其余毛梢皆呈黑色，形成一纵纹直至尾端。眼眶四周成黑圈。鼯鼠的前肢比后肢略短，趾具钩爪。前肢短有四趾，后肢长有五趾，善于攀援跳跃。其前后肢之间生有飞膜，可以帮助其在树中间快速地滑行，但由于其没有像鸟类一样可以产生阻力的器官，因此，鼯鼠只能在树、陆中间滑翔。滑翔时四肢水平伸展，飞膜如帐篷向四面张开，头、尾、躯干呈一条直线，利用空气的浮力而滑翔。

（二）生活习性

复齿鼯鼠栖息于山林中，生活在海拔 1 360～2 750 米的山区。常在陡峭山崖的岩洞或石隙内营巢，洞口一般距地高 30 米以上。洞间距近者为 1～2 米，远者可达 10 余米。洞内有巢窝，以苔草类枝叶构成，通常一巢一鼠。洞口光滑，有出入洞时的爬痕。排粪在距洞口 10～15 米处，粪便集中在一处。善攀爬，能滑翔 100 米以上。

鼯鼠多夜间活动，以清晨和黄昏时活动频繁。白天隐匿巢内睡觉，头部向外，尾负于背，遮向头部，或将尾垫于腹下，呈蜷卧姿势。活动时爬攀与滑翔交替，由高处向低处滑翔数百米。

鼯鼠是植食性动物，以山杏、山桃、山核桃、石黄连等植物果实为食，也吃植物的枝叶。吃食时用前足抱食物，后足站立不动。

（三）繁殖特性

鼯鼠的寿命为 5～10 年，繁殖旺期为 5～8 年。鼯鼠 18～22 个月龄达性成熟，当年仔鼠不能参加配种繁殖，每年 11 月至第二年 7 月，是种鼠配种产仔期。鼯鼠的发情期一般为 1～4 天，此期间雌鼠和雄鼠的生殖器都呈红色，并向外翻出。母鼠在交配期常发出动听的求偶声，公鼠听到母鼠的声音即寻找母鼠，交配前相互呼唤并追逐，稍后即开始交配，一般几小时内可连续交配多次。只有双方配合好才会受精，否则可能发生咬伤现象。如果雌鼠在一个发情期内没有受孕，大约经过 7 天，还会再次发情交配，直到受孕。

二、鼯鼠生态养殖的场地建设

鼯鼠的人工饲养方式主要有室养、窑养、箱养和笼养四种。

（一）室养法

室养法又分为洞养和笼养两种方式。场地应选在地势高、排水良好、干燥、安静的地方。

洞养法：人工修建小室或利用废旧空房改造建洞并加防逃设施。首先，墙壁上预先修好洞穴（墙壁以土木结构为最好），距地面高 80～100 厘米，洞深 20～30 厘米，洞口大小为 15 厘米×15 厘米，内径 20 厘米×25 厘米，呈圆形，为鼯鼠夜间垫伏或产仔的地方，洞内可放入一些柔软的杂草或旧棉花之类，让鼯鼠自行建巢。另外，修建一些较大的墙洞作为鼯鼠贮存粪尿的地方，洞间距 70～90 厘米，上下可列 2～3 排。

笼养法：在室内放置若干个较大的铁丝笼，笼内放些较粗的树枝供鼯鼠攀爬活动和入巢休息。另外，在比鼯鼠巢略高处固定一个木板作为排粪处。笼养的优点是，鼯鼠的活动空间相对大些，运动可以加快鼯鼠的新陈代谢，使排粪量也相应地增多。

根据饲养室的大小，可设置不同数量的墙洞或铁丝笼。洞或笼过少时易引起殴斗，所以要控制放养量，一般每立方米空间平均养 1 只为宜。地面设置电焊网架或木架，将侧柏嫩枝叶放在上面，让鼯鼠离地面采食。并根据室内空间大小，放置 2～3 个饮水盘。

（二）窑养法

适合于干燥的山区养殖。窑洞具有冬暖夏凉的优点，比较接近鼯鼠的野生栖息环境。可利用现有的窑洞或专门挖掘的窑洞作为鼯鼠的养殖场所。窑洞高最好在 2 米以上，面积大小适中，在 70～100 厘米高处修建若干洞穴，洞口直径约 15 厘米，洞深约 40 厘米，高 30 厘米，供一只鼯鼠栖息。在窑洞壁上可插几块木板或另建几个洞口较大的洞，作为鼯鼠排泄粪便的场所。窑洞内可埋置高 1.5 米以上的枯木供其攀爬、滑翔，同时备些干草、枝叶等供其自行营巢。食物及饮水统一放在窑内地面上。

（三）箱养法

箱养法是用木板制成一个长、宽、高为 100 厘米×50 厘米×60 厘米的箱子，再用木板将箱体分隔成上、下两层 4 个小室，上面两间为休息室，深度为 30 厘米，内放垫草，用一根木棍斜置到箱底，供鼯鼠上下活动用，下面两间分别供采食饮水、排泄粪便所用。箱体的一面选用玻璃，以便于观察。箱的两端分别设铁纱网门，以利通风，便于操作。为充分利用空间，可将养殖箱叠垒成 2~3 层放置，但最底层的饲养箱不可接触地面（用木架隔离），以防潮。

三、鼯鼠人工繁殖技术

（一）发情与配种

从 10 月开始，将所有种鼠按 1：3 的雄、雌比例放入散养室内，密度不能超过 1 只/米³。投喂时，在侧柏枝叶上蘸上 5％维生素 E 溶液，以促进种鼠发情。第 2 年元月将母鼠从散养室转移到笼内进行单养，并注意有无返情现象。若发情母鼠返情，应及时放入散养室内。另外，未产及产后仔鼠死亡的母鼠，应在 6 月以前，再投入散养室内进行配种，直到受孕为止。鼯鼠交配后，应将雌、雄鼠分开饲养。发情期的鼯鼠食欲下降，应尽可能提供少而精的喜好食物，如松子、侧柏叶等。

（二）产仔与分窝

母鼠孕期 70~90 天，一般每年 1 胎，每胎产仔 1~4 只，多数为 2 只，少数个体每胎产仔 5 只以上。5~7 月为鼯鼠的产仔期，产仔多在夜间进行。临产前的雌鼠，乳房肿胀，尿频，此期间饲养场内应保持绝对安静，以免影响雌鼠的正常产仔。雌鼠产前有絮窝行为，因此，应在其产前，及时清理产仔室内的粪便及残料，并把清洁软干草放入产箱内，让其自行絮窝。产仔母鼠具有很强的护仔性，不要轻易检查仔鼠，以免引起母鼠弃仔或吃仔。哺乳期内，除给母鼠新鲜饲料外，最好每天加 15 毫升左右的玉米面糊或羊奶，以促进其泌乳，提高仔鼠成活率。

刚出生的仔鼠较弱无毛，眼睛未开，嗜睡。一般在 18 日龄后睁眼，40 日龄开始长毛，70 日龄左右开始采食，90 日龄后断奶。

要注意观察母鼠的哺乳情况，发现母鼠乳量不足时（如产仔数多），需及时找产仔少的母鼠代养或进行人工哺乳。一般每只母鼠仅能哺乳 2 只仔鼠。鼯鼠的母性很强，非常爱护仔鼠，不足 3 月龄的仔鼠均由母鼠带养，此期可给仔鼠饲喂加糖的玉米面粥及嫩叶等。直到仔鼠长到 3 月龄，才可独立出巢活动采食，此时应及时将母仔分开饲养，以免环境骤变时，母鼠咬伤仔鼠。离母的仔鼠应按大小分群饲养。

四、鼯鼠饲养管理技术

（一）饲料

在人工饲养条件下，为了获得优质的五灵脂，饲料应以松树、柏树的子实、针叶，含油脂较多的核桃、橡子等坚果，以及一些杏树、枣树、桃树和梨树的嫩叶为主，并适当搭配谷类、玉米、麦芽和水果等喂养。从各地人工饲养状况看，因为目前尚无人工合成饲料，所以主要根据鼯鼠的野外食性来选择饲料，冬季以侧柏枝叶为主食，搭配饲料为松子、橡实、核桃等。其他季节适量搭配新鲜的榆、枣、杏叶和其他杂果嫩叶，但搭配料不超过投喂量的 1/5，否则会影响五灵脂的药效。繁殖季节，给种鼠和产仔哺乳母鼠加喂鲜羊奶、牛奶或煮熟的玉米面糊，并添加多种维生素和矿物质，以保证其营养需要。

（二）不同时期鼯鼠的饲养管理

1. 新捕捉鼯鼠的饲养管理　刚捕回的鼯鼠由于环境骤变和捕捉运输过程中的应激反应，若不精心管护，很容易引起死亡。

鼯鼠属晨昏性动物，首先应放置在较暗和安静的室内，尽量减少人为惊扰。少量时，也可单笼饲养，最好用带产仔箱的笼，添加充足的清洁水和新鲜饲料，促进体质恢复。大量时，也可进行室养，但室内应有足够空间和窝舍，否则，因占窝争位很容易发生咬斗而造成伤亡。当散养群稳定、空间密度适宜时，不要放入新个体。如空间和洞箱充足，最好将新个体在夜间放入。

2. 成年鼯鼠的饲养管理　在非繁殖阶段，成年鼯鼠的饲养管理比较简单。每天定时定量投饲新鲜饲料，随时注意观察鼯鼠的精神状态，并定期清扫粪便，稍有异常，应及时处理。尽管鼯鼠与其他动物相比对水的需求量不大（因主要采食含水量较高的嫩枝叶），但在盛夏仍应供给充足饮水，每天必须换水一次。夏季要做好通风、降温工作，多供应清洁的饮水。冬季注意保暖防寒，一般气温在 10℃ 以上，鼯鼠便可安全越冬。巢内垫草常年都要备有，夏季可稍薄些，冬季和产仔期间要加厚些。为保持垫草的干燥清洁，应经常晾晒、更换垫草，同时检查窝内有无跳蚤，要及时清除，否则会使鼯鼠终日不宁，影响其正常的取食和休息，使抵抗力下降甚至死亡。

在繁殖季节，无论室养，还是笼养，都应加强种鼠营养，调整体况，为配种产仔做准备。除正常供应饲料饮水外，每只种鼠每日添加 5 毫升鲜牛奶或羊奶，并按雄雌 1∶2～3 的比例编组配对，单笼饲养的可将雄鼠放在两个相邻的雌鼠笼中间，以诱导雌鼠提早发情。要定期检查雌鼠的发情程度，以便及时放对交配。

3. 妊娠产仔期鼯鼠的饲养管理　一般每年的 2 月上旬进行第一次孕检。将妊娠母鼠及时从大群中或与雄鼠分开进行单笼饲养。此期除正常投饲外，每只母鼠每天添加 10～20 毫升鲜奶，促进胎儿健康生长。这个时期的投饲及清扫动作要轻，谢绝参观，减少人为干扰，保持饲养环境安静，准备好细而柔软的茅草做垫草。

母鼠产仔后，母性很强，少见有弃仔行为。产仔后的 2～3

天，除排泄外，几乎看不到采食，整日用飞膜将幼仔包起来（这对早春寒流侵袭幼仔有积极防护作用）。检查仔鼠时，母鼠有咬人行为，但不叼仔，对仔鼠身上的异味感受力差。在管理上，不要随意惊动产仔母鼠，给产仔母鼠每只每日饲喂鲜奶 15～20 毫升。

4. 仔鼠的饲养管理 幼仔初生重仅 10～20 克，10 天后可长至 56～60 克。新生仔鼠无毛，但皮膜明显，仔鼠睁眼平均时间为 20～32 天。一般早春产的睁眼晚，晚产的睁眼早，同窝体重大、体质好的也相对早。仔鼠 2～3 月龄即可自行出巢活动，觅食，并具备了独立生活能力，应适时与母鼠分离，一般分窝适宜时间为仔鼠的 85～90 日龄。具体方法是将笼中的母鼠取出，放入散养室，仔鼠应继续留在原笼中饲养。此期饲养管理要点是，供给充足、新鲜饲料，加强营养，仔鼠每日每只供给新鲜奶 5～10 毫升，也可用玉米面煮成糊状再加少量白糖饲喂。因分窝多在"三伏天"，故对仔鼠不要投喂霉变饲料或添加污染的饮水，并做好防暑降温工作。当年仔鼠不能放入散养群中，因为其尚未达到性成熟，很容易被其他成鼠咬死。

五、鼯鼠常见疾病的防治

（一）诱发鼯鼠死亡的原因

对鼯鼠的疾病尚无系统报道，但在实际饲养过程仍有死亡现象，常见类型如下。

1. 种鼠雌雄比例搭配不当 当雄鼠数量大于雌鼠数量时，因雄鼠争偶，在繁殖季节可导致咬死或咬伤。

2. 散养密度过大 当饲养密度超过 2～3 只/米^{3}时，可导致咬斗致死。当年幼鼠与成鼠混养时，若空间太小，尤其是洞箱数量严重不足时，可导致成鼠咬死幼鼠。

3. 饲养管理不当 因饲喂残留农药的嫩叶而引起鼯鼠中毒

死亡；因饮水不洁，长期不清理残料，造成污染而导致鼯鼠拉稀，造成死亡；因饲料单一，营养不全而导致鼯鼠抵抗力下降，最终导致消瘦死亡；因母鼠缺乳导致的仔鼠死亡；当温度在零下4℃以下时，无保暖设施，也会导致鼯鼠死亡；严重干扰（如放炮等），也会导致鼯鼠受惊死亡。

（二）预防措施

（1）加强饲养管理，调整散养密度和雌雄比例；成鼠与幼鼠分群饲养；饮用清洁水和投喂新鲜、无污染饲料；及时清扫粪便；发现较凶残的鼯鼠，应单独饲养；当夏季投喂饲料时，将2～3片精制土霉素研成粉末混入500毫升清水中，将清洗过的侧柏枝叶蘸上药水投饲，可有效预防由细菌感染而引起的肠道疾病，连续3～5天，每隔半月或1个月进行一次，效果较好；冬季应注意保暖；减少人为干扰。

（2）坚持"两早"：一是无病早防，每天清扫洞、笼，喂前刷洗食器、水器，严禁饲喂霉变或干柏树叶，注意防止猫、黄鼠狼等动物伤害。二是有病早治，经常观察鼯鼠动态，发现病鼠，应及时治疗。

六、药材的采收与加工

人工饲养的鼯鼠仍保留在固定地点排泄粪尿的习性，使养殖者收集粪便（五灵脂）的工作很方便。为了提高五灵脂的质量，要做到"五抓"：

一抓适时采收：鼯鼠的粪便，一年四季均可收取，但以春、秋等为多，且质量佳。夏季应该勤收，一般1～2天收1次，春、秋季节可1～2周收集1次，冬季则一般在过冬后1次收集。如尿液过多，可适当增加采收次数。收集好的粪便先去掉杂质，再晒干即可。入药可用酒或醋炒干，效果较好。

二抓除杂质：为保五灵脂洁净，要拣净沙石、泥土等杂物。

其中，干燥零散的鼯鼠粪粒称作灵脂米或散灵脂。粪粒和尿黏结在一起的粪块称为灵脂块或溏灵脂。灵脂块药效较高，质量好。

三抓晾晒：五灵脂要自然干燥，为此，应放在见阳光、有风的地方晒干。

四抓包装：把自然干燥好的五灵脂用纸包装好，放在箱中保存待用。

五抓防潮：把箱放在干燥通风的地方。

参 考 文 献

陈皓文，陈阳．2007．牡蛎的微生物疾病．水产科学，26（9）：531-534．

陈树林，董武子．2002．庭院经济动物高效养殖新技术大全．北京：中国农业出版社．

丁宇晶，刘志箫，康发功，潘世成，张学炎，徐正强，盛和林．2009．我国人工养麝研究进展及养麝效益问题，13（6）：598-564．

樊晓旭，王春琳，徐军超．2008．曼氏无针乌贼的海水网箱养殖技术．中国水产，（8）：56-57．

高玉鹏，任战军．2006．皮毛与药用动物养殖大全．北京：中国农业出版社．

韩雅莉，谭竹钧．1996．药用动物养殖大全．北京：中国农业出版社．

洪学．2006．麝鼠的立体生态养殖模式，河南畜牧兽医，27（5）：50．

胡元亮．2001．实用药用动物养殖技术．北京：中国农业出版社．

金一，魏世宝，苗婷婷，高兴善．2007．中华鼢鼠的人工饲养．黑龙江畜牧兽医杂志，12：106-107．

柯锋，陈红梅．1997．鼢鼠及其人工饲养技术．江西农业科技，3：48．

李华琳．2006．太平洋牡蛎养殖技术．生物学通报，41（4）：50-51．

李利人，王廉章．2000．中国林蛙养殖高产技术．北京：中国农业出版社．

李强，陆蕴如，鲁学照．1998．五灵脂的研究进展．中国中医药杂志，23（9）：570-573．

李希祥．1999．麝鼠的饲养管理．山东畜牧兽医，1：26．

刘大有．2004．全蝎僵蚕生产技术．北京：中国农业出版社．

刘明山.1999.蚂蚁养殖技术.北京；中国农业出版社.

刘明山.2008.水蛭养殖技术.北京：金盾出版社.

刘文华,李永善.2000.复齿鼯鼠人工养殖技术研究.经济动物学报,4
（4）：24-28.

刘文华.2001.复齿鼯鼠种鼠的饲养管理.经济动物,5：10.

罗继伦,黄永涛,黄畛.2006.乌龟养殖实用技术.武汉：湖北科技出版
社.

潘红平.2001.药用动物养殖.北京：中国农业大学出版社.

潘红平.2007.药用动物养殖及其加工利用.北京：化学工业出版社（生
物·医药出版分社）.

申玉春,叶富良,梁国潘,等.2004.虾—鱼—贝—藻多池循环水生态养殖
模式的研究.湛江海洋大学学报,24（4）：10-16.

宋大鲁.1996.药用动物生产与病害防治.上海：上海科学技术出版社.

孙丕喜,陈皓文.2007.牡蛎的寄生虫病.河北渔业,（10）：6-11.

王春琳,蒋霞敏,邱勇敢.2006.曼氏无针乌贼海水围塘养殖技术.中国水
产,（8）：50-51.

王学明,吴钦,钱桂勇.2001.两栖、爬行、鸟、哺乳类中药材动物养殖技
术.北京：中国林业出版社.

王在文.2006.太平洋牡蛎三倍体育苗技术初步研究.水产科技情报,33
（1）：13-14.

吴海平,鲁兴萌.2005.养蚕手册.北京：中国农业大学出版社.

向前.2008.养蝎子.郑州：中原农民出版社.

杨春,苏秀榕,李太武.2003.牡蛎养殖技术.水产科学,22（5）：31-33.

药用动物养殖技术编写组.1995.药用动物养殖技术.北京：中国农业出版
社.

曾宪顺.2002.蚯蚓养殖技术.广州：广东科技出版社.

张崇洲.2008.蜈蚣养殖技术.北京：金盾出版社.

张辉,丛立新,窦凤鸣.2003.麝鼠的生物学特性与行为学特征.吉林畜牧
兽医,10：15-17.

张慧珍,王敏,李吉有,邵建斌,麻应太.2009.林麝养殖中活体取香的方
法及步骤.野生动物杂志,30（4）：175-176.

张农,刘旭.1995.药用动物养殖技术.北京：中国农业出版社.

赵玉波.2000.中华鼬鼠的驯养与管理.农村养殖技术，4：16.

周维武.2007.金乌贼池塘养殖技术要点.科学养鱼，(8)：26-27.

周维武.2007.金乌贼人工孵化与培育技术.现代渔业信息，22（11）：27-29.

图书在版编目（CIP）数据

药用动物生态养殖技术/钟秀会，马爱团主编.——
北京：中国农业出版社，2012.1
（生态养殖技术丛书）
ISBN 978-7-109-16449-9

Ⅰ.①药…　Ⅱ.①钟…②马…　Ⅲ.①药用动物—生
态养殖　Ⅳ.①S865.4

中国版本图书馆CIP数据核字（2011）第273820号

中国农业出版社出版
（北京市朝阳区农展馆北路2号）
（邮政编码 100125）
责任编辑　颜景辰　刘　玮

中国农业出版社印刷厂印刷　　新华书店北京发行所发行
2012年1月第1版　2012年1月北京第1次印刷

开本：850mm×1168mm　1/32　印张：10.625
字数：268千字
定价：26.00元
（凡本版图书出现印刷、装订错误，请向出版社发行部调换）